高等院校计算机教材系列

数据库技术原理与应用教程

第2版

徐洁磐 操凤萍 编著

机械工业出版社
China Machine Press

图书在版编目（CIP）数据

数据库技术原理与应用教程 / 徐洁磐，操凤萍编著 . —2 版 . —北京：机械工业出版社，2017.5

（高等院校计算机教材系列）

ISBN 978-7-111-56675-5

I. 数… II. ① 徐… ② 操… III. 关系数据库系统 – 高等学校 – 教材 IV. TP311.132.3

中国版本图书馆 CIP 数据核字（2017）第 086846 号

本书由基础篇、操作篇、产品篇和开发应用篇四部分组成，内容涵盖数据库系统的基本概念和理论、SQL Server 2008 的操作、数据库系统的开发及相关应用。各章后均有内容小结及习题，附录中还提供了实验指导，帮助读者巩固所学知识。

本书以实用为原则，注重理论与实际相结合，适合作为普遍高等院校计算机及相关专业（特别是应用型专业）本科生"数据库"课程的教材，也可供相关技术人员参考。

出版发行：机械工业出版社（北京市西城区百万庄大街 22 号　邮政编码：100037）

责任编辑：曲　熠　　　　　　　　　　　责任校对：殷　虹

印　　刷：北京建宏印刷有限公司　　　　版　　次：2017 年 5 月第 2 版第 1 次印刷

开　　本：185mm×260mm　1/16　　　　印　　张：21

书　　号：ISBN 978-7-111-56675-5　　　定　　价：49.00 元

第 2 版前言

本教材第 1 版自出版以来已有十年时间了，在这些年中数据库学科有了新的发展，计算机教学改革也有了新的要求。在此环境下，第 2 版需进行重大调整。

调整原则

本版的调整原则是：保持原版本的基本面貌与特色不变，在此基础上进行一定的修改与补充，使教材内容更适应学科发展、特色更明显、学科体系性更强。

本版中"保持原版本的基本面貌与特色不变"主要表现在下面三个方面：

1）定位不变：面向普通高等院校计算机**应用型专业**本科"数据库"课程且学时数为 72 学时左右。

2）结构体系及内容框架基本不变。

3）特色不变：应用特色不变，并有所增强。

在保持三个不变的基础上进行了如下五个方面的调整：

1）增添一篇：第三篇（产品篇），集中介绍 SQL Server 2008 的内容与操作。

2）增添一章：第 6 章（关系数据库管理），介绍数据库生成及数据库运行与维护等有关内容。

3）增加开发应用篇的内容，使学生学会数据库应用系统的开发。

4）删除部分不必要的、落后的及已淘汰的内容。

5）对难于理解的并发控制、数据交换等内容进行了重写，使其更容易为读者所接受。

此外，还对部分内容及错误词句进行了必要的订正。

调整内容

经过修订后，第 2 版共由四篇 22 章组成，它们是：

第一篇：基础篇，共 6 章（第 1~6 章）

本篇保留原 6 章框架，但在内容上进行了一定的调整。

第 1 章：基本保留原有内容。

第 2 章：基本保留原有内容，但进行了一定的删减。

第 3 章：基本保留原有内容，但删除了面向对象及对象关系两种模型。

第 4 章：原有内容不变。

第 5 章：基本保留原有内容，但对事务、并发控制、故障恢复及数据交换等进行了重写。

第 6 章：将原有的内容并入新设置的第三篇中，而重新设置此章内容，并命名为"关系数据库管理"。

第二篇：操作篇，共 6 章（第 7~12 章）

本篇基本保留原有内容，但将原有 SQL Server 操作内容并入新设置的第三篇中。由于原第 10 章均为 SQL Server 操作内容，因此该章整章删除，由此本篇由 7 章减少为 6 章。

第 7~9 章：基本保留原有内容，但删除了 SQL Server 操作内容并简化了部分内容。

第 10 ~ 12 章：它们即是原有第 11 ~ 13 章内容，但删除了原有 SQL Server 操作内容并简化了部分内容。

第三篇：产品篇，共 6 章（第 13 ~ 18 章）

此篇主要介绍以 SQL Server 2008 为代表的数据库产品，这是此版新增内容，目的是对 SQL Server 2008 进行全面、系统的介绍，以更方便使用。内容包括 SQL Server 2008 的系统介绍、服务器管理、数据库管理、数据库对象管理、数据交换以及数据库安全性管理等。

第四篇：开发应用篇，共 4 章（第 19 ~ 22 章）

此篇即原第三篇（第 14 ~ 17 章），基本保留原有内容并有所增强。

第 19 章：对原有第 14 章内容进行了重大的修改及补充。

第 20 章：基本保留原有第 15 章内容，但进行了一定的修改。

第 21 章：改名为"数据库编程"，对原有第 16 章内容进行了重大的修改及扩充，其目的是增强学生编写数据库程序的能力。

第 22 章：基本保留原有第 17 章内容，但进行了一定的修改。

最后，本书还对原有 10 个实验指导进行了一定的修改，现为 8 个实验指导。

教材中带有星号（＊）的章节可视情况少讲或不讲。

读者对象

本书可作为普通高校计算机及相关专业（特别是应用类专业）本科生"数据库"课程的教材，也可作为数据库应用开发人员的培训教材及参考材料。

鸣谢

本书由徐洁磐、操凤萍编写，其中第一篇、第二篇及第四篇共 16 章由徐洁磐编写，第三篇共 6 章由操凤萍编写，最后由徐洁磐统稿。

值本书付梓之际，首先，向东南大学孙志挥教授表示感谢，他在审稿中对本书提出了很多宝贵的意见。此外，本书还得到南京大学计算机软件新技术国家重点实验室的支持，在此一并表示感谢。由于作者水平所限，不足之处望读者不吝赐教，可发电子邮件至 xujiepan@ nju. edu. cn。

编者
2017 年 4 月

第1版前言

近年来，我国在计算机本科系科中开设"数据库"课程的高校越来越多，其中涉及以下三种类型的专业：

1）以研究为主的"计算机相关专业"。

2）以应用为主的"计算机应用专业"及"计算机应用相关专业"。

3）需掌握一定计算机知识的"非计算机专业"。

这三种专业的"数据库"课程的教学目标、要求与教学内容不尽相同，因此需要采用不同类型的教材。但是，目前市场上的数据库教材多面向第一类与第三类专业，面向第二类专业的教材则较为少见，而由于实际应用需要，此类学生数量又占三类专业学生数量之首，因此编写面向此类专业的数据库教材成为当务之急。

本书就是这样一本面向应用型专业的数据库课程教材。本书的编写目标是：以应用为核心，以基础与操作为支撑，注重理论与实际的结合，学生学完本书后既具有数据库的基本理论知识，又能进行数据库操作，而且能从事数据库领域的实际工作。

下面介绍本书编写的具体内容：

1. 数据库应用

本书是计算机应用型教材，因此力求培养学生的以下能力：

1）从事数据库应用系统开发的能力。

2）初步的数据库设计能力。

3）初步从事数据库管理的能力。

2. 数据库基础知识

1）能掌握数据库系统与关系数据库系统的一般性原理与基础理论知识。

2）在数据库基础知识的介绍中坚持先进性与实用性，淘汰传统教材中落后、过时的内容（如关系演算、查询优化、层次模型、网状模型、嵌入式 SQL 以及传统的分布式数据库系统等），增加先进与实用的内容（如数据交换、面向对象模型与对象－关系模型以及 XML 数据库与 Web 数据库）。

3）在介绍系统一般性原理的同时，以一个具体的系统（SQL Server 2000）为蓝本进行介绍与分析。

3. 数据库操作

1）以介绍 SQL 语言作为数据库操作的主要内容。

2）SQL 语言的介绍以 ISO SQL 为标准，以 SQL'92 为主要内容并兼顾 SQL'99 及 SQL'03，特别要介绍数据交换中的 SQL 内容，包括人机交互、自含式、调用层接口、Web 数据库与 XML 数据库等 SQL 扩充结构的内容。

3）同时介绍 SQL Server 2000 中的 SQL 语句，注重标准化与实用性相结合。

本书由基础篇、操作篇与开发应用篇三部分构成。各部分的具体内容如下：

（1）基础篇

基础篇由第 1～6 章组成，主要介绍数据库系统与关系数据库系统的一般性原理与基础理论，其中第 1~3 章介绍数据库系统的一般性原理与基本理论，第 4~6 章介绍关系数据库系统的基础理论与原理，并以 SQL Server 2000 为例说明相关概念与原理。

（2）操作篇

操作篇由第 7~12 章组成，主要介绍 ISO SQL 以及 SQL Server 2000 中的 SQL 语句及使用方法，内容涉及 SQL 核心部分及扩展部分等 8 部分。其中，数据定义、数据操纵、数据交换以及数据控制属核心部分，而人机交互方式、自含式方式、调用层接口方式及 Web 方式属扩展部分。

（3）开发应用篇

开发应用篇由第 13~16 章组成，主要介绍前面所述的应用的三个方面以及应用的三个领域，即传统事务处理领域、非传统事务处理领域和分析领域。

本书是一本特色明显的教材，主要表现在如下几个方面：

- **定位准确**

本书面向应用类专业学生的需求，书中既有数据库基本原理与基本操作等理论性内容，也有实用性内容，学生学完本书后能掌握数据库的基础知识与基本技能，并能进行实际应用，同时也可为学习后续课程及进一步研究打下基础。

- **结构合理**

本书以实用性为目标，将整个数据库技术内容组织成三大部分，改变了以往复杂、繁琐的结构体系，更适合目标读者的需求。

- **内容先进**

本书重点介绍国内外先进成熟技术，抛弃了一些过时陈旧的内容，因而具有明显的时代特征。

- **实用性以及理论与实际结合**

本书注重实用，教材内容与数据库实际应用紧密结合。而且，本书注重理论与实际的结合，基础理论能指导实际应用，同时实际应用又能支撑理论，对能力的培养也大有助益。

- **适合教学**

本书针对教学需要合理安排结构体系，同时配有大量实验与应用性习题并为授课教师提供丰富成熟的教学课件，因此特别适合于教学。

本书可作为普通高校计算机应用类专业本科生"数据库"课程的教材，也可作为数据库应用开发人员的参考材料以及培训教材。

值本书付梓之际，首先向山东大学董维润教授表示感谢，他为审阅本书付出了艰辛的劳动并提出了很多宝贵意见，同时感谢南京大学张德富与费翔林教授对本书的支持。此外，本书也得到了南京大学计算机软件新技术国家重点实验室的支持，在此一并表示感谢。

由于作者水平有限，错误之处在所难免，恳请读者指正。

编　者

南京大学计算机软件新技术国家重点实验室

2007 年 5 月

目　录

第一篇 基 础 篇

数据库技术是计算机学科中的一门重要分支，它已有五十余年历史并已成为一门完整的学科，其主要内容包括基础理论、基本操作及开发应用等。

数据库技术的基础理论部分是构成该学科的基石，它给出了该学科的抽象的、全局的研究结果并对整个学科起指导性作用。

在本书中，基础部分由两方面内容组成，它们是数据库技术的一般性理论和关系数据库技术的理论。

1. 数据库技术的一般性理论

第1~3章介绍数据库技术的一般性理论。其中第1章介绍有关数据、数据管理与数据处理的一般性概念；第2章介绍数据库技术中的基础知识；第3章介绍数据库系统的核心部分，即数据模型。这三章内容刻画了数据库技术中的基本理论体系。

2. 关系数据库技术的理论

在数据库技术中，目前最为流行的是关系数据库系统，因此本篇中将重点介绍关系数据库技术的理论，它由第4~6章组成。其中，第4章介绍关系模型的两种数学理论，它们是关系代数与关系数据库规范化理论；第5章介绍关系数据库管理系统的组成原理及其标准语言 SQL的概貌；最后，第6章介绍关系数据库管理。

本篇的组织结构可用下图表示：

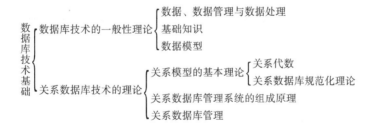

第 1 章　数据、数据管理与数据处理

数据、数据管理与数据处理是全书的讨论主题，在本章中先对它们进行概要介绍，使读者对这些概念有一个宏观、全局的认识。

1.1　概述

当今社会是一个"数据"社会，"数据"二字使用频率极高。此外，大家还时常听到"数码""信息"等新名词，它们在计算机领域中都是"数据"的不同表现形式。一般而言，客观世界的自然界与人类社会中的各种现象与事物都可以抽象为计算机中的数据，我们常说的"数据链""数字电视""数码相机"等正是这种抽象的一个体现。

经过这种抽象后，客观世界中的事物均可转化成为计算机中的"数据"，由于数据在现实世界中的重要性，因此必须对它做深入研究，故而出现了数据库技术，它是以"数据"作为其研究对象的一门学科。

随着应用的发展，数据的"量"逐渐增大，由"大规模"到"超大规模"，因此有必要将数据按应用领域"集成"于一起，这就构成了数据库。因此，本书中所说的"数据"指的是以数据库为组成形式的数据。

其次，为方便使用数据，必须对数据加以管理。数据管理一般由一组软件实现，它们称为数据库管理系统，必要时还可由一组人员协助管理数据库，这些人员称为数据库管理员。数据管理是数据库技术的主要研究内容。

在对数据进行抽象后，我们对"客观世界事物"的研究可以转化为对计算机中"数据"的研究，这称为数据处理。数据处理是指对数据进行加工、转换、传输、存取、采集及发布等处理，它是一种新的研究方法与思想，可以借助数据处理对客观世界的事物与现象进行研究。正因为如此，数据处理目前已成为世界上林林总总各门学科研究的基本方法与工具。

目前，数据处理有两个主要方向：

1）数据的事务处理：数据的事务处理是一种由"数据"到"数据"的处理，也就是将一组"数据"经加工而转换成另一种"数据"。数据的事务处理是目前最为常用的一种手段。

2）数据的分析处理：数据的分析处理是一种由"数据"到"规则"的处理，即将一组"数据"经加工而转换成一组"规则"。数据的分析处理是目前新兴的一种手段，具有创造性，其发展潜力很大。

经数据处理后所获得的"数据"及"规则"在客观世界中可以得到一定的语义解释并可成为客观世界中的研究成果。

上面所述的内容可以用图 1-1 表示。

图 1-1　数据处理方法示意图

从图 1-1 中可以看出，客观世界事物经抽象成为计算机中的数据，再经数据库与数据管理并以它们作支撑进行数据处理后获得新的数据与规则，将这些数据与规则进行语义解释后即成为客观世界中的研究成果。在此流程中可以看出，对客观世界的研究可转换成为数据处理的流程，而数据库技术即是以研究该部分作为其主要内容，其中：

1）数据（包括数据库）是数据库技术研究对象。

2）数据管理是数据库技术研究的内容。

3）数据处理（包括数据库开发应用）是数据库技术的研究目的。

4）数据理论是数据技术的研究基础。

在这四部分中，数据与数据管理是数据库技术的主要基础部分，而数据处理（包括数据库的开发）是本教材的应用部分。最后，数据理论是上面三个部分的基本支撑。

1.2　数据及其特性

数据是客观世界中的事物在计算机中的抽象，是数据库技术研究的主要对象。数据有很多特性，主要体现在以下几个方面：

1. 数据表示的广泛性

数据是客观世界事物的抽象表示，现实世界中的客体都能用数据表示。所以我们说，数据反映了客观世界，它是现实世界在计算机中的一种模拟。例如，数据可以表示数值、文字，可以表示抽象的符号、推理；可以表示二维、三维及多维空间结构；可以表示时刻、日期、年代等时间形式；也可以表示图形、图像、声音、视频、音频等多媒体形式等。

数据表示的广泛性表明它与现实世界紧密相关，与人类社会息息相通，因此我们可以利用数据的这个特性来讨论与研究客观世界与人类社会。

2. 数据的基础性

现代计算机科学主要用于"问题求解"。问题求解有两个部分，它们分别是求解过程与求解对象。其中过程对应算法而对象则对应数据，算法是建立在数据之上的，因此，数据是问题求解的基础，同时也是计算机科学的基础。

3. 数据是一种重要的信息资源

当今社会，人们不仅拥有充足的物质财富，还拥有海量的数据，这是一笔丰富的信息财富，可以用它为社会与国民经济建设服务。

4. 数据可以创造财富、创造文明

利用物质资源可以创造财富与创造文明，同样利用信息资源也可以创造财富与创造文明。通过数据库获取新的信息，同时可以通过归纳、整理与分析数据而获得创造性的规则，从而为人类服务。

1.3　数据与数据库

在计算机技术日益发达的今天，计算机的存储容量不断扩大，处理能力不断加快，数据大都集中存放于计算机或计算机网络中并以数据库的形式出现，它具有持久、超大规模及共享的特性。因此，在讨论数据时，我们主要讨论计算机环境中具有这些特性的数据，即讨论数据库。本书中所指的数据就是在数据库中数据。

对于数据库，我们主要研究的基础问题是：

1）数据类型与数据结构：这是一种关于数据的结构形式的研究。

2）数据模式：这是一种关于数据库中全局统一的数据结构的形式研究。

3）数据模型：这是一种关于数据抽象性质表示的研究，它包括数据的结构、建立在数据结构上的数据操纵以及数据间内在的语法、语义约束。它反映了数据的静态特性、动态行为以及内部制约关系。

1.4 数据管理

人类社会有着巨大的数据资源，为有效地使用它们，必须对它们进行管理。数据管理是数据库技术研究的主要内容，它分为操作性管理和开发性管理，下面分两节介绍：

1.4.1 数据库管理系统

数据库管理系统是数据管理中的操作性管理，它可由一组软件实现。

1. 数据组织

为便于数据管理，必须对超大规模的数据进行有序与有机的组织，使其能存储在一个统一的组织结构下，这是数据管理的首要工作。这种数据组织就构成了数据库中数据的实体。

2. 数据定位与查找操作

在浩如烟海的数据中如何找到所需的数据是数据管理的重要任务，这种查找的难度可用"大海捞针"来形容。查找的关键是数据的定位，即找到数据的位置，只有定位后数据查找才成为可能。数据定位与查找是两种数据操作，它们是数据管理的一项艰巨任务。此外，它还包括对数据的修改、删除与增添等操作。

3. 数据保护

数据是一种资源，其中大部分是不可再生资源，因此必须对它们加以保护以防止丢失与破坏。数据保护一般包括以下几个部分：

1）数据语法与语义正确性保护：数据库中的数据是受一定语法、语义约束的，如职工年龄一般在 18～60 岁之间，职工工资一般在 1000～8000 元之间等，而且职工的工资与其工龄、职务均有一定语义关联，任何违反约束的数据必为不正确数据。因此，必须保护其语法、语义的正确性。

2）数据访问正确性保护：数据库中的数据是共享的，而共享是受限的，过分的共享会带来安全隐患，如职工对其工资只有读权限而无写与改权限。因此，数据访问权限是受限的，而正确访问权限是受到保护的。

3）数据动态正确性保护：上面两部分是数据静态保护，此外，还有数据动态正确性保护，如在多个用户访问同一数据时会相互间产生干扰，从而造成数据的不正确，又如在计算机运行时所产生的故障所造成数据的破坏。因此要防止这些现象产生，就需要有一种数据动态正确性保护。

4. 数据接口

为方便使用数据，必须为不同应用环境的用户提供不同接口，其中包括传统的人机交互环境接口、单机环境接口、网络环境接口、互联网环境接口等。

5. 数据服务与元数据

在数据管理中，还提供大量的服务功能，这称为数据服务（data service）。数据服务一般包括操作服务与信息服务，其中操作服务主要为用户提供操作上的方便，而信息服务则为用户使用数据库提供信息，特别是数据结构信息、数据控制信息，这种信息是有关数据的数据，因此称为元数据（metadata）。元数据是一种特殊的数据服务，由于它的重要性，本书中将对它单独命名并加以介绍。

数据库管理系统是数据管理的基础及主要内容。

1.4.2　开发性数据库管理与数据库管理员

数据管理中的开发性管理的主要工作是：

1）数据库生成：根据设计要求生成可供实际使用的数据库。

2）数据库运行及维护：生成后的数据库即可投入运行，此时必须对其作监控及维护。

开发性数据库管理中的数据库生成的数据库运行的维护由一组专业人员—数据库管理员负责。

1.5　数据管理的变迁

数据管理是数据库技术的核心，在其发展历史中，它经历了多个阶段。

1. 基本数据结构阶段 (20 世纪 40～50 年代)

自 20 世纪 40 年代计算机出现至 50 年代这段时间中，由于当时计算机结构简单，应用面狭窄且存储单元少，对计算机内的数据的管理非常简单，主要由基于内存的私有的并依附于程序的数据结构管理。此阶段称为基本数据结构阶段。

2. 文件阶段 (20 世纪 50～60 年代)

文件系统是数据库系统发展的初级阶段，它出现于上世纪 50 年代中期，此时计算机中已有磁鼓、磁盘等大规模存储设备，计算机应用面也逐步拓宽，此时计算机内的数据已开始有专门的软件管理，这就是文件系统。

文件系统能对数据进行初步的管理组织，并能对数据进行简单查找及更新操作，但是文件对数据的保护能力差，同时由于当时应用环境简单，因此接口能力差。由于文件系统的数据管理能力简单，因此它只能附属于操作系统而不能成为独立部分，目前一般将其看成是数据库系统的雏形，而不是真正的数据库系统。

文件系统主要有以下两点不足：

（1）文件系统的共享性差

在文件系统中，每个文件均是为特定应用程序服务的。在一个计算机中，如果有多个应用，则必须建立多个为应用服务的独立、分散的文件，它们的冗余性高，一致性低，极大地浪费了存储空间且容易造成数据管理的混乱。这些都是文件系统缺乏数据的共享性所带来的弊病。

（2）文件间缺少内在逻辑联系

由于文件依附于应用程序，不同应用的文件间是彼此隔离的，而且相同应用中的文件也依附于不同的应用需求，它们间也是孤立的。因此，整个文件系统内各文件间是彼此孤立的，是一个无弹性、无结构的数据集合体。这反映了文件系统内在结构上的缺陷，会对数据管理中的数据组织与数据查找更新的能力产生影响，更有甚者，它无法反映数据间内在的逻辑联系，人为制造了"信息孤岛"。

文件系统的这种不足带来了结构上的弊端。这种结构方式一般称为以程序为中心的结构方式，它可用图 1-2 表示，从图中可以看出，以程序为核心，数据依附于程序，而数据间则彼此隔离与孤立。

3. 数据库管理阶段 (20 世纪 60 年代～至今)

自 20 世纪 60 年代起，数据管理进入了数据库管理阶段。由于计算机规模日渐庞大，应用日趋广泛，计算机存储设备已出现大容量磁盘与磁盘组，且数据量已由大规模跃至超大规模，传统的文件系统已无法满足新的数据管理要求，因此数据管理职能由附属于操作系统的文件系统而脱离成独立的数据管理机构，即成为数据库管理系统。

数据库管理系统克服了文件系统的不足，特别是在共享性以及数据间逻辑联系方面的不足，使数据库系统成为能适应当代计算机应用发展的数据管理机构。其主要特点是：在数据库中，每个数据不再像文件系统那样仅针对某个应用，而是根据应用全面组织数据，做到数据对所有应用共享，同时根据数据内在关联建立起数据全局、整体的结构化组织。数据库系统的这种结构方式称为以数据为中心的结构方式，它可用图 1-3 表示。在该图中可看到，以整体、全局数据为核心，围绕它的是若干个程序对数据进行处理。

图 1-2   以程序为中心   图 1-3   以数据为中心

数据库管理系统阶段因不同的数据结构组织而分为三代，它们是：

（1）第一代——层次与网状数据库管理时代

20 世纪 60 年代以后所出现的数据库管理系统是层次数据库与网状数据库，它们具有真正的数据库管理系统特色。但是，由于它们脱胎于文件系统，受文件的物理影响大，因此给数据库使用带来诸多不便。

（2）第二代——关系数据库管理时代

关系数据库管理系统出现于 20 世纪 70 年代，在 20 世纪 80 年代得到了蓬勃的发展并逐步取代前两种系统。关系数据库管理系统结构简单、使用方便、逻辑性强、物理性少，因此一直占据数据库领域的主导地位。关系数据库管理系统起源于商业应用，它适合于事务处理领域并在该领域内发挥主要作用。

（3）第三代——后关系数据库管理时代

20 世纪 90 年代以后，数据库逐步扩充至数据分析领域。此外，网络与互联网的出现也使传统关系数据库应用受到影响，此时需对关系数据库管理系统实行必要的改造与扩充，内容包括：

1）引入联机分析处理概念建立数据仓库以适应数据分析处理领域的应用。

2）近期，大数据技术的兴起，使数据库管理的第三代进入了更新的时代。

数据管理变迁的全貌可用图 1-4 表示。

本书将主要介绍数据管理，重点介绍关系数据管理，同时对后关系数据库管理也给予适当的关注与介绍。

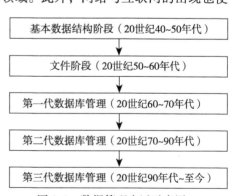

图 1-4   数据管理变迁示意图

1.6 数据处理

当今，由于数据与人类社会的密切关系，数据处理已成为计算机应用的重要内容。在本书中，数据处理主要指的是数据库中数据的应用。

1.6.1 数据处理的环境

在数据处理中，数据存放于计算机中，用户应用数据是通过访问数据库而实现的。而这种访问是在一定环境下进行的，随着计算机技术的发展，数据应用环境也不断变化，迄今为止一共有四种不同的环境，它们是：

1) 人机直接交互式环境：这是单机、集中式环境，用户为操作员。由操作员直接访问数据库中的数据，这是一种最为原始与简单的访问方式，在数据库发展的初期就采用此种方式。至今在网络及互联网环境下仍流行。

2) 单机、集中式环境 (用户为应用程序)：应用程序在机器内 (单机) 访问数据库中数据，这种访问方式在 20 世纪 70~80 年代较为流行，也是一种简单的访问方式。

3) 网络分布式环境：在计算机网络出现后，数据访问方式出现了变化。在此种环境中，数据与用户 (应用程序) 可分处网络不同节点，用户使用数据时可通过接口调用的方式，这种方式目前应用广泛。

4) 互联网环境：在当前互联网时代，用户是以互联网中的 Web 为代表，而数据访问方式则是 Web 与数据库间的接口调用方式。这种方式也是目前广泛应用的方式。

目前，这四种数据应用环境及访问方式都普遍存在，它为数据应用提供了多种应用手段。

1.6.2 应用开发

数据应用是需要开发的，数据应用开发可分为四个部分，它们是：

1) 数据库的设计：数据应用开发的首要任务是设计一个适合应用需要的数据库用以供应用使用。

2) 数据库生成：在完成设计后须生成数据库。

3) 数据库应用系统的开发：为方便数据应用，必须开发一个系统，该系统是在一定应用环境下，采用一种合理的数据结构并且与一定的硬件平台、基础软件平台及数据管理软件相结合，具有大量结构化数据与应用处理程序并且有一个友好的可视化界面。这种系统就是数据库应用系统，它可为特定的数据应用提供全面的服务。

4) 数据应用的运行管理：数据库应用系统是数据应用的在计算机中的一种表现形式。数据库应用系统中的数据需要进行不断进行维护与改造，使之能更好为应用服务，这就是数据应用的运行管理。

1.6.3 数据处理的应用领域

数据处理领域的应用范围很广，但是一般集中在如下四个方面：

1. 传统事务处理应用

事务处理是数据应用的主要领域，也是最传统的领域，它具有数据结构简单、事务短、数据操作类型少的特点，目前主要用于电子商务、客户关系管理、企业资源规划以及管理信息系统等应用中。这种应用主要以关系数据库为支撑。

2. 现代事务处理——互联网 +

互联网的发展使得多个数据库应用系统通过网络连接能组成一个跨系统、跨行业创新系统，它就是互联网 + 。互联网 + 是传统事务处理应用的一种扩充。

3. 分析应用

分析应用是近几年发展起来的数据库应用领域，它主要用于对数据进行分析，从数据中提取知识与规则。这是一种新的应用领域，它与前面两种领域应用有重要的区别，前两种领域应用均是局限于原有数据的积累与应用，而分析应用则是将数据由量的积累达到质的转变，它使得数据成为规则与知识财富。

分析主要应用在决策支持系统、联机分析处理、数据挖掘以及专家系统等领域，它主要由数据仓库作为基本数据支撑。

4. 大数据分析应用

由于计算机网络及互联网的发展，在网上的数据量迅速膨胀，由超大规模数据到海量数据进一步到了巨量数据阶段，这种数据量称大数据。大数据的出现使数据分析的水平达到了一个新的高度，这种应用就是大数据分析应用。

1.6.4 数据处理中数据库的用户

在数据处理中用户使用数据是通过访问数据库中数据而实现的。数据处理中的用户有以下四种：

1）用户是操作人员。

2）用户是程序，一般称应用程序。

3）用户是数据处理中另一种数据组织，如 Web。

4）用户是另一种系统。

在数据处理中的用户必须具有唯一标识符（即用户名）及一定访问权限并在系统中注册登记。

 本章小结

本章介绍了数据、数据管理与数据处理的概况，它是本书的讨论主题。

1. 数据与数据处理

- 数据是客观世界事物在计算机中的抽象。
- 数据（数据库）、数据管理与数据处理是数据库技术研究的主题。
- 数据处理是数据库应用的主要领域。

2. 数据的特性

- 数据表示的广泛性。
- 数据基础性。
- 数据是重要的信息资源。
- 数据可以创造财富、创造文明。

3. 数据管理的两个内容

（1）操作性管理

- 数据组织。
- 数据定位与查找。

- 数据保护。
- 数据接口。
- 数据服务与元数据。

（2）开发性管理

- 数据库生成。
- 数据库运行维护。

4．数据管理的三个阶段

- 基本数据结构阶段。
- 文件理阶段。
- 数据库管理阶段。

5．数据库管理的三个时代

- 第一代：层次、网状数据库管理时代。
- 第二代：关系数据库管理时代。
- 第三代：后关系数据库管理时代。

6．数据处理三个方面

- 数据处理环境。
- 数据库应用开发。
  - 数据库设计。
  - 数据库生成。
  - 数据库应用系统开发。
  - 数据库应用的运行管理。
- 数据应用四大领域。
  - 传统事务处理应用。
  - 现代事务处理应用。
  - 分析应用。
  - 大数据分析应用。
- 数据应用四种用户。

7．本章重点内容

- 数据管理。
- 数据管理的三个阶段。

习题 1

1.1　什么叫数据？它来源于何处？请说明之。

1.2　试说明数据处理的流程。

1.3　为什么说数据处理方法是数据应用主要领域？试说明之。

1.4　试述数据的四大特性。

1.5　试说明数据、数据管理及数据处理与数据库技术间关系。

1.6　试说明数据管理三个阶段的特点。

1.7　关系数据库管理有什么优点，它适合于哪个领域的应用？请说明之。

1.8　后关系数据库时代包含哪些扩充内容？

1.9　试给出数据库应用开发的四个方面。

1.10　试给出数据库中四种不同用户。

1.11　试给出数据处理四大应用领域。

第2章 数据库的基础知识

本章将介绍数据库的基础知识，包括基本概念、基本结构、应用平台及特点等。本章内容十分重要，它对全书具有提纲挈领的作用。

2.1 数据库中的基本概念

1. 数据

（1）数据的概念

数据（data）是现实世界中客体在计算机中的抽象表示。具体地说，它是一种计算机内的有限个数的一组符号表示。

由于数据是一种抽象的符号表示，因此它缺少语义，在必要时须对它作出语义解释。

（2）数据的性质分类

1）数据的持久性：从存储时间看，数据一般分为两部分，其中一部分与程序仅有短时间的交互关系，随着程序的结束而消亡，它们称为临时性（transient）数据。这类数据一般存放于计算机内存中。而另一部分数据则对系统起着长期持久的作用，它们称为持久性（persistent）数据，这类数据一般存放于计算机中的次级存储器（如磁盘）内。

2）数据的共享性：从其使用对象看，数据可分为私有性与共享性数据。为特定应用（程序）服务的数据称为私有性（private）数据，而为多个应用（程序）服务的数据则称为共享性（share）数据。

3）数据的超大规模性：从其存储数量看，数据可分为小规模、大规模及超大规模三种。数据的量是衡量与区别数据的重要标志，这是因为数据"量"的变化可能会引起数据"质"的变化。数据量由小变大后，就需要对数据进行管理、保护与控制。目前，当数据以超大规模形式出现时，一般均需管理、保护与控制。

随着技术的进步与应用的扩大，数据的特性不断发生变化，这些变化主要表现为：

- 数据的量由小规模到大规模进而到超大规模。
- 数据的服务范围由私有到共享。
- 数据的存储周期由挥发到持久。

数据的这些变化使得现代数据具有超大规模的、持久的和共享的特点，本书如不加特别说明，所提数据均具这三种特性。

近期来，数据特性又有了新的变化，数据的量由超大规模而到"海量""巨量"规模，数据服务范围由共享到全球性共享，从而出现了互联网＋与大数据分析等新技术应用。

下面我们讨论数据与软件间的关系。

（3）数据与软件

软件（software）是计算机科学的一大门类，它是建立在计算机硬件之上的一种运行（或处理）实体。软件一般由程序与数据两部分组成，其中程序给出了运行的过程表示，而数据则给出了运行的对象与结果。

在软件中，数据（主要指其结构）是其稳定部分，而程序则是可变部分，因此数据称为软件中的不动点(fixed point),它在软件中起着基础性的作用。它们间关系可见图 2-1 所示。

过去,软件是以程序为中心,而数据则以私有形式从属于程序。在这样的系统中,数据是分散、凌乱的,于是造成了数据管理的混乱,如数据冗余大、一致性差、结构复杂等多种弊病。但经过若干年的发展,数据在软件中的地位和作用发生了本质的变化,在软件中它已占据主体地位,而程序则已退居附属地位,从而形成了以数据为中心的结构。在这样的结构中,需要对数据进行集中、统一的管理,并使其为多个应用程序共享。这种结构如图 2-2 所示,它为数据库系统的产生与发展奠定了基础。

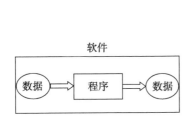

图 2-1 程序与数据关系示意图

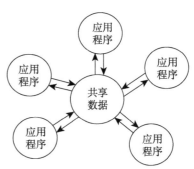

图 2-2 以数据为主体的软件系统

2. 数据库

数据库(DataBase,DB)是数据的集合,它具有统一的结构形式,存放于统一的存储介质内,并由统一机构管理。它由持久、超大规模数据集成,并可被应用所共享。

数据库存放数据,数据按所提供的数据模式存放,它能构造复杂的数据结构以建立数据间内在联系与复杂关系,从而构成数据的全局结构模式。

3. 数据库管理系统

数据库管理系统(Database Management System,DBMS)是统一管理数据库的一种软件(属系统软件),它负责如下工作:

(1)数据组织定义

数据库管理系统负责为数据库构建数据结构,它包括为数据库构建全局统一数据框架称全局模式以及局部数据框架称局部模式。

(2)数据存取的物理构作

数据库管理系统负责为数据模式的物理存取构作有效的存取方法与手段,如构作索引(index)、集簇(cluster)及分区(partition)等。

(3)数据操纵

数据库管理系统为用户使用数据提供方便,它提供数据查询、插入、修改以及删除的功能。此外,它还具有一定的运算、转换、统计能力以及一定的过程调用能力。

(4)数据的完整性、安全性定义与检查

数据库中的数据具有内在语义上的关联性与一致性,它们构成了数据的完整性。数据的完整性是保证数据库中数据正确性的必要条件,因此必须经常检查以维护数据的正确性。

数据库中的数据具有共享性,而数据共享可能会引发数据的非法使用,因此必须要对数据正确使用做出必要的规定,并在使用时检查,从而保证数据的安全性。

维护数据库的完整性与安全性是数据库管理系统的基本职能。

（5）数据的并发控制与故障恢复

数据库是一个集成、共享的数据集合体，它能为多个应用服务，因此就会出现多个应用对数据库的并发操作的情况。而在并发操作中，多个应用间的相互干扰会对数据库中的数据造成破坏，因此，必须进行必要的控制以保证数据不受破坏，这就是数据的并发控制。

同时数据库在运行时遭受外界破坏后有能力及时进行恢复，即数据的故障恢复。

（6）数据交换

数据库中的数据需要与外界数据主体进行交换，这种主体可以是操作员、应用程序，也可以是另一种数据体。数据库管理系统提供了数据交换的管理功能。

（7）数据的服务

数据库管理系统提供对数据库中数据的多种服务功能，如数学函数、输入/输出函数、数据转换函数、日期函数等，此外还提供数据复制、转储、重组、性能监测、分析等服务功能以及可视化界面平台服务等。这些服务可以函数、过程及组件形式出现，也可以工具及工具包等形式出现。

此外，数据服务还包括信息服务。信息服务主要以数据字典为主。数据字典是一组关于数据的数据（即元数据），它存放数据库管理系统中的数据模式结构、数据完整性规则、安全性要求等，此外，还包括数据管理中的多种参数。数据字典是数据库管理系统中的一个专门的系统数据库，它具有固定的模式结构，称为信息模式（information schema），用户可用查询语言对其操作，以获取数据库的结构性信息。

为完成以上功能，数据库管理系统一般提供以下统一的数据语言（data language）：

1）数据定义语言（Data Definition Language，DDL）：该语言负责数据的模式定义、表定义、视图定义与数据的物理存取构作。

2）数据操纵语言（Data Manipulation Language，DML）：该语言负责数据的操纵，包括查询及增、删、改等操作。

3）数据控制语言（Data Control Language，DCL）：该语言负责数据完整性、安全性的定义与检查以及事务、并发控制、故障恢复等功能。

以上三种语言都是非过程性语言，它们可以有多种表示形式。随着数据库系统发展，这三种语言已逐渐合并成为一种语言。

此外，数据库管理系统还提供与数据交换有关的语言与接口函数，同时还提供为用户服务的服务性软件，如程序包、函数库、类库、存储过程以及专用工具等。

4. 开发性数据库管理

由于数据库的共享性，因此对数据库生成、维护等工作需要管理，其主要工作如下：

1）数据库生成：在数据库设计基础上建立数据模式，生成数据库。

2）数据库运行维护：在数据库运行过程中需对数据库进行监督以保证其运行效率。同时对数据库中数据的安全性、完整性、并发控制及系统恢复进行维护。此外，还须不断调整内部结构及参数，以改善数据库性能。

开发性数据库管理中的运行维护由数据库管理员（DataBase Administrator，DBA）负责实施。而数据库系统则由数据库程序员负责实施。

5. 数据库系统

数据库系统（DataBase System，DBS）是一种采用数据库技术的计算机系统，它是一个实际可运行的，向应用系统提供支撑的系统。

数据库系统由五个部分组成:

- 数据库(数据)
- 数据库管理系统(软件)
- 数据库管理员(人员)
- 系统平台之一——硬件平台(硬件)
- 系统平台之二——软件平台(软件)

这五个部分构成了一个以数据库为核心的完整的运行实体。

在数据库系统中,硬件平台包括以下两类:

1)计算机:它是系统中硬件的基础平台,目前常用的有微型机、小型机、中型机、大型机及巨型机。近期还有移动终端、智能手机等。

2)网络:过去,数据库系统一般建立在单机上,但是近年来多建立在网络上,包括局域网、广域网及互联网,而其结构形式又以客户/服务器(C/S)方式与浏览器/服务器(B/S)方式为主。

在数据库系统中,软件平台包括三类:

1)操作系统:它是系统的基础软件平台,目前常用的有 Windows 与 UNIX(包括 Linux)两种,近期还有 Android 及 iOS 等。

2)数据库系统开发工具:为开发数据库应用提供的工具,包括过程化程序设计语言(如 JAVA、C、C++等)、可视化开发工具(VB、PB、Delphi 等),还包括近期与互联网有关的 ASP、JSP、PHP、HTML 及 XML 等工具以及一些专用开发工具。

3)中间件:在网络环境下,数据库系统中的数据库与应用间需要有一个提供标准接口与服务的统一平台,它们称为中间件(middleware)。目前使用较普遍的中间件有微软的 .NET、ODMG 的 CORBA 以及基于 Java 的 J2EE 等。它们为支持数据库应用开发、方便用户使用提供了基础性的服务。

6. 数据库应用系统

数据库应用系统(DataBase Applied System,DBAS)是以数据库为核心,以数据处理为内容的应用系统,它利用数据库系统作应用开发,可构成一个数据库应用系统。数据库应用系统是由数据库系统、应用软件及应用界面三部分组成,具体组成包括:

- 数据库
- 数据库管理系统
- 数据库管理员
- 硬件平台
- 软件平台
- 应用软件
- 应用界面

其中,应用软件是由数据库接口工具及应用开发工具编写而成,应用界面大都由相关的可视化工具开发而成。

数据库应用系统有八个部分,它们以一定的逻辑层次结构方式组成一个以数据库系统为核心的应用实体,其层次结构如图 2-3 所示。

数据库应用系统是根据需求开发的,其开发内容有四个部分:

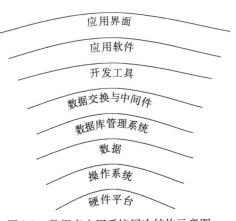

图 2-3 数据库应用系统层次结构示意图

- 数据库生成
- 应用程序编写
- 界面开发
- 接口组成

目前很多的流行的应用系统都属于此种系统,它们一般也称为信息系统(Information System),例如管理信息系统(MIS)、企业资源规划(ERP)、办公自动化系统(OA)、情报检索系统(IRS)、客户关系管理(CRM)、财务信息系统(FIS)等均为信息系统。

2.2 数据库内部结构体系

数据库在构作时其内部具有三级模式和二级映射,三级模式分别是概念模式、内模式与外模式,二级映射则分别是从概念模式到内模式的映射以及外模式到概念模式的映射。这种三级模式与二级映射构成了数据库内部的抽象结构体系,如图2-4所示。

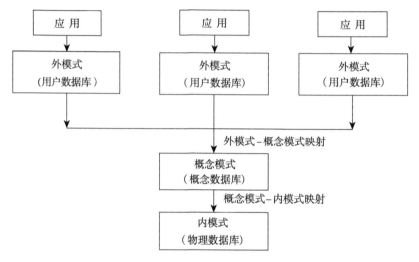

图2-4 三级模式两种映射关系图

2.2.1 数据库的三级模式

1. 数据模式

数据模式(data schema)是数据库中数据的全局、统一结构形式的具体表示与描述,它反映了数据库的基本结构特性。一般而言,一个数据库都有一个与之对应的数据模式,而该数据库中的数据则按数据模式要求组织存放。

2. 数据库三级模式介绍

在数据库中,数据模式具有不同层次与结构方式,一般有三层,这就是我们所说的数据库三级模式。三级模式是一种数据库内部抽象结构体系,并具有对构作系统的理论指导价值。

(1)概念模式

概念模式(conceptual schema)是数据库中全局数据逻辑结构的描述,是全体用户(应用)公共数据视图。这种描述是一种抽象的描述,它不涉及具体的硬件环境与平台,也与具体的软件环境无关。

概念模式主要描述数据的概念记录类型以及它们间的关系,它还包括一些数据间的语义约束。对它的描述可用 DBMS 中的 DDL 语言定义。

（2）外模式

外模式（external schema）也称子模式（subschema）或用户模式（user's schema），它是用户的数据视图，即用户所见到的模式。它由概念模式推导而出，概念模式给出了系统全局的数据描述，而外模式则给出每个用户的局部描述。一个概念模式可以有若干个外模式，每个用户只关心与它有关的模式，这样可以屏蔽大量无关信息且有利于数据保护。在一般的 DBMS 中都提供相关的外模式描述语言（外模式 DDL）。

（3）内模式

内模式（internal schema）又称为物理模式（physical schema），它给出了数据库物理存储结构与物理存取方法，如数据存储的文件结构、索引、集簇及 hash 等的存取方式与存取路径。内模式的物理性主要体现在操作系统及文件级上，还没有深入到设备级（如磁盘及磁盘操作），但近年来有向设备级发展的趋势（如原始磁盘、磁盘分块技术等）。DBMS 一般提供相关的内模式描述语言（内模式 DDL）。

数据模式给出了数据库的数据框架结构，而数据库中的数据才是真正的实体，但这些数据必须按框架描述的结构组织。以概念模式为框架组成的数据库叫做概念数据库（conceptual database），以外模式为框架组成的数据库叫做用户数据库（user's database），以内模式为框架组成的数据库叫做物理数据库（physical database）。这三种数据库中只有物理数据库是真实存在于计算机外存中，其他两种数据库并不真正存在于计算机中，而是通过两种映射由物理数据库映射而成。

模式的三个级别反映了模式的不同环境以及它们的不同要求，其中内模式处于最低层，它反映了数据在计算机物理结构中的实际存储形式；概念模式处于中间层，它反映了设计者的数据全局逻辑要求；而外模式处于最上层，它反映了用户对数据的要求。

2.2.2　数据库的二级映射

数据库三级模式是对数据的三个级别抽象，数据的全局逻辑结构由概念模式给出，而面向用户的结构则由外模式表示，最后数据的具体物理实现留给内模式，使用户与全局设计者不必关心数据库的具体实现与物理背景。同时，它通过二级映射建立三级模式间的联系与转换，使得概念模式与外模式虽然并不物理存在，但是也能通过映射而获得其存在的实体。二级映射也保证了数据库系统中数据的独立性，即数据的物理组织与逻辑概念级发生改变，并不影响用户的外模式，它只需调整映射方式而不必改变用户模式。

1. 从概念模式到内模式的映射

该映射给出了概念模式中数据的全局逻辑结构到数据的物理存储结构间的对应关系，此种映射一般由 DBMS 实现。

2. 从外模式到概念模式的映射

概念模式是一个全局模式，而外模式则是用户的局部模式，一个概念模式中可以定义多个外模式，而每个外模式是概念模式的一个基本视图。外模式到概念模式的映射给出了外模式与概念模式的对应关系，这种映射一般也由 DBMS 实现。

2.3　数据库系统的特点

数据库系统有很多特点，下面介绍几个基本特点。

1. 数据的集成性

数据库系统的数据集成性主要表现在如下几个方面：

1)在数据库系统中采用统一的数据结构方式，如在关系数据库中采用二维表这种统一结构方式。

2)在数据库系统中按照多个应用的需要组织全局的、统一的数据结构(即数据模式)。数据模式不仅可以建立全局的数据结构，还可以建立数据间的完整语义联系，也就是说，数据模式不仅描述数据自身，还描述数据间联系。

3)数据库系统中的数据模式是多个应用共同的、全局的数据结构，而每个应用的数据则是全局结构中的一部分，这种全局与局部的结构模式构成了数据库系统数据集成性的主要特征。

2. 数据的高共享性与低冗余性

在数据库系统中，由于数据的集成性使得数据可为多个应用共享，而数据的共享又极大地减少了数据的冗余性，不仅可以减少不必要的存储空间，更重要的是可以避免数据的不一致性。

数据的一致性是指系统中同一数据的不同出现应保持相同的值；而数据的不一致性指的是同一数据在系统的不同拷贝处有不同的值。数据的不一致性会造成系统混乱，因此，减少冗余性避免数据的不同出现是保证系统一致性的基础。

共享的数据不仅可以为多个应用提供服务，还可以为不断出现的新的应用提供服务，特别是在网络发达的今天，数据库与网络的结合扩大了数据关系的范围，使数据信息这种财富可以发挥更大的作用。

3. 数据独立性

数据独立性是指数据库中的数据独立于应用程序，也就是说数据的逻辑结构、存储结构与存取方式的改变不影响应用程序。

数据独立性一般分为物理独立性与逻辑独立性两级。

1)物理独立性是指数据的物理结构(包括存储结构、存取方式等)的改变，如存储设备的更换、物理存储的更换、存取方式的改变等都不影响数据库的逻辑结构，从而不致引起应用程序的变化。

2)逻辑独立性是指数据库逻辑结构的改变，如修改数据模式、增加新的数据类型、改变数据间联系等，不需要相应修改应用程序。但到目前为止，数据逻辑独立性还无法完全的实现。

总之，数据独立性就是数据与程序间的互不依赖性。一个具有数据独立性特征的系统称为以数据为中心的系统或称为面向数据的系统。

4. 数据统一管理与控制

数据库系统不仅为数据提供高度集成环境，同时还为数据提供统一管理的手段。

1)为数据定义及建立索引提供服务。

2)为数据查询及增、删、改提供统一的服务。

3)数据的完整性、安全性保护、并发控制及故障恢复提供统一服务。

4)为数据交换提供统一服务。

5)此外还提供多种操作服务与信息服务，其中包括数据字典等信息服务。

 **本章小结**

本章对数据库基础知识进行了全面介绍，包括基本概念、内部结构、应用环境及特点等，本章内容是全书的基础。

1．基本概念

（1）六个基本概念

- 数据（data）。
- 数据库（Database，DB）。
- 数据库管理系统（Database Management System，DBMS）。
- 数据库管理员（Database Administrator，DBA）。
- 数据库系统（Database System，DBS）。
- 数据库应用系统（Database Application System，DBAS）。

（2）六个基本概念间的关系

- 数据与 DB 间的关系。
- DB 与 DBMS 间的关系。
- DBMS 与 DBS 间的关系。
- DBS 与 DBAS 间的关系。

2．基本结构

三级模式与二级映射结构

（1）三级模式

- 概念模式。
- 外模式。
- 内模式。

（2）二级映射

- 概念模式到内模式映射。
- 外模式到概念模式映射。

3．数据库系统的特点

- 数据集成性。
- 数据共享性。
- 数据独立性。
- 数据统一管理。

4．本章重点内容

- 基本概念。

习题 2

2.1 试解释下列术语并说明它们之间的区别：

（1）数据库

（2）数据库管理系统

（3）数据库系统

（4）数据库应用系统

2.2 试述数据库系统中数据的三大性质。

2.3 什么叫数据库管理员？它的主要工作是什么？试说明之。

2.4 什么叫数据模式？什么叫数据库的三级模式与二级映射？请说明之。

2.5 试说明数据集成性的主要表现。

2.6 数据库系统的特点是什么？试说明之。

第3章　数据管理中的数据模型

数据模型是数据管理的基本特征抽象，也是了解与认识数据库管理的基础。本章将介绍数据模型的基本内容，它为下面进一步介绍数据库奠定了基础。

3.1　数据模型的基本概念

数据是现实世界中客体的符号抽象，而数据模型（data model）则是数据管理特征的抽象。数据模型描述数据的结构、定义在结构上的操纵以及约束条件。它从抽象层次上描述了数据的静态特征、动态行为和约束条件，为数据库系统的表示和操作提供一个框架。

1. 数据模型三种类型

数据模型按不同的应用层次分成三种类型，分别是概念数据模型（conceptual data model）、逻辑数据模型（logic data model）及物理数据模型（physical data model）。

1）概念数据模型又称概念模型，它是一种面向客观世界、面向用户的模型，与具体的数据库管理系统及具体的计算机平台无关。概念模型着重于对客观世界复杂事物的结构进行描述并对它们间的内在联系进行刻画，而将与 DBMS、计算机有关的物理的、细节的描述留给其他种类的模型。因此，概念模型是整个数据模型的基础。目前，常用的概念模型有 E-R 模型、扩充的 E-R 模型、面向对象模型及谓词模型等。

2）逻辑数据模型又称逻辑模型，它是一种面向数据库系统的模型，该模型着重于在数据库系统一级的实现。它是客观世界到计算机的中介模型，具有承上启下的功能。概念模型只有在转换成逻辑模型后才能在数据库中得以表示。目前有很多逻辑模型，较为成熟并被人们大量使用的有层次模型、网状模型、关系模型以及对象关系模型等，其中面向对象模型与谓词模型既是概念模型又是逻辑模型。

3）物理数据模型又称物理模型，它是一种面向计算机物理表示的模型，它给出了数据模型在计算机上物理结构的表示。

2. 数据模型内容的三个部分

在数据模型中所描述的内容有三个部分，分别是数据结构、数据操纵与数据约束。

1）*数据结构*。数据模型中的数据结构主要描述基础数据的类型、性质以及数据间的关联，且在数据库系统中具有统一的结构形式，它也称数据模式。数据结构是数据模型的基础，数据操纵与约束均建立在数据结构上。不同数据结构具有不同的操纵与约束。因此，数据模型一般依据数据结构的不同而分类。

2）*数据操纵*。数据模型中的数据操纵主要描述相应数据结构上的操作类型与操作方式。

3）*数据约束*。数据模型中的数据约束主要描述数据结构内数据间的语法、语义联系，它们间的制约与依存关系，以及数据动态变化的规则以保证数据的正确、有效与相容。

3.2　数据模型的四个世界

数据库中的数据模型可以将复杂的现实世界要求反映到计算机数据库中的物理世界，这种反映是一个逐步转化的过程，它分为四个阶段，这四个阶段被称为四个世界。转化过程由现实世界开始，经历概念世界、信息世界而至计算机世界，从而完成整个转化。由现实世界开始，每到达一个新的世界都是一次新的飞跃和提高。

1）现实世界（real world）。用户为了某种需要，需将现实世界中的部分需求用数据库实现。此时，它设定了需求及边界条件，这为整个转换提供了客观基础和初始启动环境。此时，人们所见到的是客观世界中划定边界的一个部分环境，它称为现实世界。

2）概念世界（conceptual world）。以现实世界为基础做进一步的抽象形成概念模型，这是一次飞跃与提高。它分析现实世界中错综复杂的关系，去粗取精，去伪存真，最后形成一些基本概念与基本关系，并可以用概念模型提供的术语和方法统一表示，从而构成了一个新的世界——概念世界。在概念世界中所表示的模型都是较为抽象的，它们与具体数据库、具体计算机平台无关，这样做的目的是为了集中精力构作数据间的关联及数据的框架而不是拘泥于细节性的修饰。

3）信息世界（information world）。在概念世界的基础上进一步着重于在数据库级上的刻画而构成的逻辑模型叫信息世界。信息世界与数据库的具体模型有关，如层次模型、网状模型、关系模型等。

4）计算机世界（computer world）。在信息世界的基础上致力于在计算机物理结构上的实现，从而形成的物理模型叫计算机世界。现实世界的要求只有在计算机世界中才得到真正的物理实现，而这种实现是通过概念世界、信息世界逐步转化得到的。

在上面所述的四个世界中，现实世界是客观存在，而其他三个世界则是经过人们加工而得到的，这种加工、转化的过程是一种逐步精化的、有层次的过程，如图 3-1 所示。它符合人类认识客观事物的规律。

下面将详细介绍四个世界。

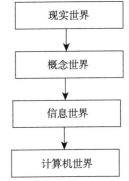

图 3-1 四个世界的转化示意图

3.3 现实世界

现实世界是产生数据模型的基础。现实世界中很多问题需用计算机解决，这就是问题求解。问题求解的对象即是事物。必须对事物作研究：

1）事物是由特性所组成的。

2）事物间是有联系的。

3）事物是处于变化中的。

4）事物是受环境制约的。

事物与相应的研究内容划定了客观世界中的边界，并组成了数据模型的现实世界。

3.4 概念世界与概念模型

概念世界是一个较为抽象化的世界，它给出了数据的概念化结构。概念世界一般用概念模型表示。本书选用 E-R 模型表示概念世界。

E-R 模型（entity-relationship model）又称实体联系模型，它于 1976 年由 Peter Chen 首先提出。它用于将现实世界的要求转化成实体、联系、属性等几个基本概念以及它们间的两种基本关系，并且用一种较为简单的图表示。这种图称为 E-R 图（entity-relationship diagram），该图简单明了，易于使用，因此很受欢迎。

3.4.1 E-R 模型的基本概念

1. 实体(entity)

实体是概念世界中的基本单位,它们是客观存在的且又能相互区别的事物,现实世界中的事物可以抽象成为实体。凡是有共性的实体可组成一个集合称为实体集(entity set)。例如,学生张三、李四是实体,而他们又均是学生,从而组成一个实体集。

2. 属性(attribute)

现实世界中的事物均有一些特性,这些特性可以用属性这个概念表示。属性刻画了实体的特征,它一般由属性名、属性型和属性值组成。其中,属性名是属性标识,而属性的型与值则给出属性的类型与取值。属性的取值有一定范围,而这个范围称为属性域(domain)。一个实体往往有若干个属性,如实体张三的属性可以有姓名、性别、年龄等。

3. 联系(relationship)

现实世界中事物间的关联称为联系。在概念世界中,联系反映了实体集间的一定关系,如医生与病人这两个实体集间有治疗关系,官、兵间有领导关系,旅客与列车间有乘坐关系。

(1)一个联系中实体集的个数可分为以下几种:

1)两个实体集间的联系。这是一种最为常见的联系,前面举的例子均属两个实体集间的联系。

2)多个实体集间的联系。这种联系包括三个实体集间的联系以及三个以上实体集间的联系。例如,工厂、产品、用户这三个实体集间存在着工厂提供产品为用户服务的联系。

3)一个实体集内部的联系。一个实体集内往往有若干个实体,它们间的联系称为实体集内部的联系。例如,某单位职工这个实体集内部有上下级联系,因为某人(如科长)既可以是一些人的下级(如处长),也可以是另一些人的上级(如本科室内的科员)。

(2)实体集间联系的个数可以分为以下几种:

1)实体集间单个联系:如实体集教师与学生间的教学联系。

2)实体集间多个联系:如实体集军官与士兵实体集,军官与士兵间的上下级联系,也有"老乡"间联系。

(3)实体集间的联系实际上是函数关系,这种函数关系有下面几种:(以两个实体集为例)

1)一一对应(one to one)的函数关系:这种函数关系是常见的函数关系之一,它可以记为 $1:1$。例如,学校与校长间具有相互的一一对应关系。

2)一多对应(one to many)或多一对应(many to one)函数关系:这两种函数关系实际上是同一种类型,它们可以记为 $1:m$ 或 $m:1$。例如,学生与其宿舍房间的联系是多一对应函数关系(反之则为一多对应函数关系),即多个学生对应一个房间。

3)多多对应(many to many)函数关系:这是一种较为复杂的函数关系,可记为 $m:n$。例如,教师与学生这两个实体集间的教学的联系是多多对应函数关系。因为一个教师可以教授多个学生,而一个学生又可以受教于多个教师。

以上四种函数关系可用图 3-2 表示。

3.4.2 E-R 模型三个基本概念之间的联接关系

E-R 模型由实体、属性、联系三个基本概念组成,这三个基本概念之间有下面两种关系。

1. 实体集(联系)与属性间的联接关系

实体是概念世界中的基本单位,属性附属于实体,它本身并不构成独立单位。一个实体可

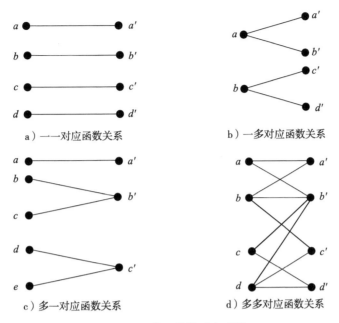

图 3-2　四种函数关系表示图

以有若干个属性，实体以及它的所有属性构成了实体的一个完整描述，因此实体与属性间有一定联接关系。例如，在人事档案中，每个职工（实体）可以有编号、姓名、性别、年龄、籍贯、政治面貌等若干属性，它们组成了一个职工（实体）的完整描述。

实体有型与值之别，一个实体的所有属性组合构成了这个实体的型（如表 3-1 中人事档案中的实体，它的型是"编号、姓名、性别、年龄、籍贯、政治面貌"等的组合），而实体中属性值的组合（如表 3-1 中的"138，徐英健，女，18，浙江，团员"）则构成了这个实体的值。

相同型的实体构成实体集。实体集由实体集名、实体型和实体值三部分组成。一般来说，一个实体集名可有一个实体型与多个实体值。例如，表 3-1 是一个实体集，它有一个实体集名"人事档案简表"，并有一个实体型（编号、姓名、性别、年龄、籍贯及政治面貌）以及五个实体值，分别是表中的五行。

表 3-1　人事档案简表

编号	姓名	性别	年龄	籍贯	政治面貌
138	徐英健	女	18	浙江	团员
139	赵文虎	男	23	江苏	党员
140	沈亦奇	男	20	上海	群众
141	王　宾	男	21	江苏	群众
142	李红梅	女	19	安徽	团员

联系也可以有属性，联系和它的所有属性构成了联系的一个完整描述，因此，联系与属性间也有联接关系。例如，教师与学生两个实体集间的教学联系可附有属性"课程号"、"教室号"。

2. 实体（集）与联系间的联接关系

一般而言，实体集间无法建立直接关系，它只能通过联系才能建立起联接关系。例如，教师与学生之间无法直接建立关系，只有通过"教学"联系才能建立相互之间的关系。

上面所述的两个联接关系建立的实体（集）、属性、联系三者的关系可用表 3-2 表示。

表 3-2   实体(集)、属性、联系三者的联接关系表

	实体(集)	属 性	联 系
实体(集)	×	单向	双向
属性	单向	×	单向
联系	双向	单向	×

3.4.3   E-R 模型的图示法

E-R 模型可以用一种非常直观的图示形式表示,这种图称为 E-R 图。在 E-R 图中,我们分别用不同的图形表示 E-R 模型中的三个概念与两个联接关系。

1) 实体集表示法。在 E-R 图中用矩形表示实体集,在矩形内写上该实体集之名。实体集学生(student)、课程(course)可用图 3-3 表示。

图 3-3   实体集表示法

2) 属性表示法。在 E-R 图中用椭圆形表示属性,在椭圆形内写上属性名。"学生"实体有属性学号(sno)、姓名(sn)、年龄(sa)及系别(sd),可以用图 3-4 表示。

3) 联系表示法。在 E-R 图中用菱形表示联系,在菱形内写上联系名。例如,学生与课程间的"修读"联系 SC 可用图 3-5 表示。

图 3-4   属性表示法   图 3-5   联系表示法

三个基本概念间的联接关系也可用图形表示。

1) 实体集(联系)与属性间的联接关系。属性依附于实体集,因此,它们之间有联接关系。在 E-R 图中,这种关系可用联接这两个图形间的无向线段表示(一般情况下可用直线)。例如,实体集 student 有属性 sno(学号)、sn(学生姓名)及 sa(学生年龄);实体集 course 有属性 cno(课程号)、cn(课程名)及 pno(预修课号),图 3-6 表示了它们之间的联接。

属性依附于联系,它们间也有联接关系,因此也可用无向线段表示。例如,"修读"联系 SC 可与学生的课程成绩属性 g 建立联接,如图 3-7 所示。

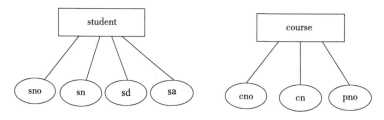

图 3-6   实体集与属性间的联接

2) 实体集与联系间的联接关系。在 E-R 图中,实体集与联系间的联接关系可用联接这两个图形间的无向线段表示。例如,实体集 student 与联系 SC 间有联接关系,实体集 course 与联系 SC 间也有联接关系,因此它们间可用无向线段相联,如图 3-8 所示。

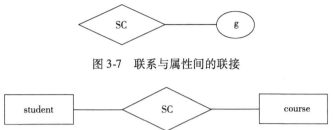

图 3-7　联系与属性间的联接

图 3-8　实体集与联系间的联接关系

有时为了进一步刻画实体间的函数关系，还可在线段边上注明其对应的函数关系，如1:1、1:n、n:m 等。例如，student 与 course 间有多多对应函数关系，此时可以用图 3-9 表示。

图 3-9　实体集间的函数关系表示图

实体集与联系间的联接可以有多种，上面所举例子均是两个实体集间联系（即二元联系），也可以有多个实体集间联系（即多元联系）。例如，工厂、产品与用户间的联系 FPU 是一种三元联系，可用图 3-10 表示。

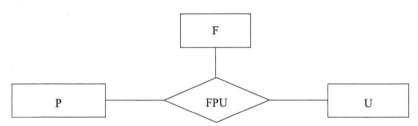

图 3-10　多个实体集间联系的联接方法

一个实体集内部的联系，如某公司职工（employee）与上下级管理（manage）间的联系，可用图 3-11a 表示。

实体集间可有多种联系，如教师（T）与学生（S）之间可以有教与学（E）联系，也可有领导与被领导（C）间的联系，可用图 3-11b 表示。

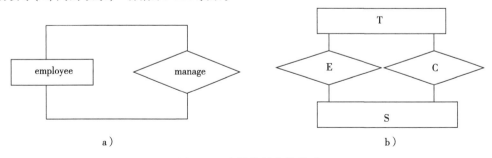

图 3-11　实体集间多种联系

用矩形、椭圆形、菱形以及按一定要求相互间相联接的线段构成了一个完整的 E-R 图。

【例 3.1】　前面所述的实体集 student、course、它们的属性和它们间联系 SC 以及附属于

SC 的属性 g，构成了一个有关学生、课程以及他们的成绩和他们间的联系的概念模型。图 3-12
给出了该模型的 E-R 图。

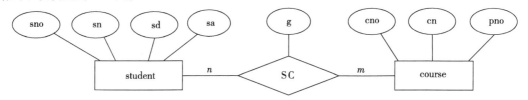

图 3-12   E-R 图的一个实例

E-R 模型中的三个基本概念以及它们间的两种基本关系能将现实世界中错综复杂的现象抽
象成简单明了的几个概念及关系，具有极强的概括性，因此，E-R 模型目前已成为表示概念世
界的有力工具。

3.5   信息世界与逻辑模型

3.5.1   概述

信息世界是数据库的世界，该世界着重于数据库系统的构造与操作。信息世界由逻辑模型
描述。

由于数据库系统不同的实现手段与方法，因此逻辑模型的种类很多，目前常用的有层次模
型、网状模型、关系模型、面向对象模型、谓词模型及对象关系模型等。其中，层次模型发展
最早并盛行于 20 世纪的 60～70 年代。网状模型出现稍晚，且具有比层次模型更为优越的性
能，它盛行于 20 世纪 70～80 年代。关系模型的概念出现于 1970 年，但由于在实现上的困难，
直到 20 世纪 70 年代后期才出现实用性系统，并在 80 年代开始实用化。面向对象模型出现于
20 世纪的 80 年代，在 90 年代开始实用化。谓词逻辑模型出现于 20 世纪 70 年代末期，它表示
力强，表示形式简单，已成为演绎数据库及知识库的主要模型。面向对象模型与谓词逻辑模型
既是概念模型又可作为逻辑模型。对象关系模型是一种关系模型的面向对象扩充，它的概念模
型是扩充的 E-R 模型，它也可以被视为面向对象模型的特例。上面的 5 种逻辑模型分别与前面
的四种概念模型相对应，它们的对应关系见表 3-3。

表 3-3   逻辑模型与概念模型的对应关系

概念模型	E-R 模型			面向对象模型	谓词模型	扩充 E-R 模型
逻辑模型	层次模型	网状模型	关系模型	面向对象模型	谓词模型	对象关系模型

本章将重点介绍关系模型。

3.5.2   关系模型简介

关系模型（relational model）的基本数据结构是二维表，简称表（table）。大家知道，表格方
式在日常生活中应用很广，特别是在商业系统中，如金融、财务处理经常使用表格形式表示数
据框架，这给了我们一个启发，用表格作为一种数据结构有着广泛的应用基础，关系模型即是
以此思想为基础建立起来的。

关系模型中的操纵与约束也是建立在二维表上的，它包括对一张表及多张表的查询、删
除、插入及修改操作，以及相应于表的约束。

关系模型的思想是 IBM 公司的 E. F. Codd 于 1970 年在一篇论文中提出的，他在该年 6 月的 ACM 上所发表的论文《大型共享数据库的关系模型》（A Relational Model for Large Shared Data Banks）中提出了关系模型与关系模型数据库的概念与理论，并用数学理论作为该模型的基础支撑。由于关系模型有很多诱人的优点，因此，从那时起就有很多人转向此方面的研究，并在算法与实现技术上取得了突破。1976 年以后出现了商用的关系模型数据库管理系统，如 IBM 公司在 IBM-370 机上实现的 System-R 系统，美国加州大学在 DEC 的 PDP-11 机上实现的基于 UNIX 的 Ingres 系统，Codd 也因他所提出的关系模型与关系理论这项开创性工作而荣获了 1981 年计算机领域的最高奖——图灵（Turing）奖。

关系模型数据库由于其结构简单、使用方便、理论成熟而吸引了众多的用户，在 20 世纪 80 年代以后成为数据库系统中的主流模型，很多著名的系统纷纷出现并占领了数据库应用的主要市场。目前，主要产品有 Oracle、SQL Server、DB2 等。关系模型数据库管理系统的数据库语言也由多种形式而逐渐统一成一种标准化形式，即 SQL 语言。

3.5.3　关系模型的数据结构、操纵和约束

关系是一种数学理论，运用这种理论所得到的逻辑模型称关系模型，关系模型由关系数据结构、关系操纵及关系约束三部分组成。

1. 关系数据结构

（1）表结构

关系模型统一采用二维表结构。二维表由表框架（frame）及表元组（tuple）组成。表框架由 n 个命名的属性组成，n 称为属性元数（arity），每个属性有一个取值范围（即值域）。

在表框架中可以按行存放数据，每行数据称为一个元组，或称表的实例（instance）。实际上，一个元组由 n 个元组分量组成，每个元组分量是表框架中每个属性的投影值。一个表框架可以存放 m 个元组，m 称为表的基数（cardinality）。

一个 n 元表框架及框架内 m 个元组构成了一个完整的二维表。表 3-4 给出了二维表的一个例子，这是一个有关学生（S）的二维表。

表 3-4　二维表的一个实例

sno	sn	sd	sa
98001	张曼英	CS	18
98002	丁一明	CS	20
98003	王爱国	CS	18
98004	李　强	CS	21

二维表一般满足下面七个性质：
- 二维表中元组个数是有限的——元组个数有限性。
- 二维表中元组均不相同——元组的唯一性。
- 二维表中元组的次序可以任意交换——元组的次序无关性。
- 二维表中元组的分量是不可分割的基本数据项——元组分量的原子性。
- 二维表中属性名各不相同——属性名唯一性。
- 二维表中属性与次序无关——属性的次序无关性（但属性次序一经确定就不能更改）。
- 二维表中属性列中分量具有与该属性相同值域——分量值域的同一性。

（2）关系

关系(relation)是二维表的一种抽象,它是关系模型的基本数据单位。具有 n 个属性的关系称 n 元关系, $n=0$ 时称空关系。每个关系有一个名称(即关系名),关系名及关系中的属性构成了关系框架。设关系名为 R,其属性为 a_1, a_2, $\cdots$, a_n,则该关系的框架是:

$R(a_1, a_2, \cdots, a_n)$

表3-4 所示的关系框架可以表示成:

$S(\text{sno}, \text{sn}, \text{sd}, \text{sa})$

每个关系有 m 个元组,设关系的框架为 $R(a_1, a_2, \cdots, a_n)$,则其元组必具有下面的形式:

$(a_{11}, a_{12}, \cdots, a_{1n})$

$(a_{21}, a_{22}, \cdots, a_{2n})$

$$\vdots$$

$(a_{m1}, a_{m2}, \cdots, a_{mn})$

其中 $a_{ij}(i \in \{1, 2, \cdots, n\}, j \in \{1, 2, \cdots, m\})$ 为元组分量。

按关系框架所组成的关系元组集合可构成一个关系。如表3-4 所示的关系 R 可表示为: $R = \{(98001,张曼英,CS,18),(98002,丁一明,CS,20),(98003,王爱国,CS,18),(98004,李强,CS,21)\}$。

一个语义相关的关系集合构成一个关系数据库(relational database)。而语义相关的关系框架集合则构成关系数据库模式(relational database schema),简称关系模式(relational schema)。

关系模式支持子模式,关系子模式是关系数据库模式中用户所见到的那部分数据描述。关系子模式也是二维表结构,它对应着用户数据库,即视图(view)。

关系与二维表是一个概念的两种不同表示形式,一般在理论研究中用关系讨论而在实际应用中则用二维表表示,在本书中基本上按此方法但并不严格区分。

(3)键

键是关系模型中的一个重要概念,它具有标识元组、建立元组间联系等重要作用。

- 键(key):二维表中凡能唯一最小标识元组的属性集称为该表的键。
- 候选键(candidate key):二维表中可能有若干个键,它们称为该表的候选键。
- 主键(primary key):从二维表的所有候选键中选取一个作为用户使用的键称为主键。主键一般也简称键。
- 外键(foreign key):若表 A 中的某属性集是表 B 的键,则称该属性集为 A 的外键。

表一定有键,因为如果表中所有属性子集均不是键则至少表中属性全集必为键,因此也一定有主键。

(4)关系与 E-R 模型

虽然关系的结构简单,但它的表示范围广,E-R 模型中的属性、实体(集)及联系均可用它表示,表3-5 给出了 E-R 模型与关系间的比较。

表3-5   E-R 模型与关系间的比较表

E-R 模型	关 系
属 性	属 性
实 体	元 组
实体集	关 系
联 系	关 系

在关系模型中,关系既能表示实体集又能表示联系。表3-6 给出了某公司职工间上下级联

系的关系表示。

表 3-6 上下级联系的关系表示

上 级	下 级
王 雷	杨光明
杨光明	吴爱珍
杨光明	徐 晴
吴爱珍	钱 华
吴爱珍	李光西

2. 关系操纵

关系模型的数据操纵就是建立在关系上的一些操作，一般有查询、删除、插入及修改四种操作。

（1）数据查询

用户可以查询关系数据库中的数据，它包括一个关系内的查询以及多个关系间的查询。

1）一个关系内查询的基本单位是元组分量，其基本过程是先定位后操作。所谓定位，包括纵向定位与横向定位，纵向定位就是指定关系中的一些属性（称列指定），横向定位就是选择满足某些逻辑条件的元组（称行选择）。通过纵向与横向定位后就可确定一个关系中的元组分量了。在定位后即可进行查询操作，即将定位的数据从关系数据库中取出并放入至指定内存。

2）多个关系间的数据查询可分为 3 步进行。第 1 步将多个关系合并成一个关系，第 2 步对合并后的一个关系进行定位，最后进行查询操作。其中，第 2 步与第 3 步可看作一个关系内的查询，故我们只介绍第 1 步。多个关系的合并可分解成两个关系的逐步合并，如果有 3 个关系 R_1、R_2 与 R_3，那么合并过程是先将 R_1 与 R_2 合并成 R_4，然后再将 R_4 与 R_3 合并成最终结果 R_5。

因此，对关系数据库的查询可以分解成三个基本定位操作与一个查询操作：

- 一个关系内的属性指定。
- 一个关系内的元组选择。
- 两个关系的合并。
- 查询操作。

（2）数据删除

数据删除的基本单位是元组，用于将指定关系内的指定元组删除。它也分为定位与操作两部分，其中定位部分只需要横向定位而无需纵向定位，定位后即是执行删除操作。因此，数据删除可以分解为两个基本操作：

- 一个关系内的元组选择。
- 关系中元组的删除操作。

（3）数据插入

数据插入仅用于一个关系，即在指定关系中插入一个或多个元组。插入数据时不需定位，只需将元组插入关系。因此，数据插入只有一个基本操作：

- 关系中的元组插入操作。

（4）数据修改

数据修改是在一个关系中修改指定的元组与属性值。数据修改不是一个基本操作，它可以分解为两个更基本的操作：先删除需修改的元组，然后插入修改后的元组。

（5）关系操作小结

以上四种操作的对象都是关系，而操作结果也是关系，因此它们都是建立在关系上的操作。这四种操作可以分解成 6 种基本操作。这样，关系模型的数据操纵可以总结如下：

1）关系模型数据操纵的对象是关系，而操纵结果也是关系。

2）关系模型基本操作有如下六种（其中三种为定位操作，三种为查询、插入及删除操作）：

- 关系属性的指定。
- 关系元组的选择。
- 两个关系合并。
- 关系的查询操作。
- 关系中元组的插入操作。
- 关系中元组的删除操作。

（6）空值处理

在关系元组的分量中允许出现空值（null value）以表示信息的空缺，空值的含义如下：

- 未知的值。
- 不可能出现的值。

在出现空值的元组分量中一般可用 NULL 表示。目前的关系数据库系统都支持空值，但是它们都具有如下两个限制：

1）关系的主键中不允许出现空值。因为主键是关系元组的标识，如主键为空值则失去了其标识的作用。

2）需要定义有关空值的运算。在算术运算中如果出现空值则其结果为空值，在比较运算中如果出现空值则其结果为 F（假）。此外，在统计时，如果 SUM、AVG、MAX、MIN 中有空值输入，其结果也为空值，而在作 COUNT 时如有空值输入则其值为 0。

3. 关系中的数据约束

关系模型允许定义三类数据约束，分别是实体完整性约束、参照完整性约束以及用户定义的完整性约束。此外，关系的安全性约束、故障恢复与多用户的并发控制实际上也是数据约束，其具体说明可见第 5 章。

3.6 计算机世界与物理模型

计算机世界是计算机系统与相应的操作系统的总称，概念世界与信息世界所表示的概念、方法、数据结构及数据操纵、控制等最终均须用计算机世界所提供的手段和方法实现。计算机世界一般用物理模型表示，而物理模型主要是指计算机系统的物理存储介质（特别是磁盘组织）、操作系统的文件以及在它们之上的数据库中的数据组织的三个层次。图 3-13 给出了数据库物理模型的三个层次。

3.6.1 数据库的物理存储介质

与数据库有关的物理存储介质以磁盘存储器为主，共有以下三类：

1. 主存储器

主存储器（main memory）又称内存或主存，它是计算机机器指令执行操作的地方。由于其存储量较小，成本高、存储时间短，因此它在数据库中仅是数据存储的辅助实体，如作为工作区（work area，数据加工区）、缓冲区（buffer area，磁盘与主存的交换区）等。

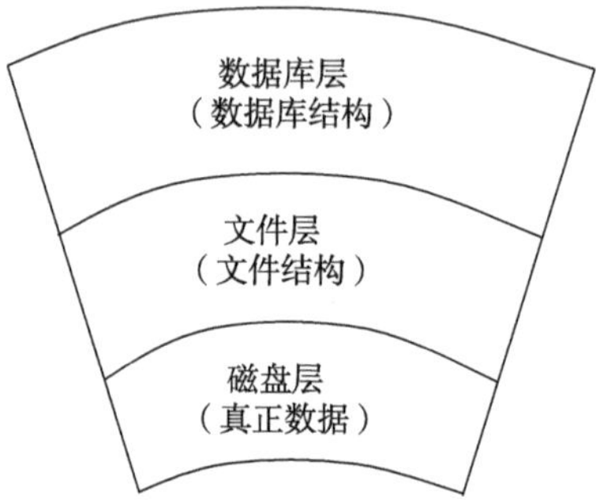

图 3-13 数据库物理模型的三个层次

2. 磁盘存储器

磁盘存储器(magnetic-disk storage)又称二级存储器或次级存储器。由于它存储量较大,能长期保存又有一定的存取速度且价格合理,因此成为目前数据库真正存放数据的物理实体。

3. 磁带存储器

磁带(tape)是一种顺序存取存储器,它具有极大的存储容量,价格便宜,可以脱机存放数据,因此可以用于存储磁盘或主存中的拷贝数据,它是一种辅助存储设备,也称为三级存储器。

磁盘能存储数据,但不能对它的数据直接"操作",只有将其数据通过缓冲区放入内存才能对数据进行操作(在工作区内),因此磁盘与内存的有效配合构成了数据库物理结构的主要内容,再加上磁带存储器的辅助,便构成了一个数据库物理存储的完整实体,如图3-14所示。

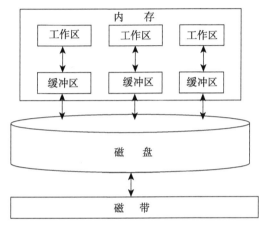

图 3-14　磁带、磁盘与内存的有效结合

3.6.2　磁盘存储器及其操作

1. 磁盘存储器的简介

磁盘存储器是一种大容量、直接存取的外部存储设备。所谓大容量指的是其存储容量极大,大约在 GB 到 TB 之间;所谓直接存取指的是可以随机到磁盘上任何一个位置存取数据。磁盘存储器由盘片所组成的盘片组与磁盘驱动器两部分组成。其中盘片组以轴为核心不停旋转,速度为每秒 120 或 180 转不等。

2. 磁盘存储器的操作

现在的数据库管理系统可以直接管理磁盘,磁盘的数据存/取单位有块和卷。

1)块(block)是内/外存交换数据的基本单位,它也称物理块或磁盘块,其大小有 512 字节、1024 字节、2048 字节等。

2)磁盘设备的一个盘组称一个卷(volume)。

在计算机所提供的磁盘设备基础上,经操作系统包装,可以提供若干原语供用户使用,如对磁盘的 Get(取)、Put(存)操作是一种简单的存取操作,其中"取"操作的功能是将磁盘中的数据以块为单位取出后放入指定的内存缓冲区,而"存"操作功能则相反。

3.6.3　文件系统

1. 文件系统的组成

文件系统是实现数据库系统的直接物理支持。文件系统由项、记录、文件及文件集合四个层次组成。

1)项(item)。项是文件系统中最小基本单位。

2)记录(record)。记录由若干项组成,它由型与值两部分组成。

3)文件(file)。文件是记录的集合。一般来讲,一个文件所包含的记录都是同型的。每个文件都有文件名。

4)文件集(file set)。若干个文件构成了文件集。

2. 文件的操作

文件一般有如下五种操作：打开文件、关闭文件、读记录、写记录、删除记录。

3.6.4 数据库的物理结构

1. 数据库中数据的分类

存储于数据库中的数据除了数据主体外还需要很多相应配合的信息，它们共同构成了完整的数据库数据。

1）数据主体。数据库中数据主体（main data）分为数据体及辅助体，其中数据体即存储的数据本身，如关系数据库中的数据元组分量，而辅助体就是相应的控制信息，如数据长度、相应物理地址等。

2）数据间联系的信息。数据主体内部存在着数据间的联系，需要用一定的"数据"表示，用链接或邻接方法实现，如用指针方法或层次顺序方法等实现。而在关系数据库中，数据主体的内在联系也用关系表示并且融入主体中。

3）数据存取路径信息。在关系数据库中，数据存取路径在数据查询要求时临时动态建立，它们通过索引及散列实现，而索引与散列的有关数据（如索引目录及散列的桶信息）均需存储并在数据操纵时调用。

4）数据字典。有关数据的描述作为系统信息存储于数据字典内，数据字典信息量小但使用频率高，是一种特殊的信息体。

5）日志。日志用于记录对数据库进行"更新"操作的有关信息，以便在数据库遭受破坏时进行恢复之用。此外还有用于"审计"的日志以及服务器日志等。

2. 数据库存储空间组织

数据库数据存储空间由 DBMS 统一组织管理，它包括系统区和数据区，其中系统区有数据字典、日志信息等，而数据区则由数据主体及相应信息组成。

数据库的存储空间组织在逻辑上一般由若干分区组成。其中系统区有数据字典分区、日志分区等。数据区也有若干个分区，每个分区包括一至多个数据库表，它们只属于有关分区，不能跨分区存放。在数据分区中又自动分为数据段与索引段，其中数据段存放数据元组及相应控制信息，而索引段则存放相应索引信息。图 3-15 给出了数据库存储空间组织的逻辑结构。

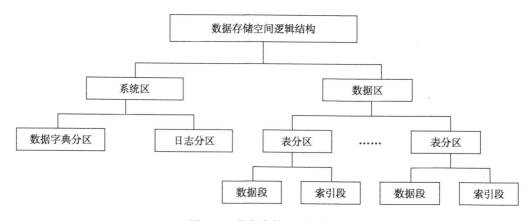

图 3-15　数据存储空间结构图

本章小结

本章讨论了数据模型,它是数据管理的核心,读者学完本章后应对数据管理的本质内容有所了解。

1. 数据模型基本概念
   - 数据模型是数据管理特征的抽象。
   - 数据模型描述数据结构、定义其上操作及约束条件。
   - 数据模型分三个层次:概念模型、逻辑模型与物理模型。
   - 数据模型的结构图:

数据模型	数据结构	操纵	约束
概念层			
逻辑层			
物理层			

2. 概念模型
   - E-R 模型。
3. 逻辑模型
   - 关系模型。
4. 物理模型
   三个组织层次:
   - 物理存储介质及磁盘层。
   - 文件层。
   - 数据库结构层。
5. 概念模型、逻辑模型与物理模型
   - E-R 模型——关系模型——关系物理模型。
6. 本章重点内容
   - 模型基本概念。
   - E-R 模型与 E-R 图。
   - 关系模型。

习 题 3

3.1 什么叫数据模型,它分为哪几种类型?
3.2 试述数据模型与数据模式的区别。
3.3 试述数据模型 4 个世界的基本内容。
3.4 试介绍 E-R 模型,并举例说明。
3.5 试说明关系模型的基本结构与操作。
3.6 从目前流行的 RDBMS 选择一些你比较熟悉的,试介绍其特点。
3.7 请你画出某图书馆阅览部门的书刊、读者及借阅三者间的 E-R 模型。其中,书刊的属性为书刊号、书刊名、出版单位,而读者的属性为读者名及读者姓名。一个读者可借阅多种书刊,而一种书刊可以被多个读者借阅。
3.8 设有一个图书出版销售系统,其中的数据有:图书的书号、书名及作者姓名;出版社名称、地址及电话;书店名称、地址及其经销图书的销售数量。其中图书、出版社及书店间满足如下关系:

- 每种图书只能由一家出版社出版。

- 每种图书可由多家书店销售。

- 每家书店可以经销多种图书。

（1）请画出该数据库的 E-R 图。

（2）在该 E-R 图中必须标明联系间的函数关系。

3.9 设有一个车辆管理系统，其中的数据有：

- 车辆号码、名称、型号。

- 驾驶员身份证号、姓名、地址、电话。

- 驾驶证号、发证单位。

其中车辆、驾驶员及驾驶证间满足如下条件：

- 一辆车可以由多个驾驶员驾驶。

- 每个驾驶员可以驾驶多辆车。

- 每个驾驶员可以有多个驾驶证。

- 每个驾驶证只能供一个驾驶员使用。

请设计该数据库的 E-R 图，并给出联系间的函数关系。

3.10 试说明数据库中有哪几种物理存储介质以及它们之间的关系。

3.11 试给出文件系统组成结构以及它的操作。

3.12 数据库物理结构中有哪些数据分类？请说明。

3.13 在数据库的物理模型中有哪几个层次，它们间关系如何？请说明之。

3.14 试说明数据模型的四个世界间的转化关系。

*第4章　关系模型的基本理论

关系模型是建立在数学理论基础上的，本章将介绍基于数学理论的关系模型。它包括关系代数及关系数据库规范化等内容。

4.1　关系模型的基本理论概述

关系模型是建立在一种称为"关系理论"的数学理论基础上，E. F. Codd 在提出关系模型时即以"关系理论"形式出现，而在经过若干年理论探索后才出现正式的基于关系模型的数据库系统产品，我们说关系模型数据库系统的特色是以"理论"引导"产品"，因此在介绍关系数据库系统时我们必须首先介绍关系模型的基本理论，即关系理论。

关系理论一般由两部分组成，即关系模型的数学表示与关系模式的规范化理论。前者给出了关系模型的代数方式及逻辑方式的数学表示，为关系模型研究提供有效的数学工具支撑。目前，有关关系数据库系统的语言表示研究、查询优化以及基于关系模型的知识库系统研究等均以该理论为基础。而关系模型的规范化理论则对合理设置关系表以及关系数据库设计起到关键性作用。

在本章中，我们将用较为浅显、通俗的方式说明这两部分内容，在后面的章节中将介绍这两部分理论在关系数据库系统中的实际应用。

4.2　关系代数

目前有很多数学理论可以表示关系模型，但以关系代数最为流行。关系代数(relational algebra)是用代数方法表示关系模型。在本书中，我们将以它作为关系模型的数学理论。

4.2.1　关系的表示

数据库中关系是一个二维表，它是元组的集合。一个 n 元关系是 n 元元组集合，而在数学的集合论中 n 元关系是 n 元有序组集合。而 n 元有序组即是 n 元元组的抽象。

这样我们就得到了一个结论，即数据库中的关系可以用集合论中的关系表示。

【例4.1】　表 4-1 所示的关系 S 可用 5 个 4 元有序组所组成的集合表示，它是一个四元关系。

$S = \{(13761，王诚，MA，21)，(13762，徐一飞，CS，22)，(13763，李峰，CS，20)，(13764，赵建平，CS，18)，(13765，申桂花，MA，21)\}$

表 4-1　关系 S

sno	sn	sd	sa
13761	王　诚	MA	21
13762	徐一飞	CS	22
13763	李　峰	CS	20
13764	赵建平	CS	18
13765	申桂花	MA	21

4.2.2 关系操作的表示

1. 关系模型的基本操作

前面已经讲过，关系模型有四种操作，它可以分解成六种基本操作。

1)关系的属性指定。

2)关系元组选择。

3)两个关系的合并。

4)关系的查询。

5)关系中元组的插入。

6)关系中元组的删除。

2. 关系模型的运算

分析上述基本操作后可以发现：这些操作的对象都是一个或两个关系，一个或两个关系经操作后所得的结果仍是一个关系。因此，可以将这些操作看成是对关系的运算。而关系是 n 元有序组的集合，那么可以将操作看成是集合的运算。

下面讨论这些基本操作所表示的运算。

（1）插入

设为关系 R 插入若干元组，这些元组组成关系 R'，由传统集合论可知，可用集合并运算表示这个插入操作，即可写为：

$$R \cup R'$$

（2）删除

设关系 R 要删除一些元组，这些元组组成关系 R'，由传统集合论可知，可用集合差运算表示这个删除操作，即可写为：

$$R - R'$$

（3）修改

修改关系 R 内的元组内容可用下面方法实现：

设需修改之元组构成关系 R'，则先做删除，可表示为：

$$R - R'$$

设修改后的元组构成关系 R''，此时我们将其插入，从而得到结果，可表示为：

$$(R - R') \cup R''$$

（4）查询

无法用传统的集合论方法表示用于查询的三个操作，因此要引入一些新的运算。

1)投影（projection）运算。对于关系内的属性指定操作可引入新的运算，称为投影运算。投影运算是一个一元运算，一个关系 R 经过投影运算（并由该运算给出所指定的属性）后得到一个关系 R'。R' 是 R 中投影运算所指出的那些属性的列所组成的关系。设 R 有 n 个属性：A_1，A_2，…，A_n，则在 R 上对属性 A_{i1}，A_{i2}，…，$A_{im}(A_{ij} \in \{A_1, A_2, \cdots, A_n, \})$ 的投影可表示为下面的一元运算：

$$\prod_{A_{i1}, A_{i2}, \cdots, A_{im}}(R)$$

【例4.2】 对表4-1所示的关系 S 有：

$\prod_{sn,sa}(S) = \{(王诚, 21), (徐一飞, 22), (李峰, 20), (赵建平, 18), (申桂花, 21)\}$

$\prod_{sn}(S) = \{(王诚), (徐一飞), (李峰), (赵建平), (申桂花)\}$

2)选择（selection）运算。对关系内元组的选择可引入另一种新的运算——选择运算。选择运算也是一个一元运算,关系 R 经过选择运算(并由该运算给出所选择的逻辑条件)得到的结果仍为一个关系。这个关系是由 R 中那些满足逻辑条件的有序组所组成。设关系的逻辑条件为 F,则 R 满足 F 的选择运算可写成:

$$\sigma_F(R)$$

F 是一个逻辑表达式,它可以具有 $\alpha\theta\beta$ 的形式,其中 α、β 是属性变量或常量,但 α、β 又不能同为常量,θ 是比较运算符,它可以是 $<$、$>$、$\leq$、$\geq$、$=$ 及 $\neq$。$\alpha\theta\beta$ 叫作基本逻辑条件,也可由若干个基本逻辑条件经逻辑运算 $\wedge$(并且)和 $\vee$(或者)构成复合逻辑条件。

【例4.3】　在表4-1所示的关系 S 中找出年龄大于20岁的所有元组,可以利用选择运算完成:

$$\sigma_{(sa>20)}(S) = \{(13761,王诚,MA,21),(13762,徐一飞,CS,22),(13765,申桂花,MA,21)\}$$

【例4.4】　在关系 S 中找出年龄大于20岁且在数学系(MA)学习的学生,利用选择运算可以写成:

$$\sigma_{(sa>20)\wedge(sd=MA)}(S) = \{(13761,王诚,MA,21),(13765,申桂花,MA,21)\}$$

有了上述两个运算后,便可方便地找到一个关系内的任意行、列的数据,下面给出一例。

【例4.5】　在关系 S 中查出所有年龄大于20岁的学生姓名,它可以表示如下:

$$\prod_{sn},\sigma_{sd>20}(S) = \{(王诚),(徐一飞),(申桂花)\}$$

3)笛卡儿乘(cartesian product)运算。对于两个关系的合并操作可以用笛卡儿乘表示。设有关系 R、S,它们分别为 n、m 元关系,并分别有 p、q 个元组,此时,关系 R 与 S 经笛卡儿乘可用 $R\times S$ 表示,其所得到的关系 T 是一个 $n+m$ 元关系,它的有序组个数是 $p\times q$,T 的有序组是由 R 与 S 的有序组组合而成。T 可称为 R 与 S 的笛卡儿积。关系 R 与 S 的笛卡儿积 T 可写为:

$$R\times S$$

设有如表4-2所示的两个关系 R、S,则 R 与 S 的笛卡儿积 $T=R\times S$ 也可从表4-2中看出。

表4-2　关系 R 与 S 的笛卡儿乘积

R:

R_1	R_2	R_3
a	b	c
d	e	f
g	h	i

S:

S_1	S_2	S_3
j	k	l
m	n	o
p	q	r

$T=R\times S$

R_1	R_2	R_3	S_1	S_2	S_3
a	b	c	j	k	l
a	b	c	m	n	o
a	b	c	p	q	r
d	e	f	j	k	l
d	e	f	m	n	o
d	e	f	p	q	r
g	h	i	j	k	l
g	h	i	m	n	o
g	h	i	p	q	r

上述四个运算是关系代数中最基本的运算,但为方便操纵,还需增添一些运算,特别是用于查询的运算,它们均可由基本运算导出,常用的有联接及自然联接两种查询运算。

4）联接（join）运算。用笛卡儿乘可以建立两个关系间的联接，但这种方法并不是一种好方法，因为这样建立的关系是一个较为庞大的关系，而且也不符合实际操作的需要。在实际应用中，两个相互联接的关系往往需要满足一些条件，所得到的结果也较为简单。因此，可以对笛卡儿乘做适当的限制，以适应实际应用的需要。这样就引入了联接运算与自然联接运算。

联接运算又称为θ联接运算，这是一种二元运算，通过它可以将两个关系合并成一个关系。设有关系 R、S 以及比较式 $i\theta j$，其中 i 为 R 中的属性域，j 为 S 中的属性域，θ 的含义同前。此时可以将 R、S 在域 i、j 上的 θ 联接记为：

$$R \underset{i\,\theta\,j}{\bowtie} S$$

它的含义可用下式定义：

$$R \underset{i\,\theta\,j}{\bowtie} S = \sigma_{i\,\theta\,j}(R \times S)$$

也就是说，R 与 S 的 θ 联接是 R 与 S 的笛卡儿乘再加上限制 $i\theta j$ 而得到。显然，$R \underset{i\,\theta\,j}{\bowtie} S$ 的有序组数远远少于 $R \times S$ 的有序组数。

要注意的是，在 θ 联接中，i 与 j 需具有相同域，否则无法作比较。

在 θ 联接中，如果 θ 为" = "，此时称为等值联接，否则称为不等值联接。例如，θ 为" < "时称为小于联接，θ 为" > "时称为大于联接。

【例4.6】 设有关系 R 和 S 分别如表4-3a 和表4-3b 所示，则 $T = R \underset{D > E}{\bowtie} S$ 为表4-3c 所示的关系，而 $T' = R \underset{D = E}{\bowtie} S$ 为表4-3d 所示的关系。

表4-3 R 与 S 的 θ 联接

R:

A	B	C	D
1	2	3	4
3	2	1	8
7	3	2	1

a)

S:

E	F
1	8
7	9
5	2

b)

A	B	C	D	E	F
1	2	3	4	1	8
3	2	1	8	1	8
3	2	1	8	7	9
3	2	1	8	5	2

c)

A	B	C	D	E	F
7	3	2	1	1	8

d)

5）自然联接（natural join）运算。在实际应用中，最常用的联接是 θ 联接的一个特例，叫作自然联接，这主要是因为常用的两个关系间的联接都满足条件：

- 两个关系间有公共属性域。
- 通过公共属性域的相等值进行联接。

根据这两个条件我们可以建立自然联接运算。

设有关系 R、S，R 有属性域 A_1，A_2，…，A_n，S 有属性域 B_1，B_2，…，B_m，它们间 A_{i1}，A_{i2}，…，A_{ij}，与 B_1，B_2，…，B_j，分别为相同域，此时它们的自然联接可记为：

$$R \bowtie S$$

自然联接的含义可用下式表示：

$$R \bowtie S = \prod_{A_1,A_2,\cdots,A_n,B_{j+1},\cdots,B_m}\left(\sigma_{A_{i1}=B_1,\wedge A_{i2}=B_2,\wedge\cdots A_{ij}=B_j}(R \times S)\right)$$

【例4.7】 设关系 R 和 S 分别如表4-4a、4-4b 所示，此时 $T = R \bowtie S$ 则如表4-4c 所示。

表4-4   R与S的自然联接

R:

A	B	C	D
1	2	3	4
1	5	8	3
2	4	2	6
1	1	4	7

a)

S:

D	E
5	1
6	4
7	3
6	8

b)

T:

A	B	C	D	E
2	4	2	6	4
2	4	2	6	8
1	1	4	7	3

c)

至此，我们引入了五种基本运算与两种扩充运算。在这七种运算中最常用的是投影运算、选择运算、自然联接运算、并运算与差运算。

4.2.3 关系模型与关系代数

前面介绍过，关系是一个 n 元有序组的集合，而关系操纵则是集合上的一些运算。其中常用的是以下5种运算：

1）投影：一元运算，可用 $\prod_{A_1, A_2, \cdots A_m}(R)$ 表示。

2）选择：一元运算，可用 $\sigma_F(R)$ 表示。

3）自然联接：二元运算，可用 $R \bowtie S$ 表示。

4）并：二元运算，可用 $R \cup S$ 表示。

5）差：二元运算，可用 $S - R$ 表示。

这样在关系所组成的集合 A 上的两个一元运算及三个二元运算构成如下系统：

$$(A, \prod, \sigma, \bowtie, \cup, -)$$

这个代数系统称为关系代数。

用关系代数可以表示检索（即查询）、插入、删除及修改等操作，下面用几个例子来说明。在此之前先建立一个关系数据库，称为学生数据库，它由以下三个关系组成：

- S(sno, sn, sd, sa)
- C(cno, cn, pno)
- SC(sno, cno, g)

其中 sno、cno、sn、sd、sa、cn、pno、g 分别表示学号、课程号、学生姓名、学生系别、学生年龄、课程名、预修课程号、成绩；而 S、C、SC 则分别表示学生关系、课程关系以及修读联系。下面用关系代数表达式表示在该数据库上的操作。

【例4.8】   检索学生所有情况：

$$S$$

【例4.9】   检索年龄大于等于 20 岁的学生姓名：

$$\prod_{sn}(\sigma_{sa \geqslant 20}(S))$$

【例4.10】   检索预修课程号为 C_2 的课程的课程号：

$$\prod_{cno}(\sigma_{pno = C_2}(C))$$

【例4.11】   检索课程号为 C，且成绩为 A 的所有学生姓名：

$$\prod_{sn}(\sigma_{cno = C \wedge g = A}(S \bowtie SC))$$

注意，这是一个涉及两个关系的检索，此时需用联接运算。

【例4.12】   检索学生 S_1 所修读的所有课程名及其预修课号：

$$\prod_{cn, pno}(\sigma_{sno = S_1}(C \bowtie SC))$$

【例 4.13】 检索年龄为 23 岁的学生所修读的课程名：
$$\prod_{cn}(\sigma_{sa=23}(S \bowtie SC \bowtie C))$$
注意，这是涉及三个关系的检索。

【例 4.14】 检索至少修读了 S_5 所修读的一门课的学生姓名。
这个例子比较复杂，需做一些分析，将问题分为 3 步解决：
第 1 步，取得 S_5 修读的课程号，它可以表示为：
$$R = \prod_{cno}(\sigma_{sno=S_5}(SC))$$
第 2 步，取得至少修读 S_5 所修读的一门课程的学号：
$$W = \prod_{sno}(SC \bowtie R)$$
第 3 步，最后得到结果为：
$$\prod_{sn}(S \bowtie W)$$
分别将 R、W 代入后即得检索要求的表达式：
$$\prod_{sn}(S \bowtie (\prod_{sno}(SC \bowtie (\prod_{cno}(\sigma_{sno=S_5}(SC))))))$$

【例 4.15】 检索不修读任何课程的学生学号：
$$\prod_{sno}(S) - \prod_{sno}(SC)$$

【例 4.16】 在关系 C 中增添一门新课程（C_{13}，ML，C_3）。
令此新课程元组所构成的关系为 R，即有：
$$R = \{(C_{13}，ML，C_3)\}$$
此时有结果：
$$C \cup R$$

【例 4.17】 学号为 S_{17} 的学生因故退学，请在 S 及 SC 中将其除名：
$$S - (\sigma_{sno=S_{17}}(S))$$
$$SC - (\sigma_{sno=S_{17}}(SC))$$

【例 4.18】 将关系 S 中学生 S_6 的年龄改为 22 岁：
$$(S - \sigma_{sno=S_6}(S)) \cup W$$
W 为修改后的学生有序组所组成的关系。

【例 4.19】 将关系 S 中的年龄均增加 1 岁：
$$S(sno，sn，sd，sa+1)$$

4.3 关系数据库的规范化方法

在前面有关关系数据库模型讨论中，有一个不易察觉但又很重要的问题尚未议及，这就是如何在关系数据库中构造合适的数据模式，而这种合适的数据模式要符合一定的规范化要求，它们可称为关系数据库的规范化方法。本节就要讨论这个问题。

4.3.1 规范化方法的起因

我们将通过例子来讨论关系数据库规范化方法。假设要设计一个学生数据库 D，它的属性为 sno、sn、sd、sa、cno、g、cn 和 pno。第一个问题是，如何将这 8 个属性构造成一些合适的关系模式，从而构成一个关系数据库。构造关系模式的方法有很多，表 4-5 给出了两种不同的构造方法（当然，还可以构造出更多不同的关系模式）。

表4-5 两种关系模式的构造方法

SCG：

sno	sn	sd	sa	cno	cn	pno	g

a)

S：

sno	sn	sd	sa

SC：

sno	cno	g

C：

cno	cn	pno

b)

第二个问题是，是否用任何一种方案构造出来的关系模式在关系数据库中使用的效果都是一样的呢？还以这个例子作说明，先看用表4-5a所示的模式建立的一个简单的关系数据库，如表4-6所示。

可以看出，这个数据库有如下缺点：

1）冗余度大：在这个数据库中，一个学生如果修读 n 门课，则他的信息就要重复 n 遍。例如，王剑飞这个学生修读5门课，在这个数据库中有关他的信息就要重复5次，这就造成了数据的极大冗余。类似的情况也出现在有关课程的信息中。

2）插入异常：在这个数据库中，如果要插入一门课程的信息，而这门课程本学期不开设，因此无学生选读，那么就很难将其存入这个数据库内。这就使数据库在功能上产生了极不正常的现象，同时也给用户使用带来极大不便，这种现象就叫做插入异常。

3）删除异常：在删除数据库中的信息时也有类似的情况出现。例如，这个数据库中学号为0003的学生方世觉因病退学，因而有关他的元组就被删除，但是在删除方世觉的有关情况时，课程BHD的有关信息也同时被删除了，并且在整个数据库中再也找不到有关课程BHD的信息了。从而造成"城门失火，殃及池鱼"的结果，这也是数据库中的一种极其不正常的现象，会给用户带来极大的不便，这种现象就是删除异常。

表4-6 一个关系数据库实例

sno	sn	sd	sa	cno	cn	pno	g
0001	王剑飞	CS	17	101	ABC	102	5
0001	王剑飞	CS	17	102	ACD	105	5
0001	王剑飞	CS	17	103	BBC	105	4
0001	王剑飞	CS	17	105	AEF	107	3
0001	王剑飞	CS	17	110	BCF	111	4
0002	陈瑛	MA	19	103	BDE	105	3
0002	陈瑛	MA	19	105	APC	107	3
0003	方世觉	CS	17	107	BHD	110	4

但是，在用表4-5b所示的关系模式所构成的关系数据库中，情况完全不同了。表4-7给出了使用该关系模式的一个数据库，它存放的数据内容与表4-6相同。将这个数据库与表4-6所示的数据库相比，就会发现其不同之处：

1）冗余度：这个数据库的冗余度大大小于前一个数据库，它仅有少量冗余。这些冗余都保持在一个合理的水平。

2）插入异常：由于将课程、学生及他们所选修课程的分数均分离成不同的关系，因此不会产生插入异常的现象。如果要插入一门课程的信息，只要在关系C中增加一个元组即可，而且并不涉及学生是否选读的问题。

3）删除异常：由于分离成三个关系，故也不会产生删除异常的现象，前例中由于删除学生信息而引起的将课程信息也一并删除的现象也不会出现了。

表4-7   另一个关系数据库实例

sno	sn	sd	sa
0001	王剑飞	CS	17
0002	陈瑛	MA	19
0003	方世觉	CS	17

sno	cno	g
0001	101	5
0001	102	5
0001	103	4
0001	105	3
0001	110	4
0002	103	3
0002	105	3
0003	107	4

cno	cn	pno
101	ABC	102
102	ACD	105
103	BBC	105
105	AEF	107
107	BHP	110
110	BCF	111

从上面所举的例子中可以看出，在具有相同数据属性的情况下所构造的不同关系模式是有"好""坏"之分的，有的构造方案既能具有合理的冗余度又能做到无异常现象，而有的构造方案则冗余度偏大且易产生异常现象。因此，在关系数据库设计中，关系模式的设计是极其讲究的，必须予以重视。

是什么原因引起异常现象与大量冗余的出现，从而导致关系模式构造的弊病呢？这个问题要从语义上着手分析。要构造的数据库中的各属性间是相互关联的，它们互相依赖、互相制约，构成一个结构严密的整体。因此，在构造关系模式时，必须从语义上摸清这些关联，将互相密切依赖的属性构成单独的模式，切忌将依赖关系并不紧密的属性"拉郎配"式地硬凑在一起，这样会引起很多"排他"性的反常现象出现。例如，例子中的学生信息的四个属性关系紧密，都依赖于sno，从而构成一个独立的完整结构体系，而课程及分数也均有类似现象。分解成三个关系模式后一切不正常现象均会自动消失，这是因为我们掌握了属性间的内在依赖关系，根据这种内在关系按客观规律办事，从而消除了隐患，得到了较为合理的设计方案。

由上面的分析可知，要设计一个好的关系模式，根本方法是要掌握属性间的内在语义联系。它可称为函数依赖联系。关于这种依赖联系的详细情况在后面将会介绍。

由前面讨论可以看出，在关系数据库中并不是任何一种关系模式设计方案都是可行的。实际上，一个关系数据库中的每个关系模式的属性间一定要满足某种内在联系，而这种联系又可按关系的不同要求分为若干个等级，这就叫做关系的规范化（normalization）。

为了将一个不规范的关系模式变成规范化的关系模式，需要对不规范的模式进行分解，如将表4-5a中的一个模式分解成为表4-5b中的三个模式，这就是模式分解（schema decomposition）。

到此为止，可以对前面讨论的内容小结如下：

1）在关系数据库设计中，可以有多个关系模式设计方案。

2）不同关系模式设计方案是有"好""坏"之分的，因此，需要重视关系模式的设计，使得设计出的方案是好的或较好的。

3）要设计一个好的关系模式方案，关键是要摸清属性间的内在语义联系，特别是函数依赖联系，因此研究这些依赖关系以及由此而产生的一整套有关理论是关系数据库设计中的重要问题。

4）对于一个好的或较好的关系数据库模式设计方案而言，它的每个关系中的属性一定满足某种内在语义条件，也就是说要按一定的规范构造关系，这就是关系的规范化。规范化可根据不同的要求而分成若干个级别。因此，一个关系数据库的每个关系必须按规范化要求构造，这样才能得到一个好的数据库。

5）一个不规范的模式可以通过模式分解而变成为具有一定级别的规范化模式。

在上述内容中，函数依赖以及规范化方法是本章讨论的重点。

4.3.2 函数依赖

函数依赖（functional dependency）是关系模式内属性间最常见的一种依赖关系，例如在关系模式 S 中，sno 与 sd 间有一种依赖关系，即 sno 的值一经确定后 sd 的值也随之唯一地确定了，此时即称 sno 函数决定 sd 或称 sd 函数依赖于 sno。这可用下面符号表示：

$$sno \rightarrow sd$$

同样，还可以有：

$$sno \rightarrow sn$$

$$sno \rightarrow sa$$

但是，关系模式 SC 中的 sno 与 g 间则没有函数依赖关系，因为一个确定的学号 sno 可以有多个成绩（它们分别对应于不同的课程），因此根据学号并不能唯一地确定成绩 g，而（sno, cno）与 g 间则存在着函数依赖关系，即：

$$(sno, cno) \rightarrow g$$

函数依赖这个概念是属于语义范畴的，只能根据语义确定属性间是否存在这种依赖，此外别无他法。

下面给出函数依赖的一个形式化定义。

定义 4.1　设有属性集 U 上的关系模式 $R(U)$，X、Y 是 U 的子集，若对于关系 R 中的任一元组在 X 中的属性值确定后在 Y 中的属性值必确定，则称 Y 函数依赖于 X 或 X 函数决定 Y，并记作 $X \rightarrow Y$。其中，X 称为决定因素，Y 称为依赖因素。

函数依赖一般分两种，一种称为平凡函数依赖，另一种称为非平凡函数依赖。所谓平凡函数依赖即为如下所示的一些函数依赖：

$$sn \rightarrow sn$$

$$(sno, cno) \rightarrow cno$$

这些函数依赖虽然从形式上看是成立的，但它无任何实际意义，因此在实际应用中没有任何价值，更无任何语义，因此我们一般采用有语义价值的函数依赖。这种函数依赖称为非平凡函数依赖，前面所介绍的 sno→sn，sno→sd，sno→sa 等均为非平凡函数依赖。

在本章中如无特殊声明，提到函数依赖均指的是非平凡函数依赖。下面给出非平凡函数依赖的定义。

定义 4.2　一个函数依赖关系 $X \rightarrow Y$ 如满足 $Y \not\subset X$，则称此函数依赖是非平凡的函数依赖。

为了对函数依赖做深入研究，也为了满足规范化的需要，还要引入几种不同类型的函数依赖。首先，引入完全函数依赖的概念，这个概念将为真正的函数依赖打下基础。例如，在 S 中我们有 sno→sd，同样也有：

$$(sno, sn) \rightarrow sd$$

$$(sno, sa) \rightarrow sd$$

比较这三种函数依赖后我们会发现，实际上真正起作用的函数依赖是：

$$sno \rightarrow sd$$

其他两种函数依赖都是由它派生而成的，也就是说在函数依赖中真正起作用的是 sno，而不是 sn 或 sa。这样，在研究函数依赖时要区别这两种不同类型的函数依赖，前一种叫作完全函数依赖，后一种叫作不完全函数依赖或部分函数依赖，我们所看重的是完全函数依赖。不完全函数依赖的存在使依赖关系变得复杂了。下面给出完全函数依赖以及部分函数依赖的定义。

定义 4.3 $R(U)$ 中如有 X、$Y \subseteq U$，满足 $X \rightarrow Y$，且对任何 X 的真子集 X' 都有 $X' \nrightarrow Y$，则称 Y 完全函数依赖（或称完全依赖）于 X。记作：

$$X \xrightarrow{f} Y$$

定义 4.4   在 $R(U)$ 中如有 X、$Y \subseteq U$ 且满足 $X \rightarrow Y$，但 Y 不完全函数依赖于 X，则称 Y 部分函数依赖（或称部分依赖）于 X。记作：

$$X \xrightarrow{p} Y$$

由上述定义可知，sd 完全函数依赖于 sno，但 sd 不完全函数依赖于（sno，sn），（sno，sd）。即有：

$$sno \xrightarrow{f} sd$$
$$(sno，sn) \xrightarrow{p} sd$$
$$(sno，sa) \xrightarrow{p} sd$$

在函数依赖中还要区别直接函数依赖与间接函数依赖这两个概念。例如，sno→sd 中的 sd 直接函数依赖于 sno，但如果在属性中尚有系的电话号码 dt（假设每个系有唯一的一个电话号码），则有 sd→dt。由 sno→sd 及 sd→dt 可得到：

$$sno \rightarrow dt$$

在这个函数依赖中，dt 并不直接函数依赖于 sno，而是经过中间属性 sd 传递而依赖于 sno，即 dt 直接依赖于 sd，而 sd 又直接依赖于 sno，从而得到 dt 依赖于 sno。这种函数依赖关系是一种间接依赖关系，或叫传递依赖关系。它的定义如下。

定义 4.5   在 $R(U)$ 中如有 X、Y、$Z \subseteq U$ 且满足：

$$X \rightarrow Y，(Y \nsubseteq X)Y \nrightarrow X，Y \rightarrow Z$$

则称 Z 传递函数依赖（或称传递依赖）于 X；否则，称为非传递函数依赖（或称非传递依赖）。

注意，在这里仅对传递函数依赖与非传递函数依赖做概念上的区分，在形式表示上没有任何区别，即 Z 传递函数依赖于 X 或 Z 非传递函数依赖于 X 都用 $X \rightarrow Z$ 表示，这样做的目的是为了从全局考虑使得表示尽量简单与方便。

在函数依赖中，传递函数依赖将函数依赖关系变得更加复杂，也就是说，在实际应用中具有传递函数依赖的关系模式，其语义关系比较复杂，容易产生异常及冗余。因此一般我们希望在关系模式中不存在传递函数依赖。

定义了几种不同的函数依赖关系后，我们将在此基础上继续定义一些十分重要的基本概念，首先我们定义键（key）。

键的含义已在 3.5.3 节中介绍过了，在这里我们给出它的形式定义。

定义 4.6   在 $R(U)$ 中如有 $K \subseteq U$ 且满足：

$$K \xrightarrow{f} U$$

则称 K 为 R 的键。

一个关系模式可以有若干个键，我们在使用时选取其中的一个就够了，这个被选中的键叫做这个关系模式的主键（primary key），而一般的键叫做候选键（candidate key）。

在一个关系模式中，所有键中的属性构成一个集合，而所有其余的属性则构成另一个集合，这两个集合分别叫做关系模式的主属性集与非主属性集。主属性集中的属性叫做主属性（prime attribute），非主属性集中的属性则叫做非主属性（nonprime attribute）。例如，在关系模式 S（sno，sn，sd，sa）中，主属性集为：

$$\{sno\}$$

而非主属性集为：

$$\{sn, sd, sa\}$$

在 SC(sno, cno, g)中，主属性集为：

$$\{sno, cno\}$$

而非主属性为：

$$\{g\}$$

下面我们给出主属性集与非主属性集的定义。

定义 4.7 $R(U)$ 中所有键中的属性构成的集合 P 称为 $R(U)$ 的主属性集。

定义 4.8 $R(U)$ 中所有非键中的属性构成的集合 N 称为 $R(U)$ 的非主属性集。

4.3.3 函数依赖与范式

1. 第一范式

关系数据库中关系的规范化问题在 1970 年 Codd 提出关系模型时也被同时提出，关系规范化可按属性间不同的依赖程度分为第一范式、第二范式、第三范式以及 Boyce-Codd 范式（BCNF）。

我们先介绍第一范式。第一范式是关系模式所要遵循的基本条件，即关系中的每个属性值必须是一个不可分割的数据量。如果一个关系模式满足此条件，则称它属于第一范式（First Normal Form，1NF）。它的定义如下。

定义 4.9 设有关系模式 R，如其每个属性 A 的每个域值都是不可分割的，则称 R 满足第一范式，并记为 $R \in 1NF$。

第一范式规定了一个关系中的属性值必须是一个不可分割的数据，它排斥了属性值为元组、数组或某种复合数据的可能性，使关系数据库中所有关系的属性值均是最简单的，这样可以做到结构简单、讨论方便。一般说来，每个关系模式均要满足第一范式，因为这是对关系的最基本要求。

下面开始讨论真正与函数依赖有关的三个范式。为了讨论这几个范式，除了确定一个关系模式的属性外，还要根据它的语义确定这个模式上的所有函数依赖。设有关系模式 R，它有属性集 U，而在它上的函数依赖集是 F，则此时一个关系模式可由 R、U、F 确定，记作：

$$R(U, F)$$

例如，前面所提到的学生关系模式 S 可表示为：

$$S(\{sno, sn, sd, sa\}, \{sno \rightarrow sn, sno \rightarrow sd, sno \rightarrow sa\})$$

2. 第二范式

第二范式是与完全函数依赖有关的范式。在一个关系模式中如果有部分函数依赖，那么就会出现异常现象。设有一个仓库库房模式 W($\{wno, pno, pqty, wa\}$, (wno, pno)$\rightarrow$pqty, wno$\rightarrow$wa))。其中 wno、pno、pqty 及 wa 分别表示仓库、零件、零件数量及仓库地址。该模式的键为 (wno, pno)。此时有函数依赖(wno, pno)$\rightarrow$pqty 及 wno$\rightarrow$wa，而在键与 wa 间有函数依赖(wno, pno)$\rightarrow$wa。但这是一种部分函数依赖关系，正是由于它的存在引发了很多异常现象，如首先出现的是数据冗余，即出现有 wno 之处即有 wa，从而有 wa 的冗余度高。其次，如果仓库中零件全部出库，则 wa 会丢失。类似地，要插入一个无零件的仓库信息会非常困难。由于存在以上的异常现象，因此我们所规范的公式中不允许出现部分函数依赖的现象，这就是所谓的第二范式，它的定义如下。

定义 4.10 设有 $R \in 1NF$，若其每个非主属性完全函数赖于键，则称 R 满足第二范式（可简写为 2NF），记作 $R \in 2NF$。

3. 第三范式

我们再进一步构作范式。排除部分函数依赖关系后，我们还要进一步排除传递依赖关系，因为传递依赖也会引发异常。例如，在一个工资关系模式 S 中有 $S\{(\text{sno, sc, sm}), \{\text{sno}\rightarrow\text{sc},\text{sno}\rightarrow\text{sm}, \text{sc}\rightarrow\text{sm}\}\}$，其中 sno、sc、sm 分别表示人员姓名、工资等级及工资数额，而该关系模式的键为 sno，在这个模式中有传递依赖关系 sno$\rightarrow$sm，即 sno$\rightarrow$sc，sc$\rightarrow$sm。该传递依赖的存在会引发如下异常现象；

1）会造成冗余。在 S 中只要出现工资等级 sc 就会有工资数额 sm，因此会出现大量工资数额的冗余。

2）如果在 S 中删除某人员姓名，而该人员是唯一一个具有某工资级别的人，则此时会产生严重的信息丢失，即该等级工资与某工资额间的关联信息丢失。

3）如果要在 S 中增加一项工资等级与工资数额的数据，但此时无此等级的员工，就会产生插入的困难。

因此，在我们所规范的公式中还要避免出现传递依赖，满足这一要求的范式称为第三范式。它的定义如下。

定义 4. 11 若关系模式 R 的每个非主属性既不部分依赖也不传递依赖于键，则称 R 满足第三范式（可简写为 3NF），记作 $R\in$3NF。

第三范式将关系模式中的属性分成为两类，一类是非主属性集，另一类是主属性集，而非主属性集的每个属性均完全并且不传递依赖于主属性集中的键，从而做到在关系模式中理顺了复杂的依赖关系，使依赖单一化与标准化，进而避免了异常的出现，其示意图如图 4-1 所示。该图将关系模式比拟成一个原子，其中主属性集是这个原子的原子核，而非主属性集中的属性则是这个原子中的电子，它们紧紧依赖于主属性集，从而构成一个紧密整体。

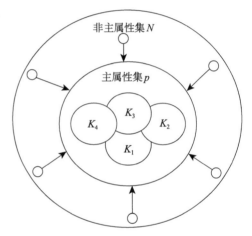

图 4-1 第三范式的"原子"模型

4. BCNF

一般而言，一个关系模式只有满足第三范式才能避免出现异常与过多的冗余。但第三范式存在着表示与定义上的复杂性，为解决此问题，1972 年 Boyce 和 Codd 等人从另一个角度研究了范式，发现函数依赖中的决定因素与键间的联系与范式有关，从而创立了另一种第三范式，称为 Boyce-Codd 范式。这个范式概念简单、表示简洁，通俗地说，如果关系模式中的每个决定因素都是键，则它满足 Boyce-Codd 范式。一般而言，每个函数依赖中的决定因素不一定都是键，因此只有当 R 中决定因素都是键时才能说它满足 Boyce-Codd 范式。

定义 4. 12 如果在 R 中 X、$Y\subseteq U$，假定 $R\in$1NF，且若 $X\rightarrow Y(Y\nsubseteq X)$ 时 X 必含键，则称 R 满足 Boyce-Codd 范式（可简记 BCNF），记作 $R\in$BCNF。

下面来研究 BCNF 与 3NF 间的关系。经过仔细研究后，人们发现 BCNF 比 3NF 更为严格。下面的定理将证明这一结论。

定理 4. 1 若关系模式 R 满足 BCNF，则必定满足 3NF。

这个定理的证明请读者设法自行完成（注：可以用 BCNF 及 3NF 的定义证得）。

这个定理告诉我们，如果关系模式满足 BCNF 则必满足 3NF。但是，一个关系模式如果满足 3NF，它是否满足 BCNF 呢？即，定理 4.1 的充分条件是否成立呢？回答是否定的，即 R 满足 3NF 时不一定满足 BCNF，这只要用一个例子即可说明。在下节中的例 4.20 给出了 $R \in 3NF$ 但 $R \notin BCNF$ 的实例。

从上面所述可以看出，BCNF 比 3NF 更为严格，它将关系模式中的属性分成两类，一类是决定因素集，另一类是非决定因素集。非决定因素集中的属性均完全且不传递地依赖于决定因素集中的每个决定因素。这个示意图如图 4-2 所示。

到此为止，只要将关系模式分解成 BCNF 即可解决由函数依赖所引起的异常现象。在 BCNF 中，每个关系模式内部的函数依赖均比较单一和有规则，它们紧密依赖而构成一个整体，从而可以避免异常现象以及冗余度过大的现象出现。

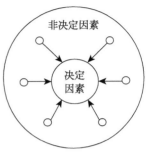

图 4-2　BCNF 的原子模型

4.3.4　模式分解

为了建立规范化的模式，必须对非规范化模式进行分解。所谓模式分解就是将一个关系模式分解成若干个模式，分解后的模式应具有下面三个特征：

1）分解后的模式均为高一级的模式。

2）分解后关系中的数据不会丢失，即分解后的关系再经连接后能恢复到原来的关系，这叫作无损连接（lossless join）。

3）分解后关系中的函数依赖不会丢失，这叫作依赖保持（preserve dependency）。

下面我们用一个例子来介绍模式分解。

有一个关系模式 SCG，它由属性 sno、sn、sd、ss、cno、g 组成，其中 ss 表示学生所学专业，其他含义同前。在这个关系模式中有如下一些语义信息：

1）每个学生均只属于一个系与一个专业。

2）每个学生修读的每门课有且仅有一个成绩。

3）各系无相同专业。

根据上述语义信息以及其他的一些基本常识，可以将它们用函数依赖的形式表示出来：

$$sno \rightarrow sn$$
$$sno \rightarrow sd$$
$$sno \rightarrow ss$$
$$ss \rightarrow sd$$
$$(sno, cno) \rightarrow g$$

因此，这个关系模式可写成：

SCG（{sno, sn, sd, ss, cno, g}，{sno→sn, sno→sd, sno→ss, ss→sd , (sno, cno)→g}）

关系模式有了函数依赖后就可以讨论规范化的问题了。每一级范式均提出了关系模式所要遵循的约束条件，目的就是为了使关系模式具有较少异常与较小的冗余度，就是说使关系模式更"好"一些。

关系模式 SCG 满足第一范式，但不满足第二范式。因为在 SCG 中，它的键是（sno, cno），它的非主属性集是：

$$\{(sd, g, sn, ss)\}$$

虽然有：

$$(sno, cno) \xrightarrow{f} g$$

但是 sn、sd、ss 均并不完全依赖(sno, cno),因此它不满足第二范式的条件。

一个关系模式若仅满足第一范式,那么就要采用分解手段将它分解成若干个关系模式,使分解后的模式能满足第二范式。例如,关系模式 SCG 可分解成两个关系模式:

$$SCG1(\{sno,\ cno,\ g\},\ \{(\ sno,\ cno)\rightarrow g\})$$

$$SCG2(\{sno,\ sn,\ sd,\ ss\},\ \{sno\rightarrow sn,\ sno\rightarrow sd,\ sno\rightarrow ss,\ ss\rightarrow sd\})$$

这两个模式及 SCG 可用图 4-3 表示。

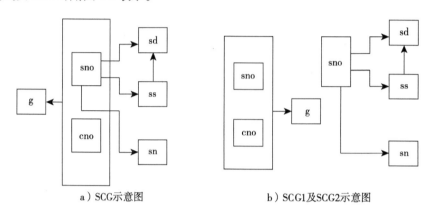

a) SCG示意图   b) SCG1及SCG2示意图

图 4-3   三个关系模式函数依赖示意图

模式 SCG1 与 SCG2 均满足第二范式,它们均有较少的异常与较小的冗余度,而 SCG1 还可以做到无插入与删除异常。

但是,第二范式还不能完全避免异常现象的出现,如 SCG2 虽满足第二范式,但仍会出现插入异常与删除异常。在 SCG2 中,它有如表 4-8 所示的模式。在这个模式中,要插入一个尚未招生的系的专业设置情况,还是较为困难的。而且,如果要删除一些学生,有可能会将有关系的专业设置情况一起删除。究其原因,不外是因为 sd 既函数依赖于 sno,又函数依赖于 ss,同时 ss 又函数依赖于 sno,并且由此引起了传递函数依赖。看来,要消除异常现象,必须使关系模式中无传递函数依赖现象出现,就必须将其分解为第三范式。

表 4-8   SCG2 的关系模式

SCG2:

sno	sn	sd	ss

下面再以上例子介绍 3NF 的模式分解。对于关系模式 SCG2,它满足第二范式,但不满足第三范式,此时可将其分解成下面两个模式:

$$SCG21(sno,\ sn,\ ss)$$

$$SCG22\ (ss,\ sd)$$

其依赖示意图如图 4-4 所示。

经过二次分解后,由 SCG 得到三个关系模式:

$$SCG1,\ SCG21,\ SCG22$$

这三个模式均满足第三范式且没有异常现象出现,同时冗余度小。

接着继续介绍由 3NF 到 BCNF 的分解。

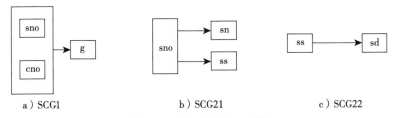

a) SCG1　　　　　　　b) SCG21　　　　　　c) SCG22

图 4-4　SCG 的模式分解图

【例 4.20】　设有关系模式 $R(sn, cn, tn)$，其中 sn、cn 分别表示学生与课程名，tn 表示教师。R 有下列语义信息：

1)每个教师仅上一门课。

2)学生与课程确定后，教师即唯一确定。

这样，R 就有如下函数依赖关系：

$$(sn, cn) \rightarrow tn$$

$$tn \rightarrow cn$$

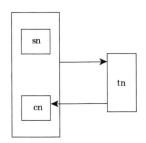

这个关系模式满足 3NF，因为它的主属性集为{sn, cn}，非主属性集为{tn}，而 tn 完全依赖于{sn, cn}，且不存在传递依赖。但这个关系模式不满足 BCNF，因为 tn 是决定因素，但 tn 不是键。这个模式的示意图如图 4-5 所示。

从这个例子也可以看出，第三范式也不能安全避免异常，如本学期不开设某课程，就无学生选读，此时有关教师固定开设某课程的信息就无法表示。要避免这种异常，还需要进一步将关系模式分解成 BCNF。在此例中可将 R 进一步分解成：

图 4-5　例 4-20 的示意图

$$R_1(sn, cn, tn)$$

$$R_2(tn, cn)$$

其示意图如图 4-6 所示。R_1、R_2 满足 BCNF，这两个模式均不会产生异常现象。

图 4-6　R 分解成两个 BCNF

由上面的模式分解可以看出，它们满足无损连接与依赖保持，也就是说，分解后的关系由经连接后能恢复为原有的关系，同时分解后的关系的函数依赖不会丢失。

4.3.5　范式间的关系

在规范化讨论中定义了四个范式，我们对这些范式的认识是逐步深入的。总的来说，可以总结出下面几点：

1)规范化的目的：解决插入、删除及修改异常以及数据冗余度高的问题。

2)规范化的方法：从模式中各属性间的函数依赖入手，尽量做到每个模式表示客观世界中的一个"事件"。

3)规范化的实现手段：用模式分解的方法。

实际上，从第一范式到 BCNF 范式的规范化过程是一个不断消除依赖关系中弊病的过程。

图 4-7 给出了这个过程。

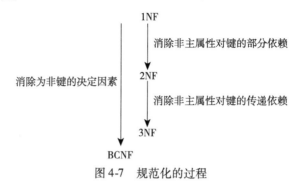

图 4-7　规范化的过程

4.3.6　关系数据库规范化的非形式化判别法

　　关系数据库规范化在数据库设计及数据库应用中有重要的作用，规范化理论从方法上对关系数据库给予严格的规范与界定，这是极为必要的。但是，在实际应用中由于理论的抽象性使得具体操作较为复杂，为方便应用，在本节中给出常用范式的非形式化判别方法以供参考。

　　一般而言，一个关系模式至少需满足 3NF，因此 3NF 成为鉴别关系模式是否合理的最基本条件。有一个判别 3NF 的非形式化方法，称为"一事一地"（one fact one place）原则，即一件事放一张表，不同事放不同表。前面的学生数据库中学生（S）、课程（C）与修读（SC）是不相干的三件事，因此必须放在三张不同的表中，这样构成的模式必满足 3NF，而任何其中两张表的组合必不满足 3NF。

　　"一事一地"原则是判别关系模式是否满足 3NF 的有效方法，此种方法既非形式化又较为简单，因此在数据库设计中经常使用。唯一要注意的是，此种方法要求对所关注的数据体的语义有清晰的了解，具体地说就是能严格区分数据体中的不同事，这样才能将其放入不同表中。

 本章小结

本章讨论了关系模型的基本理论，它是关系模型的基础，读者对它必须有所了解。
1. 关系模型基本理论的两大组成部分
    - 关系代数理论。
    - 关系模式规范化理论。
2. 关系代数理论
    - 关系表示——n 元有序组的集合。
    - 关系操纵——7 种关系运算：
        - 投影运算。
        - 选择运算。
        - 笛卡儿乘积运算。
        - 联接运算。
        - 自然联接运算。
        - 并运算。
        - 差运算。
    - 关系代数：
    在关系（集合）R 上的关系运算所构成的封闭系统称为关系代数。

3. 关系模式规范化理论

  (1)关系模式规范化讨论的三个层次
- 语义层：从模式中属性间的语义建立函数依赖语义关系。
- 规范层：按语义分成四种范式。
- 实现层：两种实现方式。

  (2)语义层
- 函数依赖基本概念。
- 两种函数依赖——完全函数依赖、传递函数依赖。
- 键。
- 决定因素。

  (3)规范层

    按语义分成四种范式：
- 1NF——基本范式。
- 2NF——与完全函数依赖有关的范式。
- 3NF——与传递函数依赖有关的范式。
- BCNF——与决定因素有关的范式。

  (4)实现层
- 模式分解。
- 非形式化判别法。

4. 本章重点内容
- 关系代数的表示。
- 函数依赖。
- 范式。

习题 4

4.1 什么叫关系代数？请给出关系的表示以及关系运算的内容。

4.2 设有如下商品供应关系数据库：

  供应商：S(SNO, SNAME, STATUS, CITY)

  零件：P(PNO, PNAME, COLOR, WEIGHT)

  工程：J(JNO, JNAME, CITY)

  供应关系：SPJ(SNO, PNO, JNO, QTY)(注：QTY 表示供应数量)

  试用关系代数写出如下查询公式：

  (1)求给工程 J1 供应零件的单位号码。

  (2)求没有使用天津单位生产的红色零件的工程号。

  (3)求给工程 J1 供应零件 P1 的供应商号码。

  (4)求给工程 J1 供应零件为红色的单位号码。

  (5)求至少用了单位 S1 所供应的全部零件的工程号。

  (6)求与工程在同一城市的供应商能供应的零件数量。

4.3 设有一个课程设置数据库，其数据模式如下：

  课程：C(课程号 Cno、课程名 Cname、学分数 Score、系别 Dept)。

  学生：S(学号 Cno、姓名 name、年龄 Age、系别 Dept)。

  课程设置：SEC(编号 Secid、课程编号 Cno、年 Year、学期 Sem)。

  成绩：GRADE(编号 Secid、学号 Sno、成绩 G)。

  其中成绩 G 采用五级记分法，即成绩分为 1、2、3、4、5 五级。

请用关系代数表示下列查询：

（1）查询计算机系的所有课程的课程名和学分数。

（2）查询学号为 993701 的学生在 2002 年所修课程的课程名和成绩。

4.4 请给出下列术语的含义：

（1）函数依赖；

（2）完全函数依赖；

（3）传递函数依赖；

（4）键；

（5）主属性集；

（6）决定因素；

（7）1NF；

（8）2NF；

（9）3NF；

（10）BCNF。

4.5 是不是规范化最佳的关系模式是最好的模式？为什么？

4.6 试证明若 $R \in \mathrm{BCNF}$，则必有 $R \in 3\mathrm{NF}$。

4.7 如何非形式化地判别 3NF，并请用一例说明。

4.8 试问下列关系模式最高属第几范式，并解释原因。

（1）$R\{(A, B, C, D), (B \rightarrow D, AB \rightarrow C)\}$；

（2）$R\{(A, B, C), (A \rightarrow B, B \rightarrow A, A \rightarrow C)\}$；

（3）$R\{(A, B, C, D), (A \rightarrow C, D \rightarrow B)\}$；

（4）$R\{(A, B, C, D), (A \rightarrow C, CD \rightarrow B)\}$。

4.9 设有一关系模式 $R(A, B, C, D, E, F)$，其函数依赖为 $\{A \rightarrow C, (A, B) \rightarrow D, C \rightarrow E, D \rightarrow (B, F)\}$，请按下述要求进行模式分解，并给出每次分解后的结果关系模式上存在的函数依赖。

（1）给出模式 R 上的候选键。

（2）分解 R，使之满足 2NF。

（3）将上题的结果分解，使之满足 3NF。

（4）将上题的结果分解，使之满足 BCNF。

4.10 设有关系模式 $R(A, B, C, D, E, F)$，其函数依赖为 $\{(A, B) \rightarrow C, C \rightarrow D, (C, E) \rightarrow F\}$。

（1）给出模式 R 的候选键。

（2）分解 R，使之满足 3NF。

4.11 设有关系模式 $R(A, B, C, D, E)$，其函数依赖为 $\{A \rightarrow B, B \rightarrow E, (A, C) \rightarrow D\}$。

（1）给出 R 的候选键。

（2）将 R 分解，使之满足 2NF。

（3）进一步将其分解，使之满足 3NF。

第5章 关系数据库管理系统的组成及其标准语言

在关系数据库系统中，关系数据库管理系统（RDBMS）是其管理机构，它是一种软件，是关系数据库系统的组织、管理以及与外界交流的核心。在本章中，我们将介绍 RDBMS 的组成及其标准语言。

5.1 关系数据库管理系统

5.1.1 概述

关系数据库管理系统是基于关系模型的数据库管理系统，它具有以下优点：

1）数据结构简单。关系数据库管理系统采用统一的二维表作为数据结构，不存在复杂的内部连接关系，具有高度简洁性与方便性。

2）用户使用方便。关系数据库管理系统的数据结构简单，它的使用不涉及系统内部物理结构，用户不必了解、更不需干预系统内部组织，所用数据语言大都为非过程性语言，因此操作、使用方便。

3）功能强。关系数据库管理系统能直接构造复杂的数据模型，特别是具备在多种联系间构筑模型的能力，它可以一次获取一组元组，修改数据间联系，同时也具有一定程度的修改数据模式的能力。此外，路径选择的灵活性、存储结构的简单性都是它的优点。

4）数据独立性高。关系数据库管理系统的组织、使用不涉及物理存储因素，不涉及过程性因素，因此数据的物理独立性很高，数据的逻辑独立性也有一定的改善。

5）理论基础深。Codd 在提出关系模型时即以"关系理论"形式出现，经过若干年理论探索后才出现产品，因此，关系数据库管理系统的特点之一就是以理论"引导"产品。目前的关系数据库管理系统一般建立在代数与关系逻辑基础上，由于有理论工具的支撑，对关系数据库管理系统的进一步研究有了可靠的保证。例如，关系语言的研究、查询优化、知识库系统的研究就是以关系数据库的理论为基础的。

关系数据库管理系统从出现至今已有 40 年历史，其功能不断发展，主要表现在如下几个方面：

1）可移植性。目前，很多产品能同时用于多种机型与多种机型及操作系统，如 Oracle 能应用在 90 多种机型及操作系统上。

2）标准化。经过多年的努力后，目前以 SQL 为代表的结构化查询语言已陆续被美国标准化组织（ANSI）、国际标准化组织（ISO）以及我国标准化组织确定为关系数据库使用的标准化语言，从而完成了其使用的统一性，这是关系数据库领域的一次革命。

3）开发工具。由于数据库在应用中大量使用，用户对它的直接操作的需要，不仅要有数据定义、操纵与控制等作用，还需要有大量的用户界面生成以及开发的工具软件以利用户开发应用。因此，自 20 世纪 80 年代以来，关系数据库所提供的软件还包括大量的用户界面生成软件以及开发工具。例如，微软 SQL Server 的大量数据服务以及接口工具。此外还包括 Web 上的 ASP、PHP 以及 JSP 等开发工具。

4）分布式功能及 Web 功能。由于数据库在计算机网络上的大量应用以及数据共享的要求，数据库的分布式功能已成为应用的迫切需求，因此目前关系数据库管理系统都提供此类功能。它们的方式有在网络下的数据库远程访问、C/S 方式以及 B/S 方式等。

5）开放性。现代关系数据库管理系统大都具有较好的开放性，能与不同的数据库、不同的应用建立接口并能不断地扩充与发展，形成了多种交换方式。

5.1.2　关系数据库管理系统的组成

目前，RDBMS 由基本部分与扩展部分组成，如图 5-1 所示。其中基本部分主要负责系统的基本功能，它包括数据构作、数据操纵、数据控制、数据交换及数据服务等功能。扩展部分主要包括数据库的扩充语言——自含式语言。

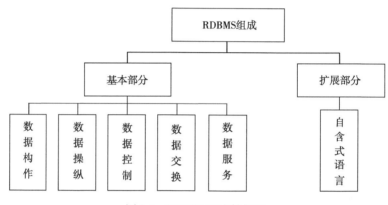

图 5-1　RDBMS 组成结构图

5.1.3　SQL 语言

RDBMS 的标准语言是 SQL 语言，它是用户与系统的标准交互语言，向用户提供关系数据库管理系统的所有功能。目前，国内外的关系数据库管理系统产品都采用 SQL 语言。

SQL 是一种非过程性语言，它的基本结构单位是 SQL 语句，每个 SQL 语句给出对数据库的一个完整功能性描述。SQL 语句一般由若干个子句组成，每个子句给出一个特定的目标功能，子句中有若干参数。在近年来所出现的扩充 SQL 中，其非过程性特色已有所改变。有关 SQL 的详细介绍可参见 5.8 节。

5.2　数据构作功能

关系数据库管理系统可以构作关系数据库系统中统一的数据结构，包括构作关系数据库以及基表、视图与物理数据库等，下面我们分别加以介绍。

5.2.1　关系数据库

关系数据库是数据库系统中的一个持久、超大规模的数据共享单位，它与一组相同范围的应用相对应，该组中的任一个应用均能访问此关系数据库。也就是说，该关系数据库可以被组内所有应用共享。在一个系统平台上一般可以构作多个关系数据库。

一个关系数据库一般由数据结构与数据体两部分组成，其中数据结构称为数据模式，数据体则是关系元组（简称元组）的集合。

RDBMS 的 SQL 语言一般提供数据模式定义语句，这为用户构筑模式提供了方便，而有关数据体将由外界的加载程序(是数据服务)实现。

按照数据库的内部体系结构，一个关系数据库一般由基表、视图及物理数据库三部分组成，此外，还可以包括部分过程与函数。

5.2.2　基表

关系数据库中的表也称为基表(base table)，它是关系数据库中的基本数据单位。基表由表结构与表元组组成。在表结构中，一个基表一般由表名、若干个列(即属性)名及其数据类型组成，此外还包括主键及外键等内容。表元组则是实际存在的逻辑数据，它按表结构形式组织。在 RDBMS 的 SQL 中一般提供基表的定义、删除及修改语句，此外，还通过数据操纵语句进行数据加载。在 SQL 中，还提供若干种固定的数据类型以便用户定义基表的列类型。

基表结构构成了关系数据库中的全局结构并可依此组成全局数据库。在基表构成中其相互间是关联的，因此一般基表分为三类：

1) 实体表：用于存放数据实体。

2) 联系表：用于存放表间的关联数据(即通过外键建立表间关联)。

3) 实体 - 联系表：既存放数据实体，也存放表间关联数据。

这三类基表可以组成一个全局的数据库。

基表是可以面向用户并为用户所使用的一种数据体。

5.2.3　视图

关系数据库管理系统中的视图由数据库中若干基表改造而成，而其元组数据则是由基表中的数据经操作语句构作而成的，它也称为导出表(derived table)。基表并不实际存在于数据库内，而仅保留其构造。只有在实际操作时，才将它与操作语句结合转化成对基表的操作，因此这种表也称为虚表(virtual table)。

对视图一般可进行查询操作，而对它进行更新操作则受一定的限制。因为视图只是一种虚构的表，并非实际存在于数据库中，而更新操作必然会涉及数据库中数据的变动，因此一般不能对视图做更新操作，只有在遇到以下特殊情况时才可以进行：

1) 视图的每一行必须对应基表的唯一一行。

2) 视图的每一列必须对应基表的唯一一列。

有了视图后，数据独立性大为提高，不管扩充还是分解基表，均不影响对概念数据库的认识。只需重新定义视图内容，而不需改变面向用户的视图形式，因而保持了关系数据库逻辑上的独立性。同时，视图也简化了用户观点，用户不必了解整个模式，只需将注意力集中于他所关注的领域，大大方便了使用。

视图是直接面向用户并为用户所使用的一种数据体。在 RDBMS 的 SQL 语言中一般提供视图定义与删除语句，为用户构作视图提供了方便。

视图组成了关系数据库中的局部数据结构的局部数据库。

5.2.4　物理数据库

物理数据库是建立在物理磁盘或文件之上的数据存储体，它一般在定义基表时由系统自动构作完成，用户不必过问。但为提高查询等操作的执行速度，RDBMS 的 SQL 中提供了索引定义与删除等语句以改善效率。同时还提供分区功能及物理参数配置等功能来提高数据库效率。物理数据库一般不直接面向用户，它仅是基表与视图的物理支撑。

5.2.5　存储过程与函数

数据库不仅包含数据还可以包含过程与函数，它们分别称为存储过程与函数。这是一种共享的数据库程序，可供用户调用。这种过程与函数可用 SQL 语句定义与维护，而程序的编写则可用扩充的 SQL 完成。

图 5-2 给出了数据构作的示意图。

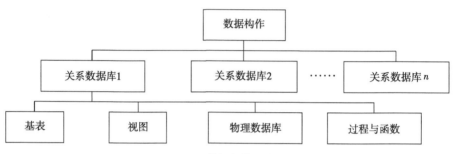

图 5-2　数据构作示意图

5.3　数据操纵功能

RDBMS 的数据操纵功能具有数据查询、删除、插入及修改子功能，以及一些其他子功能。

1. 查询功能

查询是数据操纵中的最主要操作，RDBMS 查询的最小粒度是元组分量。它完成以下工作：

1）单表查询。根据指定的列及行条件可查询到表中的列的值。

2）多表查询。由指定表的已知条件通过表间关联查询到另一些表的元组或列。表间关联一般是通过外键连接的。多表查询建立了关系数据库中表间的导航关系并给出了全局性查询环境，打破了数据库内的信息孤岛。

3）单表自关联查询。通过单表内某些列的关联进行单表的嵌套查询。

2. 增、删、改功能

关系数据库管理系统的增、删、改功能的最小粒度是表中元组，其功能可分为两步。

（1）定位

根据需求首先需对操作定位，其定位要求是：

- 增加操作——定位为表。
- 删除操作——定位为表、元组。
- 修改操作——定位为表、元组。

（2）操作

根据增、删、改的不同要求进行操作，在操作时应给出不同的数据。

- 增加操作——即插入操作，给出所增加的元组并实施该操作。
- 删除操作——无需给出数据，直接实施该操作。
- 修改操作——给出对数据的修改要求，并实施该操作。

3. 其他功能

1）赋值功能。在数据操纵过程中产生的一些中间结果以及需永久保留的结果必须存储于数据库内另外的关系中，此称为赋值。

2）计算功能。在数据操纵中还需要一些计算功能：

- 简单的四则运算。在查询过程中可以出现加、减、乘、除等简单计算。
- 统计功能。由于数据库在统计中应用较广，因此应提供常用的统计功能，包括求和、求平均值、求总数、求最大值、求最小值等。

3）分类功能。由于数据库在分类中也有较广泛的应用，因此应提供常用的分类功能，如Group by、Having 等。

4）输入/输出功能。关系数据库管理系统一般提供标准的数据输入与输出功能。

关系数据库管理系统中的 SQL 都提供查询、增、删、改及其他操作的语句。

5.4　数据控制功能

从数据模型角度看，数据约束是它的基本内容之一。具体说来，包括数据约束条件的设置、检查及处理，简称数据控制。

关系数据库管理系统的控制分为静态控制与动态控制。其中静态控制是对数据模式的语义的控制，包括安全控制与完整性控制；动态控制则是对数据操纵的控制，它包括数据操纵自身不一致性的错误控制及多个进程（或线程）并行数据操纵时所执行的控制，称为并发控制。此外，动态控制还包括在执行数据操纵时由于计算机运行出错所出现的数据库故障的控制，这称为数据库的故障恢复。

在静态控制中，首先要建立数据模式的语义关联。我们知道，任何一个数据模式都是基于应用需求的，它们都含有丰富的语义关联，特别是数据间的语义约束关联。例如，模式中任何一个基本数据项均有一定的取值范围约束，数据项间有一定的函数依赖约束、一定的因果约束等，这种约束叫做完整性约束（或完整性控制）。而与安全有关的特殊语义关联称为安全性约束（或安全性控制），这种约束是用户与数据体间的访问语义约束。例如，学生用户可以读他自己的成绩，但不能修改自己的成绩。

在动态控制中，主要涉及事务、并发控制与数据库故障恢复。其中的讨论基础是事务，动态控制均是以事务为单位进行的。

综上所述，数据库管理系统的数据控制包括安全性控制、完整性控制、事务处理、并发控制及故障恢复五个部分。同时 RDBMS 中也有相应的 SQL 语句可以完成这些功能。

5.4.1　安全性控制

数据库安全性控制（database security control）就是保证对数据库进行正确访问，并防止对数据库的非法访问。数据库中的数据是共享资源，因此必须在数据库管理系统中建立一套完整的使用规则。根据规则，使用者访问数据库前必须先获得访问权限，否则，无法访问数据库。这就是数据库管理系统中的数据库安全性控制。

有多种访问数据库的规则，不同的规则适用于不同的应用。有的规则较为宽松，有的规则较为严格。在单机方式下的数据库由于共享面窄，规则较为宽松；而在网络方式下，特别是在互联网方式下，由于数据共享面广，规则较为严格。因此，根据应用的不同需求，数据库的安全可分为不同级别。能适应网络环境下安全要求级别的数据库称为安全数据库（secure database）或称可信数据库（trusted database）。

1. 数据库安全的基本概念与内容

（1）可信计算基

可信计算基（Trusted Computing Base，TCB）是为实现数据库安全而制定的所有实施策略与机制的集合，是实施、检查、监督数据库安全的基本机制。它是数据库安全中的一个基本概念，下面将经常提到这个概念。

（2）主体、客体与主客体分离

在讨论数据库安全时，将数据库中与安全有关的实体一一列出，它们是数据库中的数据及其载体，包括数据表、视图、快照、存储过程以及函数等，还包括数据库中的数据访问者，如数据库用户、DBA、进程、线程等，然后将实体抽象成客体与主体两个部分。所谓客体（object）就是数据库中的数据及其载体。所谓主体（subject）就是数据库中的数据访问者、进程、线程等。在数据库安全中，有关的实体是独立的并且只能被标识成为一种类型（客体或主体），因此可以将数据库中的有关实体集分解成为两个子集：客体（子）集与主体（子）集。这两个子集互不相交且覆盖整个实体集，构成了实体集的一个划分。这两个子集间存在着单向访问的特性，即主体子集中的实体可以在一定条件下访问客体子集，此种关系可用图5-3表示。

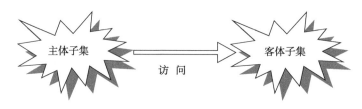

图5-3　主、客体关系图

数据库安全中有关实体的主、客体划分及访问关系构成了数据库安全的基础。

（3）身份标识与鉴别

在数据库安全中，每个主体必须有一个标识自己身份的标识符，以便和其他主体区分开来。当主体访问客体时，可信计算基鉴别其身份并阻止非法访问。

目前，常用的标识与鉴别的方法有用户名、口令等，也可用计算过程与函数，也可用密码学中的身份鉴别技术等手段。最新的手段是用人体生物特征作为标识，如指纹、虹膜、人脸等。

身份标识与鉴别是主体访问客体时最简单也是最基本的安全控制方式。

（4）自主访问控制

自主访问控制（Discretionary Access Control，DAC）是主体访问客体时一种常用的安全控制方式，它适合于单机方式下的安全控制。

DAC的安全控制机制是一种基于存取矩阵的模型，此种模型起源于1971年，由Lampson创立。1973年经Gralham与Denning改进，1976年由Harrison最后完成。该模型由主体、客体与操作三种元素组成，它们构成了一个矩阵，矩阵的行表示主体，列表示客体，而矩阵中的元素则是操作（如读、写、删、改等）。在这个模型中，指定主体（行）与客体（列）后可得到指定的操作，如图5-4所示。

客体＼主体	主体 1	主体 2	主体 3	…	主体 n
客体 1	Read	Write	Write	…	Read
客体 2	Delete	Read/Write	Read	…	Read/Write
…	…	…	…		…
客体 m	Read	Update	Read/Write	…	Read/Write

Read—读；Write—写；Delete—删；Update—改。

图 5-4　存取矩阵模型示意图

在自主访问控制中，主体按存取矩阵模型要求访问客体，凡不符合存取矩阵要求的访问均属非法访问。访问控制的实施由 TCB 完成。

自主访问控制中的存取矩阵的元素是可以经常改变的，主体可以通过授权的形式变更某些操作权限，因此访问控制受主体主观影响较大，其安全力度略显不足。

（5）强制访问控制

强制访问控制（Mandatory Access Control，MAC）是主体访问客体时的一种强制性的安全控制方式，它主要用于网络环境，对网络中的数据库安全实体做统一的、强制性的访问管理。为实现此目标，首先需为主、客体设定标记（label）。标记分为两种：一种是安全级别标记（label of security level），另一种是安全范围标记（label of security category）。安全级别标记是一个数字，它规定了主、客体的安全级别，只有主体级别与客体级别满足一定比较关系时，才允许访问。安全范围标记是一个集合，它规定了访问的范围，只有主体的范围标记与客体的范围标记满足一定包含关系时，才允许访问。

（6）审计

在数据库安全中，除了采取有效手段来检查主体对客体的访问外，还要采用辅助的手段，随时记录主体对客体访问的轨迹，并做出分析。一旦发生不正常现象，能及时提供初始记录供进一步处理，这就是数据库安全中的审计（audit）。

审计主要是对主体访问客体做即时的记录，记录内容包括：访问时间、访问类型、访问客体名、是否成功等。为提高审计效能，还可设置审计事件发生积累机制，当超过一定阈值时能发出报警，以提示系统采取措施。

此外，还有数据完整性、隐蔽通道、安全形式化模型及访问监控器等。

2．数据库的安全标准

目前，我国及其他各国均颁布了有关数据库安全的等级标准。最早的标准是美国国防部（DOD）于 1985 年所颁布的《可信计算机系统评估标准》（Trusted Computer System Evaluation Criteria，TCSEC）。1991 年，美国国家计算机安全中心（NCSC）颁布了《可信计算机系统评估标准——关于数据库系统解释》（Trusted Database Interpretation，TDI）。1996 年，国际标准化组织又颁布了《信息技术安全技术——信息安全性评估准则》（Information Technology Security Techniques——Evaluation Criteria for IT Security），简称 CC 标准。我国于 1999 年颁布了《计算机信息系统安全保护等级划分准则》，这是一种以 TCSEC 为蓝本的标准。2001 年我国又颁布了以 CC 为蓝本的标准《信息技术安全技术——信息安全评估准则》。2005 年颁布了以公安部制定的行业标准为蓝本的有关数据库的安全国家标准。下面分别讨论这些分级标准。

（1）TCSEC（TDI）标准

TCSEC（TDI）标准是目前常用的标准，它将数据库安全划分为四类（七级）。

1）D 级标准。为无安全保护的系统。

2）C1 级标准。满足该级别的系统必须具有如下功能：

- 主体、客体及主客体分离。
- 身份标识与鉴别。
- 数据完整性。
- 自主访问控制。

其核心是自主访问控制，它适合于单机工作方式。目前国内使用的系统大都符合此标准。

3）C2 级标准。满足该级别的系统必须具有如下功能：

- 满足 C1 级标准的全部功能。
- 审计。

其核心是审计，它适合于单机工作方式。目前国内使用的一部分系统符合此标准。

4）B1 级标准。满足该级别的系统必须具有如下功能：

- 满足 C2 级标准的全部功能。
- 强制访问控制。

B1 级的核心是强制访问控制，它适合于网络工作方式。目前，国内使用的系统基本不符合此标准，而在国际上有部分系统符合此标准。

凡符合 B1 级标准的数据库系统称为安全数据库系统（Secure DB System）或可信数据库系统（Trusted DB System）。国内目前使用的系统基本不是安全数据库系统。

此外，尚有 B2、B3 及 A 级标准，它们在实际应用中目前均尚属探索阶段。

（2）我国国家标准

我国国家标准于 1999 年颁布，其基本结构与 TCSEC 相似。我国标准分为 5 级，从第 1 级到第 5 级基本上与 TCSEC 标准的 C 级（C1、C2）及 B 级（B1、B2、B3）一致。我国标准与 TCSEC 标准的对比如表 5-1 所示。

表 5-1　TCSEC 标准与我国标准的比较

TCSEC 标准	我国标准
D 级标准	无
C1 级标准	第 1 级：用户自主保护级
C2 级标准	第 2 级：系统审计保护级
B1 级标准	第 3 级：安全标记保护级
B2 级标准	第 4 级：结构化保护级
B3 级标准	第 5 级：访问验证保护级
A 级标准	无

目前，在 RDBMS 中一般会提供保障数据库安全性的语句，但支持力度仅到 C2 级安全。

5.4.2　完整性控制

完整性控制指维护数据库中数据的正确性。任何数据库都会由于某些自然或人为因素受到局部或全局的破坏，因此如何及时发现并采取措施防止错误扩散和及时恢复是完整性控制的主要目的。

1. 关系数据库完整性控制的功能

在关系数据库中，实现完整性控制必须有三个基本功能，它们是：

1）设置功能：设置完整性约束条件（又称完整性规则）。这是一种语义约束条件，它由系统或用户设置，给出系统及用户对数据库完整性的基本要求。

2）检查功能：关系数据库完整性控制必须有能力检查数据库中数据是否有违反约束条

件的现象出现。

3）处理功能：在出现违反约束条件的现象时必须有及时处理的能力。

2. 完整性规则的三个内容

关系数据库完整性规则由以下三部分内容组成。

1）实体完整性规则（entity integrity rule）：这条规则要求基表中的主键的属性值不能为空值。这是数据库完整性的最基本要求，因为主键是唯一决定元组的，如为空值则不能保证其唯一性。

2）参照完整性规则（reference integrity rule）：这条规则给出了表之间相关联的基本要求。它不允许引用不存在的元组，即基表中的外键的值在其关联表中必存在相应的元组。

上述两个规则是关系数据库必须遵守的规则，所有关系数据库均支持这一规则。

3）用户定义的完整性规则（user defined integrity rule）：这是针对具体数据环境与应用环境由用户具体设置的规则，它反映了具体应用中数据的语义要求。

在 RDBMS 中，一般都提供上述三个功能，它们的用户通过 SQL 语句定义并由系统完成。

3. 完整性约束的设置、检查与处理

完整性规则由用户给出，因此此处将介绍有关设置、检查以及系统处理的情况。

1）在 SQL 中可通过在基表定义时设置键与外键，此外，对用户定义的完整性规则设置约束条件，它包括域约束、表约束及断言。其中域约束可约束数据库中数据属性的范围与条件；表约束可以为表内属性间建立约束；断言即是建立表间属性的约束。

2）在设置完整性约束后，DBMS 中有专门软件对其进行检查以保证所设置的约束能得到监督与实施，这就是完整性约束条件的检查。

3）在 DBMS 中同样有专门软件来处理完整性约束条件的检查结果，一旦出现违反完整性约束条件的现象，就做出响应、报警或报错，在复杂情况下可调用相应的处理过程。

4. 触发器

触发器（trigger）是数据库中使用较多的一项功能，它最初用于完整性保护，但目前已远远超出此范围。由于它体现了数据库的主动功能，因此大量用于主动性领域。

触发器一般由触发事件与结果动作两部分组成，其中触发事件给出了触发条件，当触发条件出现，触发器立刻调用对应的结果动作对触发事件进行响应。整个触发过程可用图 5-5 简单地表示。

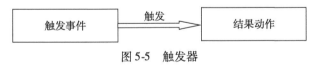

图 5-5 触发器

目前，一般数据库管理系统中的触发事件仅限于增、删、改操作。

触发器在数据库完整性保护中起着重要的作用，一般可用触发器完成很多数据库完整性控制的功能。其中，触发事件即是完整性约束条件，而事件检查即是完整性检查，结果动作的调用即是完整性检查的处理。

在 RDBMS 中一般均有触发器功能。

5.4.3 动态控制

由计算机及数据库程序运行过程所引发的数据错误的控制称数据动态控制。在本节中我们概要介绍动态控制，包括动态控制的错误类型、原因探讨、解决方案等内容。

1. 动态控制中的四种错误类型

在数据库程序运行中会出现四种不同错误类型，我们分别用几个例子说明之。

【例5.1】 设有公司甲与公司乙，乙因资金短缺周转不灵，向甲请求临时借款人民币5万元。经研究后甲同意出借。设它们分别在工商银行有账户余额A = 200000 元与B = 3000 元人民币，此时其应用P的操作可描述如下：

(1) Read(A)
(2) A := A − 50000
(3) Write(A)
(4) Read(B)
(5) B := B + 50000
(6) Write(B)
(7) Stop

在执行应用P前A = 200000，B = 3000，其银行总账户余额为 A + B = 200000 + 3000 = 203000 元，在上述操作执行完成后，A与B分别为：

$$A = 150000, \quad B = 53000$$

其银行的总账户余额数仍为 A + B = 150000 + 53000 = 203000，保持其总款数不变。亦即是说，银行账户从原有的一致性在经过操作P后保持了新的一致性。但是，此应用在执行过程中总账户余额是在不断变化的。从图5-6流程中可以看出，在执行操作(1)、(2)时账户余额为203000 元；但到操作(3)、(4)、(5)时其总账户余额变成为153000 元，比正确的总款数少5万元；而到了操作(6)、(7)时，其总账户余额又恢复成为203000 元。因此，为保证资金运转正常进行，整个操作流程必须作为整体一次完成，其中间是不能被中止的。图5-6给出了应用P的执行流程中用户余额及总计金额的变化。

序号	应用P	A	B	总计
1	Read(A)	200000	3000	203000
2	A = A − 50000	200000	3000	203000
3	Write（A）	150000	3000	153000
4	Read（B）	150000	3000	153000
5	B：= B + 50000	150000	3000	153000
6	Write(B)	150000	53000	203000
7	Stop	150000	53000	203000

图5-6 应用P的执行流程

那么，程序执行期间出现非正常中止会产生什么样的结果呢？下面的例子给出了说明。

【例5.2】 在图5-6中如P执行流程至(4)时有另一应用Q并发进入并中断了P的执行，此为P非正常中止。应用Q是银行收支日报表，Q的执行结果使收支产生错误并导致了银行资金损失5万元。

还有一种特殊情况可用下面的例子说明。

【例5.3】 对例5.1进行适当改造。设有公司甲与乙，乙因资金短缺周转不灵，向甲请求临时借款人民币1000000 元。经研究后甲同意出借，但有一定的条件，即甲的流动资金在出借给乙后之余额必须大于乙在获得甲的资金后所持的流动资金总额。设它们分别在工商银行有流动资金金额A元与B元人民币，此时其应用S的操作可描述如下：

(1) Printf("输入借款金额")
(2) Scanf(x = 1000000)
(3) Read(A)
(4) A : = A - x
(5) Write(A)
(6) Read(B)
(7) B : = B + x
(8) IF(A - B > 0)
(9) Write(B)
(10) ELSE
(11) Printf("不符合借款条件,乙方必须修改借款额度.")

如出现 A - B <= 0,S 的执行结果使借款行为非正常中止,此时出现的情况是:甲公司减少了 1000000 元但乙公司并未收到 1000000 元,从而出现了不一致现象。

上述这些例子告诉我们,数据库程序必须分割成若干个具有一致性、独立的操作序列单位,它要么全做,要么全不做,不允许出现非正常的中止。如例 5.2 中的正确做法是整个程序"全做",而例 5.3 中的正确做法是整个程序"全不做"。

数据库程序的这些性质可称为:

- 原子性(Atomicity)
- 一致性(Consistency)

下面介绍第四个例子。

【例 5.4】　民航订票问题。

这是一个著名的动态控制例子。设有两个民航售票点,它们按下面程序 T 执行订票操作。

程序 T:

```
Read y       /* y 为数据库中机票余额 */
y←y - 1      /* 卖出一张机票并修改余额 */
Write y
```

在一般情况下,两个售票点分别按程序 T 执行进程 T_1 与 T_2,如图 5-7a 所示。这是一种程序串行执行方法,执行正确性是得到保证的。

接着,再看一个订票操作:

1)A 售票点执行订票程序 T_1,通过网络在数据库中读出某航班机票余额为 y = 2。

2)接着,B 售票点执行订票程序 T_2,通过网络在数据库中也读出同一航班机票余额为 y = 2。

3)接着,A 售票点执行订票程序 T_1,卖出一张机票并修改余额 y = y - 1,即 y = 1,并写回数据。

4)接着,B 售票点执行订票程序 T_2,卖出一张机票并修改余额 y = y - 1,即 y = 1,并写回数据。

在订票结束后发现,在数据库中余额为 2 张票,卖出了 2 张后且还余 1 张票,这样就产生了错误。其具体执行过程如图 5-7b 所示。

序号	T_1	T_2	数据库显示机票余额
1	Read y:y = 2		2
2	y←y - 1		2
3	Write y:y = 1		1
4		Read y:y = 1	1
5		y←y - 1	1
6		Write y:y = 0	0

a)"民航订票"操作流程图

图 5-7　两种"民航订票"操作流程图

序号	T_1	T_2	数据库显示机票余额
1	Read y：y = 2		2
2		Read y：y = 2	2
3	y←y − 1		2
4	Write y：y = 1		1
5		y←y − 1	1
6		Write y：y = 1	1

b) 另一种"民航订票"操作流程图

图 5-7 （续）

仔细分析后发现，这是一种多个程序并发执行且又不进行任何控制所引发的错误。其起因是**数据库数据 y 是一种共享数据**，T_1 与 T_2 都能对它进行操作，而当 T_1 执行中断 T_2 开始执行后，T_2 对共享数据 y 进行了修改，破坏了 T_1 的**数据现场**，从而使得一旦 T_1 重新执行，现场无法得到恢复，因此出现了错误。这就是问题症结之所在。

为使程序正确执行，必须在其执行中断后能保留数据库数据现场不被其他程序所修改，直至程序结束。亦即是说，**程序可并发执行，但执行中数据必须相互隔离**，这就是数据库程序的第三个性质：

- 隔离性（Isolation）

最后举第五个例子，这是一个对数据库中数据具有致命性打击的例子。

【例 5.5】 当一个数据库程序运行中突然遭遇计算机的故障，如停电故障、磁盘故障等，此时磁盘中的数据库数据遭受局部或全面的（硬性）破坏，从而使得数据持久性得不到保证。

这种故障（或称错误）的出现是数据库程序所不能容忍的，它破坏了数据的持久性，这就是数据库程序的第四个性质：

- 持久性（Durability）

从这几个例子及分析中可以看出，数据库程序动态运行时必需满足上面四个性质，它可简称为 ACID 性质。

2. 动态控制中的四种错误类型的原因探究

从五个例子中可以看出，所出现的错误原因不外乎下面四个因素：

（1）程序自身语义逻辑所造成的非正常中止

数据库程序执行期间由于受自身语义逻辑的影响使程序非正常结束，程序的原子性与一致性受到破坏。这是程序**内在因素**所造成的 ACID 性质破坏，例 5.3 就是典型的例子。

（2）并发执行所造成的非正常中止

数据库程序是在操作系统调度下并发执行的。在此种情况下，一个程序在执行中间被打断而转向执行另一程序，从而造成程序非正常中止。一旦它恢复执行后，原数据库中数据现场遭受破坏而使程序无法继续正常运行。这是程序**外部因素**所造成的 ACID 性质破坏，例 5.4 就是一个典型的例子。

（3）并发执行所造成的另一种非正常现象

并发执行所造成的另一种非正常现象是"脏读"与"脏数据"的出现。其典型的例子是例 5.2，在该例中，P 执行过程中会产生不一致的数据，如图 5-6 中操作（3）、（4）、（5）所产生的总账户余额（153000 元）就是不一致的数据，这种数据称为脏数据（dirty data），脏数据是不能为程序 Q 访问的，如发生此种现象，称为脏读（dirty read），此时，程序 Q 会将程序 P 的错误数据带到程序执行中，从而对 Q 产生严重影响，且这种错误隐蔽性强不易发现。这也是程序**外部**

因素所造成的 ACID 性质破坏，主要是一致性及原子性遭受破坏。

（4）计算机故障

数据库程序执行过程中出现计算机的软件与硬件故障而造成程序非正常中止，程序的原子性、持久性都受到破坏。这样，当它恢复执行后，由于故障所致，原有程序错误执行而使程序无法继续。这也是程序**外部因素**所造成的 ACID 性质破坏，其典型例子是例 5.5 中的情况。

3. 动态控制中四种错误类型的解决方案

上面四种造成程序 ACID 性质破坏的因素是可以防止的。目前一般采用下面的三种解决方案：

1）事务处理。将数据库程序分解成多个独立执行单位，称为事务。事务要么全做，要么全不做，它是程序执行的基本单位。事务从语义上保证了程序的 ACID 性质，特别是保证了一致性与原子性。

2）并发控制。数据库程序的并发执行会造成一致性及隔离性的破坏，为此需对并发执行进行一定的控制，称并发控制。

3）数据库故障恢复。计算机故障可引起事务非正常中止，原子性遭受破坏，此时需对事务进行修复，以保证其原子性。另一种是磁盘数据破坏，造成事务持久性损害，此时需进行磁盘数据的修复。这两种修复可统称为数据库故障恢复。

下面的三小节我们就分别介绍这三种解决方案，这也是三种技术。其中重点介绍事务处理。

5.4.4　动态控制解决方案之一 ——事务处理

数据库程序必须分割成若干个具有一致性、独立的操作序列，它要么全做，要么全不做，不允许出现非正常的中止。它是一个不可分割的基本操作单位，称为事务(transaction)。

1. 事务的性质

在前面讨论中我们已经知道，事务有四个性质——原子性、一致性、隔离性以及持久性，简称事务的 ACID 性质。

1）原子性。事务是数据库应用程序中的一个基本执行单位。一个事务内的所有数据库操作是不可分割的操作序列，这些操作要么全执行，要么全不执行。

2）一致性。事务执行的结果将使数据库由一种一致性到达了另一种新的一致性。

3）隔离性。在多个事务并发执行时，事务要存取数据库中的共享数据，因此事务在执行期间会相互干扰。而事务隔离性表示，事务不必关心其他事务的执行，如同在单用户环境下执行一样。事务隔离性保证了事务执行期间不因其他事务使用共享数据而受到影响。

4）持久性。事务一旦完成其全部操作后，它对数据库的所有更新将永久反映在数据库中。不管以后发生任何情况（包括故障在内），不应对保留这个事务执行的结果有任何影响。事务持久性告诉我们，在一个事务执行期内，它对数据库的所有更新都是可以改变的，但一旦事务执行结束，这种更新将永远记录在数据库中且不可改变。

事务的 ACID 性质囊括了事务的所有性质，因此它就是事务的定义。下面我们就用 ACID 性质来讨论与研究事务。

2. 事务活动

事务活动一般由四个部分组成，它们分别是：

1）事务起始点：它表示事务活动的开始。

2）事务执行：它表示事务活动的过程。

3）事务正常结束点：它表示事务活动的正常结束。

4）事务非正常结束点：它表示事务活动的非正常结束。

一个事务由"事务起始点"开始活动，经"事务执行"而最终结束。事务结束有两个结束点，正常结束称为"事务正常结束点"，非正常结束称为"事务非正常结束点"。

事务从事务起始点开始执行，它不断做 Read 或 Write（包括 Update 及 Delete）操作，但是，此时所做的 Write 操作仅将数据写入磁盘缓冲区，而并非真正写入磁盘内。在事务执行过程中可能会产生两种状况：其一是顺利执行，此时事务继续正常执行；其二是产生错误而中止执行，从而进入非正常结束点，此种情况称事务夭折（abort）。事务夭折时，根据原子性性质（即全不做），事务需将执行中 Write 操作的结果全部撤销，并返回起始点准备重新执行，此时称事务回滚（rollback）。在一般情况下，事务正常执行直至全部操作执行完成，从而进入正常结束点，执行事务提交（commit）。所谓提交即将所有在事务执行过程中写在磁盘缓冲区的数据真正物理地写入磁盘内（即全做），从而完成整个事务。因此，事务的整个活动过程可以用图 5-8 表示。

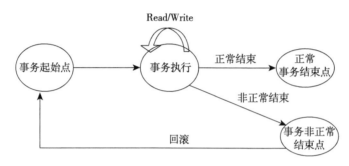

图 5-8　事务活动过程图

3. 标志事务活动的三个事务语句

事务是一种语义概念，在数据库应用编程时必须由程序员编写事务语句以控制事务活动。

事务活动中一般由三个事务语句控制，它们是置事务语句（SET TRANSACTION）、事务提交语句（COMMIT）及事务回滚语句（ROLLBACK）。

1）SET TRANSACTION。此语句是置事务语句，它表示事务起始点，事务由此语句开始执行。

2）COMMIT。此语句是事务提交语句，它表示事务正常结束，执行事务提交，将所有在事务执行过程中写在磁盘缓冲区的数据真正写入磁盘内。

3）ROLLBACK。此语句是事务回滚语句，它表示事务非正常结束，执行事务回滚，将事务执行中的 Write 操作结果全部撤销，并返回起始点。

在数据库程序中必须标志事务，它可由控制事务活动的上述三个语句完成。

【例 5.6】　例 5.1 所示的应用程序 P 组成一个事务。在程序起始端为该事务的起始点，可标以 SET TRANSACTION。该事务有一个正常结束点，可标以 COMMIT。这样，应用程序 P 就改写成一个事务 P'，如下所示：

```
(1) SET TRANSACTION
(2) Read(A)
(3) A := A - 50000
(4) Write(A)
(5) Read(B)
(6) B := B + 50000
(7) Write(B)
(8) COMMIT
```

在这个例子中通过(1)SET TRANSACTION 与(8)COMMIT 保证了事务的原子性与一致性。

【例5.7】 例5.3 所示的数据库程序 S 组成一个事务 S′。其中不但有事务的正常结束 COMMIT，也有需进行回滚的事务非正常结束 ROLLBACK。

这个例子中的(1)～(11)保证了原子性中的**全做**，而(12)～(14)保证了原子性中的**全不做**，它们也同时保证了事务的一致性。

```
(1) SET TRANSACTION
(2) Printf("输入借款金额")
(3) Scanf( x = 1000000 )
(4) Read (A)
(5) A: = A - x
(6) Write (A)
(7) Read (B)
(8) B: = B + x
(9) IF( A - B > 0 )
(10) { Write(B)
(11) COMMIT }
(12) ELSE
(13) {Printf("不符合借款条件,乙方必须修改借款额度.")
(14) ROLLBACK }
```

【例5.8】 例5.4 的民航订票程序 T 的事务表示为 T′：

```
SET TRANSACTION
Read y        /* y 为数据库中机票余额 */
y←y - 1       /* 卖出一张机票并修改余额 */
Write y
COMMIT
```

由于事务是一个语义概念，因此 SET TRANSACTION 、COMMIT 及 ROLLBACK 的设置都必须由程序员编写。

事务处理给出了动态控制的基本语义逻辑并为事务 ACID 的实现提供了基础保证。但是要真正实现动态控制还需要在事务基础上进一步努力，这包括并发控制与数据库故障恢复。

5.4.5 动态控制解决方案之二——并发控制

1. 两种限制方法

在计算机中所有程序都是在操作系统统一调度下并发执行的，数据库程序亦是如此。但是这样做会引起事务隔离性与一致性的破坏，因此必须对操作系统的并发执行做进一步的限制，一般有两种方法：

1) 串行执行方法：以事务为单位，多个事务依次顺序执行，此种执行称为(事务)串行执行。这种方法能保证事务执行中的 ACID 性质，但执行效率太低，同时它要求对操作系统调度策略做重大调整，这也是不现实的。

2) 并发执行的可串行化：比较现实的方法是进行两次调度，即在保证操作系统调度(并发执行)之下对数据库程序进行再一次调度，以实现对并发执行的进一步控制，因此可称为并发控制(concurrent control)。这种方法既保留了并发执行的高效率优点，又具有按事务串行执行的效果(即能保证事务 ACID 性质)，因此可称为并发执行的可串行化(serializability)技术。

由于这种方法的优越性以及可操作性，它在数据库应用程序执行中得到普遍采用，而所使用的技术则是并发控制技术。

2. 并发控制技术简介

(1)并发控制的使用环境

我们从**操作系统并发执行调度**开始讨论。其实，并发执行调度在绝大部分情况下对事务 ACID 性质并不产生影响，如：

- 当事务执行期间所调度进入的程序并非是数据库程序时，这种程序执行对事务 ACID 性质并不产生影响，因此这种并发执行调度是可行的。
- 当事务执行期间所调度进入的程序虽是数据库程序，但所涉及的数据与原事务并无关系时，这种程序执行对事务 ACID 性质也不产生影响，因此这种并发执行调度是可行的。

只有在下面这种特殊情况下并发执行调度才会对事务 ACID 性质产生影响：

- 当事务执行期间所调度进入的程序是**数据库程序**，且**所涉及的数据与原事务有关系**时，这种程序执行时会对事务 ACID 性质产生影响，此时需进行二次调度，即并发控制。这就是并发控制的使用环境。

(2)并发控制的方法

目前一般采用的并发控制方法称为**封锁**(locking)机制。

封锁是事务并发执行的一种调度和控制手段，它可以保证并发执行的事务间相互隔离、互不干扰，从而保证并发事务的正确执行。所谓"封锁"就是事务对某些数据对象的操作实行某种专有的控制。如在事务 T 需要访问某些数据对象时，它必须向系统提出申请，对其加锁，在加锁成功后，即具有对此数据对象的访问权限与控制权限。此时，其他事务不能对加锁的数据随意操作，当事务 T 访问完成后即释放锁，此后该数据对象即可为其他事务访问服务。事务在访问数据对象 A 前必须申请加锁，如此时 A 正被其他事务加锁，则申请不成功，必须等待，直至其他事务将锁释放后，才能加锁成功并执行访问，在访问完成后必须释放锁，此种事务称为合式(well formed)事务。合式事务是具有并发控制能力的事务，它为正确的并发执行提供了保证。

引入封锁机制从本质上解决了事务之间并发执行的问题，即只要在执行数据库读/写操作前、后对所操作的数据分别增加"加锁"与"解锁"两个操作：

- 加锁操作：LOCK x
- 解锁操作：UNLOCK x

其中 x 为加锁与解锁的数据对象。而加锁与解锁间所形成的区域称封锁区域。

在例 5.8 中民航订票程序的事务 T′的合式事务为 WT：

```
SET TRANSACTION
LOCK(y)
Read y
y←y-1
Write y
COMMIT
UNLOCK(y)
```

该 WT 的执行保证了民航订票的正确性与并发性。图 5-9 给出了 WT 的操作流程。

序号	T₁	T₂	数据库显示机票余额
1	SET TRANSACTION LOCK y Read：y = 2		2
2		SET TRANSACTION	2
		LOCK y	2
		Wait	2
	y←y − 1	Wait	1
	Write：y = 1	Wait	1
	COMMIT	Wait	1
	UNLOCK y		
3		获得 LOCK y	1
		Read：y = 1	1
		y←y − 1	1
		Write：y = 0	0
		COMMIT	0
		UNLOCK y	0

图 5-9　并发控制的"民航订票"操作流程图

同样，在例 5.6 程序中 P′的合式事务为 WP：

(1) SET TRANSACTION
(2) LOCK(x)　　　　　/* 数据对象 x 包含数据 A 与 B */
(3) Read(A)
(4) A := A − 50000
(5) Write(A)
(6) Read(B)
(7) B := B + 50000
(8) Write(B)
(9) COMMIT
(10) UNLOCK(x)

在此事务执行中当程序 Q 进入时无法申请到锁 x，因此只能等待直至 WP 执行结束才能进入运行，因此就不会读到脏数据了。

3. 封锁粒度

封锁粒度(granularity)即是事务封锁的数据对象的大小，在关系数据库中封锁粒度一般有如下几种。

- 属性(值)及属性(值)集
- 元组
- 表
- 物理页面(或物理块)
- 数据库

从上面几种不同粒度中可以看出，事务封锁粒度有大有小。一般而言，封锁粒度小则并发性高但开销大，封锁粒度大则并发性低但开销小。综合平衡照顾不同需求以合理选取封锁粒度是很重要的，常用的封锁粒度有表和属性(值)集。

4. 程序员与封锁操作

在事务中加入封锁操作后即能实现事务的并发执行。但是一般来讲，这种操作是由系统自动设置与完成的。系统根据事务语句以及读写数据语句可自动设置封锁操作。目前数据库管理系统产品都有此项功能。

因此，一个合式事务需由程序员设置事务语句，同时由系统自动设置封锁操作，这样就构成了一个完整的事务。程序员在编写合式事务时仅需考虑事务控制语句的编写而不需考虑封锁操作编写。如在民航订票程序中程序员编写的事务为 T′（例5.8），而实际在 DBMS 中运行的事务为 WT。

5. 死锁与活锁

采用封锁的方法可以有效地解决事务并发执行中的错误，保证并发事务的可串行化。但是封锁本身带来了一些麻烦，最主要的就是由封锁引起的死锁（dead lock）与活锁（live lock）。所谓死锁即事务间对锁的循环等待。亦即是说，多个事务申请不同锁，而申请者均拥有一部分锁，而它又在等待另外事务所拥有的锁，这样相互等待，而造成它们都无法继续执行。一个典型的死锁例子如图5-10所示。在例子中事务 T_1 占有锁 A，而申请锁 B，事务 T_2 占有锁 B 而申请锁 A，这样就出现了无休止的相互等待的局面。

	T_1	T_2
1	LOCK A	
2	Read：A	
3		LOCK B
4		Read：B
5	LOCK B	
6	Wait	LOCK A
7	Wait	Wait
8	Wait	Wait
9	Wait	Wait

图 5-10　死锁实例

而所谓活锁即某些事务永远处于等待状态，得不到解锁机会。活锁和死锁都有办法解决。目前，一般的数据库管理系统产品中都有活锁和死锁的解决方法。

5.4.6　动态控制解决方案之三——故障恢复

故障恢复亦称数据库故障恢复，它由计算机故障而引起事务非正常中止，从而导致：
- 事务原子性遭受破坏，因而需进行修复。
- 事务持久性遭受破坏，因而需进行修复。

这称为数据库故障恢复。其中涉及三个需讨论的问题，它们是：
- 计算机故障——计算机故障是引起事务非正常中止的根源，所以必须首先讨论。
- 数据库故障——接着讨论计算机故障所引起的两种事务非正常中止，称为数据库故障。
- 数据库故障恢复——最后讨论两种数据库故障的解决方案，称为数据库故障恢复。

下面分别介绍之。

1. 计算机故障

计算机故障引起了数据库故障。计算机故障大致可分为三种类型并可细分为六个部分。

（1）小型故障
- **事务内部故障**：此类故障是事务内部执行时所产生的逻辑错误与系统错误，如数据输入错误、数据溢出、资源不足以及死锁等，可以造成**单个正在工作的事务非正常中止，但内存及数据库数据不受破坏**。

（2）中型故障

- **系统故障**：此类故障是由于系统硬件（如 CPU）故障以及操作系统、DBMS 和应用程序代码错误所造成的，可以造成整个系统停止工作、内存数据破坏、正在工作的事务全部非正常中止，但是磁盘数据不受影响，数据库不遭破坏。
- **外部影响**：此类故障主要是由于外部原因（如停电等）所引起的，它也造成系统停止工作、内存数据破坏、正在工作的事务全部非正常中止，但数据库不受破坏。

总体说来，中型故障造成**多个正在工作的事务非正常中止，数据内存破坏但数据库数据不受破坏。**

（3）大型故障

- **磁盘故障**：此类故障包括磁盘表面受损、磁头损坏等，此时磁盘受到破坏，数据库严重受影响。
- **计算机病毒**：计算机病毒是目前破坏数据库系统的主要根源之一，它不但对计算机主机产生破坏（包括内存），也对磁盘文件产生破坏。
- **黑客入侵**：黑客入侵可以造成主机、内存及磁盘数据的严重破坏。

总体说来，大型故障造成**多个正在工作的事务非正常中止，内存及数据库数据遭受破坏。**

2. 数据库故障

数据库故障有两部分内容，它们是：

- 事务非正常中止所造成的**事务原子性**故障。
- 事务非正常中止所造成的**事务持久性**故障，即数据库磁盘数据遭受破坏所造成的故障。

由计算机故障引起了数据库故障，其具体的关系是：

1）**小型故障**：计算机小型故障可引起单个事务的原子性故障。

2）**中型故障**：计算机中型故障所引起的也是事务故障，它涉及多个事务的原子性故障。

3）**大型故障**：计算机大型故障所造成的影响是多个事务的原子性故障以及磁盘介质大面积破坏，涉及事务持久性故障。

3. 数据库故障恢复技术

数据库故障恢复指的是**计算机故障所引起的事务原子性故障的恢复及事务持久性故障所造成的数据库数据破坏的恢复。**

数据库故障恢复一般采用三种技术，它们是：

（1）数据转储

所谓数据转储就是定期将数据库中的数据复制到另一个存储中去，这些存储的拷贝称为后备副本或备份。

转储可分为静态转储与动态转储。静态转储指的是转储过程中不允许对数据库有任何操作（包括存取与修改操作），即转储事务与应用事务不可并发执行。动态转储指的是转储过程中允许对数据库进行操作，即转储事务与应用事务可并发执行。

静态转储执行比较简单，但转储事务必须等到应用事务全部结束后才能进行，因此带来了一些麻烦。动态转储可随时进行，但是转储事务与应用事务并发执行，容易带来动态过程中的数据不一致性，因此技术上要求较高。

数据转储还可以分为海量转储与增量转储，海量转储指的是每次转储数据库的全部数据，而增量转储则是每次只转储数据库中自上次转储以来所产生变化的那些数据。由于海量转储数据量大，不易进行，因此增量转储往往是一种有效的办法。数据转储用于**数据库数据遭受破坏的恢复。**

（2）日志（logging）

日志即是系统建立的一个文件，该文件以事务为单位记录数据库中更改型操作的数据更改情况，其内容有：

- 事务开始标记。
- 事务结束标记。
- 事务的所有更新操作。

具体的内容有：事务标志、操作时间、操作类型（增、删、改操作）、操作目标数据、更改前数据旧值、更改后数据新值。日志以事务为单位，按执行的时间次序，遵循先写日志后修改数据库的原则进行。日志主要用于**事务故障的恢复**。

（3）事务撤销与重做

事务撤销（UNDO）与事务重做（REDO）两种操作主要用于**事务原子性**故障的恢复。

1）**事务撤销操作**。在事务执行中产生故障，为进行恢复，必须撤销这些事务，其具体过程如下：

- 反向扫描日志文件，查找到应该撤销的事务。
- 找到该事务更新的操作。
- 对更新操作进行逆操作，即如是插入操作则进行删除操作，如是删除操作则用更改前数据旧值进行插入，如是修改操作则用修改前值替代修改后值。
- 如此反向扫描一直反复做更新操作的逆操作，直到事务开始标志出现为止，此时事务撤销结束。

2）**事务重做操作**。当一事务已执行完成，它的更改数据也已写入数据库，但是由于数据库遭受破坏，为恢复数据需要重做。事务重做实际上是仅对其更改操作重做，重做的过程如下：

- 正向扫描日志文件，查找重做事务。
- 找到该查找事务的更新操作。
- 对更新操作重做，如是插入操作则将更改后新值插入数据库，如是删除操作则将更改前旧值删除，如是修改操作则将更改前旧值修改成更新后新值。
- 如此正向扫描反复做更新操作，直到事务结束标志出现为止，此时事务重做操作结束。

4. 数据库故障恢复策略

利用后备副本（或称副本）、日志以及事务的撤销、重做及回滚可以对不同的数据库故障进行恢复，其具体恢复策略如下。

（1）小型故障所引起的数据库故障的恢复

小型故障所引起的是一个事务内部的原子性故障，其恢复方法是做该事务的撤销操作，使事务恢复到初始阶段。

（2）中型故障所引起的数据库故障的恢复

中型故障所引起的是多个事务的原子性故障，它可分成两种类型：

- 事务非正常中止，由于内存缓冲区数据破坏无法对事务作恢复：作强制事务回滚。
- 已完成提交的事务，但尚未写入数据库中，由于故障使内存缓冲区中数据丢失：用事务重做操作进行恢复。

（3）大型故障所引起的数据库故障的恢复

大型故障是那些磁盘及系统都遭受破坏的故障，因此它所引起的不仅是数据库中数据的破坏性故障（即事务持久性故障），还包括事务原子性故障。恢复过程大致分为下列步骤：

● 做数据恢复——将后备副本拷贝至磁盘。

● 做事务恢复——检查日志文件，将拷贝后所有执行完成的事务进行重做操作；接着对部分事务执行期间非正常中止的事物做撤销操作。

经过这些处理后可以完成大型故障中数据库数据的恢复。

数据库故障恢复一般由 DBA 执行。DBA 所做的工作是数据转储的拷贝，日志的记录则由系统自动完成，而 REDO、UNDO 的执行只要 DBA 启动恢复操作后都是由系统自动完成的。数据库故障恢复是数据库的重要功能，每个数据库管理系统都有此种功能。

5.5 数据交换功能

数据库中的数据交换（data exchange）是数据库与其使用者间的数据交互过程，这一过程是需要管理的。数据交换的管理是对数据交换的方式、操作流程及操作规范的控制与监督。数据库中的数据交换是数据库开展应用的基本前提与保证，它对数据库应用的开发极为重要。本节将介绍数据交换的基本原理、数据交换的管理以及五种交换方式。

5.5.1 概述

数据库是一种共享机构，它为用户使用提供了基本的共享保证，但是如何适应使用环境、扩大使用范围、保证使用方便，这是扩大数据库使用所要解决的问题，这就是数据库中的数据交换。

1. 数据交换模型

数据交换是数据主体与数据客体间进行数据交互的过程。数据客体就是数据库，它是数据提供者；数据主体是数据的使用者，也是数据接收者，它可以是操作员（人）、应用程序，也可以是另一种数据体。首先由使用者通过 SQL 语句向数据库提出数据请求，接下来数据库响应此项请求进行数据操纵并返回执行结果，执行结果包括返回的数据值以及执行结果代码（它给出了执行结果正确与否、出错信息以及其他辅助性质）。这一执行过程可用图 5-11 所示的数据交换模型表示。

图 5-11 数据交换模型

2. 数据交换的三种环境

随着数据处理的发展以及数据库应用环境的不断变化，数据交换环境也随着发生变化，它一共经历了三个阶段，形成了三种不同环境，它们分别是：

1）单机集中式环境：在数据库作为计算机单机应用开发工具时（20 世纪 60 ~ 70 年代），其应用环境为单机集中式环境。它特别体现了**同一机器内**应用程序与数据库间的数据交换，此外还包括机器内外的数据交换。

2）网络环境：在数据库作为网络应用开发工具时（20 世纪 80 ~ 90 年代），其应用环境为网络、多机分布式的 C/S 结构方式。它特别体现了网络上**应用节点与数据节点**间的数据交换。

3）互联网环境：在数据库作为互联网 Web 应用开发工具时（21 世纪初），其应用环境为 Web 应用、分布式 B/S 结构方式。它特别体现了 Web 中 HTML（XML）所写的**网页与数据库**间的数据交换。

3. 数据交换的五种方式

数据交换与操作方式有关，不同操作方式形成了不同数据交换方式。

（1）人机交互方式

此种方式的主体是人（即操作员），它体现了机器内外操作员与数据库的直接对话，它们间的交换接口是人机交互界面。在最初阶段它以单机集中式环境出现，交互界面简单，在现阶段的 C/S 与 B/S 结构中也可使用此种方式，且由于可视化技术的进展使得交互形式与操作方式变得丰富多彩，因此此种方式目前仍普遍使用。

（2）嵌入式方式

嵌入式方式是出现最早的应用程序与数据库间的数据交换方式。嵌入式方式将数据库语言 SQL 与外界程序设计语言捆绑在一起，构成一种由两类不同语言所混合而成的新的应用开发工具，此种编程方式扩展了传统数据库管理功能，使之还能兼具数据计算与处理功能。在嵌入式方式的两种语言中，以程序设计语言为主体（因此称为主语言），而数据库语言则依附于主语言（因此称为子语言）。嵌入式之意即表示将数据子语言（SQL）嵌入主语言中，故也可称为嵌入式 SQL。这种开发方式是以数据计算与处理为主而以数据管理为辅。在嵌入式方式中，数据交换是在单机内主语言所编应用程序与数据库间进行。

嵌入式方式使用过程中存在多种不足，目前使用者已极为寥寥，但它在数据交换历史上则发挥过重要作用，由它所开创的数据交换技术也为此后多种数据交换方式提供了基础。

在 SQL 标准中，SQL'89 中即将嵌入式方式列入其中，而与其捆绑的语言也由原先的三种增至八种，它们是 C、Pascal、Fortran、Cobol、Ada、PL/1、Mumps 和 Java。此种方式在 SQL'99 中称为 SQL/BD，在 SQL'2003 中则取消了通用的 SQL/BD 而仅保留基于 Java 的嵌入式方式。

（3）自含式方式

随着数据库管理系统的成熟以及数据库厂商势力的增强，出现了数据库管理系统自身在包含数据库语言的同时也包含程序设计语言的主要成分，将数据库语言与程序设计语言统一于一体的编程分式。这种语言称自含式语言，也称自含式 SQL。采用这种语言的编程方式称为自含式（contain self）方式。此方式扩展了数据库功能，使其不仅有数据管理能力还有数据处理能力。自含式方式中数据交换属于单机内部的交互过程，因此简单、方便，目前它已取代嵌入式方式成为主流。

自含式方式出现于单机集中式时代，在网络环境中，它存在于数据服务器中。在目前的数据库产品中，自含式 SQL 有 Oracle 中的 PL/SQL 及微软 SQL Server 中的 T-SQL 等。在 SQL 标准中自 SQL'92 起就有此类方式出现，称 SQL/PSM，即 SQL 的持久存储模块，它一般用于存储过程、函数及后台批处理应用程序编制中。

（4）调用层接口（call level interface）方式

在集中式数据库应用系统中，整个应用捆绑在一起，它有三个部分：

- 存储逻辑：此部分包括 DBMS 及相应的数据存储。
- 应用逻辑：此部分包括由程序设计语言所编写的数据处理应用程序。
- 表示逻辑：此部分用于与用户交互，可用可视化编程实现，它包括图形用户界面。

自数据库应用进入网络时代后，数据库结构出现了 C/S 结构模式。在 C/S 结构中，包含一个服务器（server）与多个客户机（client），它们间由网络相连并通过接口进行交互，其中服务器完成存储逻辑功能，客户机则完成应用逻辑与表示逻辑功能，它们按两种不同功能分别分布于服务器与客户机中，构成了"功能分布"式的模型。在此结构中的编程方式是由三部分组成的，它们是：

- 客户端程序(网络应用节点)：由程序设计语言编写的应用程序及界面工具所开发的界面。
- 服务器数据库(网络数据节点)：供应用程序使用的数据库。
- 客户端程序与数据库间的数据交换：它由一种专用接口工具软件完成。

由网络中 C/S 结构的客户端程序、服务器数据库及客户端接口工具三者所组成的编程方式称为调用层接口方式，它是目前数据库应用中的常用方式。

在 SQL 标准 SQL'97 中开始出现调用层接口方式 SQL/CLI，在软件开发厂商中也出现了微软的 ODBC 及 ADO 标准与 SUN 公司的 JDBC 标准，而根据后两者所开发的产品则由于使用广泛而成为目前事实上的标准。

(5)Web 方式

在 21 世纪初，随着互联网的应用和普及以及 Web 的发展，出现了 B/S 结构、HTML(XML)语言及脚本语言等。在 Web 方式中一般使用典型的三层 B/S 结构，它由浏览器、Web 服务器及数据库服务器三部分组成。其中 Web 服务器存放及执行 Web 程序，数据库服务器存放数据并执行数据操作，最后浏览器展示 HTML 结果。

在 B/S 结构中的编程方式由三部分组成，它们是：

- Web 服务器中的 Web 程序：Web 程序一般由置标语言(如 HTML、XML)、脚本语言及相应工具编写而成。
- 数据库服务器中的数据：供应用程序使用的数据。
- Web 程序与数据库间的数据交换：在 Web 方式中存在半结构化形式的 HTML(XML)数据(即网页数据)以及结构化形式的数据库数据，它们间需要进行数据交换。这种数据交换也由一种接口工具软件完成，称 Web 数据库方式；目前常用的有两种方法，其中第一种方法是通过专门工具以实现数据库数据对网页数据的动态修改，称 Web 数据库方式；第二种方式是将 XML 与传统数据库紧密结合起来，即将 XML 作为一种新的数据类型加入传统数据库中而构成一种新的数据库，称 XML 数据库。

在 B/S 结构中，由 Web 服务器中的 Web 程序、数据库服务器中的数据及 Web 服务器中的接口工具三者所组成的编程方式称 Web 数据交换方式，它在 Web 环境下应用广泛。

在 SQL'2003 中出现的此方式称为 SQL/XML，此外，微软与 SUN 公司中也有此类方式的产品出现。

在这两种方式中，目前以 Web 数据库方式使用较多，在后面我们也仅介绍这种方式。

上面所介绍的五种方式反映了数据库应用发展过程中不同阶段、不同环境及不同主体的数据交换需求，它们在数据库系统中构成如图 5-12 所示的结构。

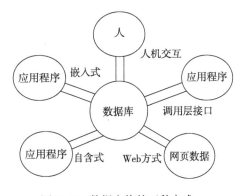

图 5-12　数据交换的五种方式

4. 数据交换的六种接口

上述五种交换方式的实现必须建立相应数据交换接口，共分为六种：

1)直接式人机交互界面。此接口主要为操作人员友好、顺利访问数据库而设置，是一种计算机系统内外之间的接口，采用界面形式，主要用于人机交互方式中。

2）主语言与嵌入式 SQL 间的接口。此接口主要用于嵌入式方式中。在此方式中，主语言与嵌入式 SQL 是两种不同的处理系统，必须在 SQL 的解释系统与主语言的编译系统间建立接口，这样才能将 SQL 嵌入主语言中，从而实现两种不同语言的捆绑，形成一种新的应用开发工具。

3）标量与集合量间的接口。此接口主要用于自含式方式中。在此方式中，自含式语言内的程序设计语言变量与数据库语言变量的量值类型是不一致的。前者的变量是标量数据，而后者的变量则是集合量数据，它们间需要有一种接口以建立集合量与标量间的转换。此外，此种接口也用于嵌入式方式中。

4）应用节点与数据节点间的接口。此接口主要用于网络环境的调用层接口方式中。在此方式中，网络的应用节点与数据节点是网络中两个不同的节点，它们间进行数据交换时需要在网络中建立物理与逻辑连接通路。此外，这种接口还用于互联网环境的 Web 方式中。

5）Web 接口。此接口主要用于 Web 方式中。在此方式中，网页的书写是用置标语言（如HTML），此种语言无法实现网页与数据库中数据的交换，更无法实现动态网页的生成，故而，它们间需要有一种接口以建立其间的联系，使置标语言与数据库建立接口。

6）反馈信息接口。在数据交换中，主体与客体间在数据交换结束时，客体必须向主体反馈"执行结果代码"，为此必须建立一种专门的接口用于反馈信息的传递，称为反馈信息接口。此接口主要用在自含式方式及嵌入式方式中。

5. 数据交换的六种管理

实现数据交换接口的手段是数据交换的管理。目前一共有六种数据交换管理，它们是：

1）连接管理。连接管理主要用于网络中数据交换的应用节点与数据节点间接口的连接，它提供相关的语句，为建立两节点间连接提供服务。

2）游标管理。游标管理主要用于主体与客体的变量中标量与集合量间的接口，它提供相关的语句，为建立集合量数据与标量数据间的转换提供服务。

3）诊断管理。诊断管理主要用于主体与客体间建立反馈信息的接口，它提供相关的语句，为建立由客体到主体的反馈信息提供服务。

4）Web 管理。Web 管理主要用于置标语言与数据库间的接口管理，它提供相关的工具为建立两种数据体间的连接提供服务。

5）界面服务。界面服务用于人机交互界面中，它提供的服务手段为建立人机间的直接对话提供服务。

6）嵌入式系统预编译。嵌入式系统预编译主要为嵌入式方式中主语言与嵌入式 SQL 间接口的实现提供服务。

6. 数据交换中的数据交换环境、数据交换方式、数据交换接口与数据交换管理

在数据交换的三种环境中，有五种数据交换方式与六种数据接口，为实现这些接口需要有相应的六种数据交换管理，它们间的关系如下：

1）人机交互方式：此方式主要使用于主体为计算机系统外的人员（操作员）而客体是计算机系统内的数据库的数据交换中。其接口特点是直接式人机交互界面。它适应于数据交换的三种环境。最后，其交换管理为界面服务。

2）嵌入式方式：此方式主要使用于单机集中式环境且数据主体为应用程序（主语言编写）。而客体为同一机器内的数据库（数据子语言编写）的数据交换中。其接口特点是集合量与标量间的接口、主语言与嵌入式 SQL 间的接口以及反馈信息接口。最后，其交换管理是游标管理、嵌入式系统预编译与诊断管理。

3）自含式方式：此方式主要使用于单机集中式环境且数据主体为应用程序（自含式语言编写）而客体为同一机器内的数据库（同一自含式语言编写）的数据交换中。其接口特点是集合量与标量间的接口及反馈信息接口。最后，其交换管理为游标管理与诊断管理。此种方式也可使用于网络与互联网环境中同一服务器内的自含式语言应用中。

4）调用层接口方式：此方式主要使用于网络环境且数据主体为网络应用节点中的应用程序而客体为网络数据节点中的数据库的数据交换中。其接口特点是应用节点与数据节点间的接口、集合量与标量间的接口、反馈信息接口。最后，其交换管理为连接管理、游标管理与诊断管理。此种方式也可使用于互联网环境中。

5）Web方式：此方式主要使用于互联网环境且数据主体为Web节点中的HTML网页数据而客体为数据节点中的数据库的数据交换中。其接口特点是Web接口、应用节点与数据节点间的接口、集合量与标量间的接口及反馈信息接口。最后，其交换管理为Web数据管理、连接管理、游标管理与诊断管理等。

下面的表5-2给出了数据交换的三种环境与相关的方式、接口、管理间的关系。

表5-2　数据交换关系表

	单机集中式环境	单机集中式环境	单机集中式环境	网络环境	互联网环境
交换方式	人机交互方式	嵌入式方式	自含式方式	调用层接口方式	Web方式
时期	20世纪70年代	20世纪80年代	20世纪80年代	20世纪90年代	21世纪初
应用环境	单机集中式	单机集中式	单机集中式	多机分布式(C/S)	多机分布式(B/S)
交换主体	人（操作员）	应用程序	应用程序	应用程序	网页数据
阶段名	单机集中式阶段	单机集中式阶段	单机集中式阶段	网络阶段	互联网阶段
接口特点	直接式人机交互界面	集合量与标量间的接口、主语言与嵌入式SQL间的接口、反馈信息接口	集合量与标量间的接口、反馈信息接口	应用节点与数据节点间的接口、集合量与标量间的接口、反馈信息接口	Web接口、集合量与标量间的接口、反馈信息接口、Web节点与数据节点间的接口
数据交换管理	界面服务	游标管理、诊断管理、嵌入式系统预编译	游标管理、诊断管理	游标管理、诊断管理、连接管理	Web管理、游标管理、连接管理、诊断管理

5.5.2　数据交换的流程

数据交换的过程是按一定步骤逐步进行的流程，利用数据交换管理可以实现数据交换流程。以调用层接口方式为例，其全部步骤如下：

1）数据交换准备。为进行数据交换，首先需设置相应环境的参数，为交换做准备。

2）数据连接。在设置环境参数后，接下来的重要步骤是建立数据交换的两个网络节点间的物理与逻辑连接，包括连接通路的建立、内存区域的分配以及通路标识符的设置等。

3）数据交换。在经过数据连接后数据交换即可进行。在数据交换中一般分两个步骤，首先由数据主体用SQL语句发出数据访问要求，其次数据库接到请求后进行操作并取得结果，然后返回信息并同时返回执行的状态信息，此时最关键的是需要不断使用游标语句与诊断语句。

4）断开连接。在数据交换结束后即可以断开两个节点间的连接，包括断开连接的通路、收回所分配的内存区域以及撤销通路标识符。

在一轮数据交换结束后可进入下一轮数据交换（即2、3、4三个阶段），如此不断循环构成数据交换的完整过程。图5-13给出数据交换的流程。

5.5.3 数据交换的实现

上面所介绍的数据交换看起来复杂，它包括三种环境、五种方式、六种接口以及六种管理，但是在实际应用中一般会简单得多。首先，在三种环境中目前以网络与互联网两种环境为主。其次，在五种方式中嵌入式方式已趋淘汰，而人机交互方式因系统而异，无一定规范，因此不属我们讨论之列。这样，目前常用的就仅为三种。最后，六种接口中涉及余下的两种环境与三种方式的仅为四种接口与四种管理了，它们是：

- 连接管理
- 游标管理
- 诊断管理
- Web 管理

经过简化后的数据交换最终常用的为两种环境、三种方式、四种接口以及四种管理。这样，接口的实现就简单多了。与此同时，在数据交换的四项内容中，其基础是数据交换管理，因为所有数据交换的实现都依赖于它。下面我们对四项管理进行介绍。

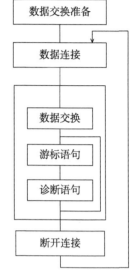

图 5-13　数据交换流程

1. 连接管理

连接管理的主要目标是建立网络中不同节点主、客体间的物理与逻辑连接，从而建立起一条数据交换通路。只有建立了通路后，主、客体间的数据交换才能得以进行。

连接管理一般用于 C/S 及 B/S 等网络环境下的调用层接口方式及 Web 方式中。

连接管理最早出现于 SQL'99 中，此外，还有众多企业标准，如微软的 ODBC 标准、ADO 标准及 SUN 公司的 JDBC 标准等。

2. 游标管理

游标是一种标记，主要用于在数据库查询后将数据客体中的集合量逐一转换成标量，以供数据主体中的应用程序使用。

游标管理在 SQL 中出现很早，在 SQL'89 中就已出现，游标管理功能经 SQL'92、SQL'99 到 SQL'2003 已发展成为一种很成熟的技术。

3. 诊断管理

在进行数据交换时，数据主体发出数据交换请求后（以数据查询为例），数据客体返回两种信息，一种是返回所请求的数据值，另一种是返回执行的状态值，这种状态值称为诊断值，而生成、获取诊断值的管理称诊断管理。

诊断管理一般与游标管理相匹配，目前广泛应用于除人机交互方式外的其他方式中。

4. Web 管理

Web 管理主要完成 HTML 与数据库间的接口管理。HTML 主要用于编写网页，但它不是程序设计语言，因此在编写时若需要与数据库交互则缺乏必要接口手段，此时需借助一种中间工具，这种工具能嵌入 HTML 中，通过它使用调用层接口实现与数据库连接。

Web 管理目前无标准规范，这种中间工具的形式也很多，常用的有 ASP、JSP 以及 PHP 等。

5.6 数据服务

RDBMS 为用户提供了多种数据服务功能，包括操作服务与信息服务两部分。

1. 操作服务

RDBMS 一般均提供多种操作服务，它们可以以函数、过程、组件等多种形式出现，还可以以工具包等形式出现。它们包括如下内容：

1）数学函数：常用的数学函数包括算术函数、代数运算及三角函数等。

2）转换函数：各种数制转换、度量衡转换、日期/时间转换函数。

3）输入/输出函数：各种不同形式的输入/输出函数以及各种不同介质的输入/输出函数。

4）多媒体函数：各种媒体（如图像、声音、音频、视频等）的处理函数。

5）为 DBA 服务的工具：包括复制、转储、重组等服务以及性能监测、分析等服务工具。

6）为用户操作提供方便的服务：如可视化交互界面、导入/导出服务、上网服务以及集成器服务等。

在 RDBMS 中对操作服务功能并没有统一规定，不同的系统根据其市场定位及应用需要设定操作服务，在 SQL 标准中也没有相应的规定。

2. 信息服务

1）数据字典。数据字典是一种特殊的信息服务，它提供有关数据库系统内部的元数据服务。

RDBMS 中一般有数据字典，而在 SQL 中对数据字典定义模式及操作使用均有标准的规定。

2）日志信息。日志信息是另一种信息服务，它包括事务性日志、审计性日志及服务器日志等。

3）其他信息。包括系统帮助、示例数据库及常用系统参数等。

5.7 关系数据库管理系统的扩充功能

传统关系数据库管理系统以管理共享数据为其主要目标，近年来，还出现了以管理"过程"作为其另一个目标的 RDBMS，这种过程称为存储过程。为了编写过程，在 RDBMS 中，还配置有专门的程序设计语言，这就是自含式语言，存储过程与自含式语言目前已构成了关系数据库管理系统的扩充功能。

5.8 关系数据库管理系统的标准语言 SQL

5.8.1 SQL 的概貌

关系数据库管理系统有多种数据语言，但经过 10 余年的使用、竞争、淘汰与更新后，SQL以其独特的风格成为国际标准化组织所确认的关系数据库系统的标准语言。目前，SQL 已成为关系数据库系统使用的唯一数据语言，用该语言所书写的程序通常可以在任何关系数据库系统上运行。

SQL 的全称为结构化查询语言（Structured Query Language，SQL），它是 1974 年由 Boyce 和 Chamberlin 提出并在 IBM 公司 San Jose 研究实验室所研制的关系数据库管理系统 System R 上实现的，最初称为 SEQUEL。后来，IBM 公司又实现了商用系统 SQL/DS 与 DB2，其中 SQL/DS 是在 IBM 公司中型机环境下实现的，而 DB2 则主要用于大型机环境。

SQL 在 1986 年被美国国家标准化组织 ANSI 批准为国家标准，1987 年又被国际标准化组织 ISO 批准为国际标准，经修改后于 1989 年正式公布，称为 SQL'89。该标准也于 1993 年被我国批准为国家标准。此后，ISO 陆续发布了 SQL'92、SQL'99、SQL'2003、SQL' 2008 及 SQL'2011 等版本。其中 SQL'92 又称为 SQL-2，SQL'99 又称为 SQL-3。目前，国际上所有关系数据库管理系统均采用 SQL，而主要以 SQL'92、SQL'99 与 SQL'2003 为主，包括 DB2 以及 Oracle、SQL Server 等关系数据库管理系统。

SQL 虽然称为结构化查询语言，但是它实际上具有包括查询在内的多种功能，涉及数据定义、数据操纵(包括查询)和数据控制三个方面，近年来还包括了数据交换功能、信息模式及关系数据库扩充功能。SQL 所操作的对象称为基表，即关系。SQL 的数据定义功能可定义模式、基表以及视图；SQL 的数据操纵功能是在基表上进行查询、删除、插入、修改；SQL 的数据控制功能是基于基表进行的完整性、安全性及事务、并发控制；SQL 的数据交换功能是数据库与外界进行数据交互的能力；信息模式则是数据字典的规范化格式。最后，关系数据库扩充功能即是自含式语言。

SQL 具有如下特色：

1)SQL 以非过程性语言为主，它开创了第四代语言的应用先例。

2)SQL 是一种统一的语言，它将 DDL、DML 及 DCL 统一于一体，再通过数据交换及自含式语言，组合成一个完整的语言体系。

3)SQL 以关系代数理论为支撑，具有坚实的数学基础作为后盾。

SQL 经历了 40 余年的发展过程，迄今为止仍处于不断发展之中。其发展经历大致可分为以下几个阶段：

1)第一阶段(1974~1989 年)：这是 SQL 发展的初期，在此阶段中奠定了关系数据模型的基础，展现了数据定义与数据操纵的基本功能与面貌，初步形成 SQL 的非过程性的第四代语言风格，其标志性成果是 SQL'89。

2)第二阶段(1990~1992 年)：这是 SQL 发展的关键性阶段，其标志性成果是 SQL'92。在此阶段中完成了关系数据模型的全部功能，包括数据定义、数据操纵及数据控制。我们现在所说的关系数据库语言 SQL 指的就是 SQL'92，它包含了现有关系数据库系统的所有核心功能，几乎所有商用数据库产品均采用 SQL'92，其符合率达 90% 以上。

3)第三阶段(1993~1999 年)：这是 SQL 发展的突破性阶段，其标志性成果是 SQL'99(即 SQL-3)。在此阶段中 SQL 发生了重大的变化，主要表现在如下几方面：

- SQL'99 保留了 SQL'92 的全部关系数据模型的功能。
- SQL'99 中首次引入了面向对象的方法与功能。
- SQL'99 中首次引入了数据交换及完整的自含式语言的思想与功能。
- SQL'99 的文本结构发生了重大变化，它将整个 SQL 文本划分成五大部分：
    P1：框架部分——它给出了 SQL 的整体构架。
    P2：基础部分——它给出了 SQL 的基本功能。
    P3：嵌入方式交换——简称 SQL/BD，是一种嵌入式的交换方式。
    P4：持久存储模块交换——简称 SQL/PSM，是一种自含式语言(包括存储过程)及其内部的交换方式。
    P5：调用层接口交换——简称 SQL/CLI，是一种调用式的交换方式。

从文本结构的变化可以看出，数据交换已成为 SQL'99 的主要目标。

4)第四阶段(2000 年至今)：这是 SQL 适应 Web 发展的阶段，其标志性成果是SQL'2003。在此阶段中主要增加了与 Web 相关的功能：

- SQL'2003 保留了 SQL'99 的全部基本功能。
- SQL'2003 保留了 SQL'99 的三种交换方式，并增加了三种交换方式。其中新增加的三种交换方式均与 Web 中的数据交换有关，如与 XML 的交换、与 Java 的交换等。
- SQL'2003 将信息模式单独作为一个部分列出。
- SQL'2003 的文本结构由五个部分增加到九个部分，它们是：

　　P1：框架部分。

　　P2：基础部分。

　　P3 ~ P9：数据交换部分——共六种数据交换。

　　P10：信息模式。

从上面四个阶段可以看出：

1）从 SQL'89 到 SQL'92 是关系数据库语言的形成阶段，而 SQL'92 是标志。

2）SQL'99 是一个变革性的阶段，从 SQL'99 到 SQL'2003，已经逐步完善为对象 – 关系数据库语言（或称为扩充的关系数据库语言），同时数据交换与自含式语言开始成为 SQL 的主要关注目标。由于数据交换与数据库系统环境紧密相关，因此 SQL'99 与 SQL'2003 的使用符合率不高，各厂商均根据环境配置交换方式，但大致思想与方法基本一致，只是具体操作方式有所不同，如基于 SQL/CLI，微软有 ODBC，而 Oracle 公司则有 JDBC 等。

自 SQL'2003 后，无论 SQL'2008 及 SQL'2011，它们与 SQL'2003 没有显著的差别，在体系的结构上没有变化，仅在细节上做了更多的调整。

5.8.2 SQL 的功能

根据上面的介绍，关系数据库系统的主要语言为 SQL'92 并适当扩充 SQL'99 与 SQL'2003 中的功能，一般的 SQL 的功能大致如下：

1. SQL 的数据定义功能

SQL 的数据定义功能涉及以下几个方面：

- 模式的定义与取消。
- 基表的定义与取消。
- 视图的定义与取消。
- 索引、集簇的建立与删除。

2. SQL 的数据操纵功能

SQL 的数据操纵功能涉及以下几个方面：

- 数据查询。
- 数据删除。
- 数据插入。
- 数据修改。
- 数据的简单计算及统计。

3. SQL 的数据控制功能

SQL 的数据控制功能涉及以下几个方面：

- 数据的完整性约束。
- 数据的安全性及存取授权。
- 数据的事务功能。

4. SQL 的数据交换功能

SQL 的数据交换功能涉及以下几个方面：

- 连接功能。
- 游标功能。
- 诊断功能。
- Web 接口功能。

SQL 的数据交换功能还涉及以下几种方式：
- SQL/BD——嵌入式方式。
- SQL/PSM——持久存储模块方式。
- SQL/CLI——调用层接口方式。
- SQL/XML——Web 方式。

5. 数据字典
- 信息模式管理。

6. SQL 的扩展功能
- SQL/PSM——持久存储模块(又称自含式语言)，它还包括存储过程管理功能。

在本书中，我们将以 SQL 为标准进行介绍，其中基本部分采用 SQL'92 而扩展部分则参照 SQL'99 与 SQL'2003。

5.8.3　SQL 的三种标准

SQL 语言目前有三种标准：一种是国际标准即 ISO SQL，它是全球的统一标准；第二种是国家标准，如美国的 ANSI 标准，我国的 GB 标准，这种标准一般与国际标准一致；而第三种则是企业标准，如 IBM 公司 DB2 的 SQL 标准、Oracle 公司的数据库标准、微软公司 SQL Server 的 SQL 标准。一般来讲，企业标准与国际标准间存在着一些差异，这就是企业标准与国际标准的符合度。

在本书中我们除介绍 ISO SQL 标准外，还将介绍 SQL Server 2008 的 SQL 标准。

要说明的是，SQL Sever 2008 中 SQL 的数据定义、数据操纵及数据控制与 ISO SQL 的相关功能符合度较高，而数据交换及自含式语言的符合度则不高。在 SQL Server 2008 中有大量服务性功能，它们都是标准 SQL 中所没有的。

 本章小结

本章主要介绍了关系数据库管理系统的组成、功能与原理，同时介绍了其标准语言 SQL 的概貌。读者学完此章后应对关系数据库管理系统有比较全面的了解。

1. 基本概念

- 关系数据库管理系统。
- 关系数据库。
- 关系模式。
- 关系元组。
- 基表。
- 视图。
- 物理数据。
- 数据查询。
- 数据的增、删、改。
- 数据控制。
- 安全性控制。

- 完整性控制。
- 事务处理。
- 并发控制。
- 故障恢复。
- 数据交换。
- 连接管理。
- 游标管理。
- 诊断管理。
- Web 管理。
- 数据字典。
- 数据服务。

- 嵌入式方式。
- 自含式方式及自含式语言。
- 调用层接口方式。
- Web 方式。

2. 组成

```
                                    ┌ 数据模式
                                    │ 基表
                         数据构作 ┤ 视图
                                    │ 物理数据库
                                    └ 过程、函数

                                    ┌ 数据查询
                         数据操纵 ┤ 数据的增、删、改
                                    └ 计算、统计

                                    ┌ 安全性控制
                         数据控制 ┤ 完整性控制
            基本部分 ┤            └ 事务处理、并发控制、故障恢复
关                      数据服务
系                                  ┌ 连接
数                      数据交换管理┤ 游标
据                                  │ 诊断
库                                  └ Web 接口
管                                  ┌ SQL/BD
理                      数据交换接口┤ SQL/PSM
系                                  │ SQL/CLI
统                                  └ SQL/XML
            扩展部分——自含式语言
```

3. SQL

(1) SQL 的历史

(2) SQL 的功能
```
┌ 数据定义功能
│ 数据操纵功能
┤ 数据控制功能
│ 数据交换功能
└ SQL 扩展功能
```

4. 本章重点内容
- 关系数据库管理系统的组成。

习题 5

5.1 试说明关系数据库管理系统的组成。
5.2 关系数据库由哪两部分组成？
5.3 什么叫关系模型？
5.4 关系数据库管理系统中有哪些数据操纵功能？
5.5 试述数据库管理系统中的数据控制的静态控制与动态控制包括的内容。
5.6 什么叫安全数据库？

5.7 试述自主访问控制的主要内容。

5.8 为什么强制访问控制的安全保护能力强于自主访问控制？请说明理由。

5.9 什么叫强制访问控制？

5.10 审计的作用是什么？

5.11 什么是数据库的安全性？

5.12 试说明数据库安全性在整个计算机系统中的地位与作用。

5.13 试解释触发器与完整性约束间的关系。

5.14 试说明完整性规则的 3 个组成内容。

5.15 什么叫实体完整性规则与参照完整性规则？

5.16 什么是数据库的完整性？

5.17 数据库的完整性约束设置分为哪几类？

5.18 数据库的安全性与完整性概念有什么区别与联系？

5.19 什么叫事务？它有哪些性质？

5.20 什么叫并发执行的可串行化技术？它能否保证并发事务正确执行？

5.21 试述通过封锁如何防止并发错误的发生。

5.22 什么叫日志？它在故障恢复中有什么作用？

5.23 试解释事务、并发控制及故障恢复间的关系。

5.24 试给出故障分类以及它们进行恢复的方法。

5.25 什么叫数据转储？如何实现转储？转储在恢复中有何作用？

5.26 什么叫数据交换？数据交换有什么作用？

5.27 试给出数据交换的模型并加以说明。

5.28 请给出数据交换的五种方式以及相应的环境。

5.29 请给出数据交换的四种管理并加以说明。

5.30 请给出数据交换的流程并加以说明。

5.31 什么叫数据字典？它有什么作用？

5.32 试述 SQL 三种标准的特点与关系。

5.33 试述 SQL'99 中的三种数据交换。

5.34 试给出目前 SQL 的六大功能。

第6章　关系数据库管理

关系数据库管理(下可简称数据库管理)是数据库应用系统软件的开发关键,它由数据库生成与数据库运行维护两部分组成,为说明它,我们先从数据库应用系统的软件开发讲起。接着介绍数据库管理的两部分内容,最后介绍数据库管理工具及数据库管理员。因此本章所介绍的内容为:

- 数据库应用系统的软件开发。
- 数据库生成。
- 数据库运行维护。
- 数据库管理工具。
- 数据库管理员。

6.1　数据库应用系统的软件开发

1. 数据库应用系统的开发流程

数据库应用系统主要是一种软件并且是应用软件,它是需要开发的,其开发流程按软件工程中的要求进行,亦即是按软件生存周期六个阶段实施。数据库应用系统的软件开发内容由应用程序开发与数据库开发两部分组成,整个开发过程如图6-1所示。在这个图中给出了开发六个阶段的各段任务,它们分别是:

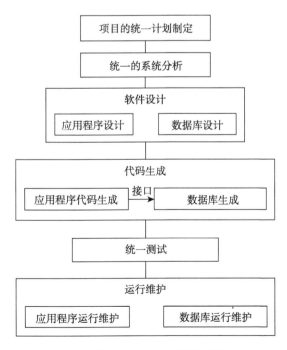

图6-1　软件工程中六个开发阶段的任务

1）计划制定。整个应用系统项目的计划制定，此阶段所涉及的具体技术性问题不多。

2）系统分析。对整个数据库应用系统进行分析，并不明确区分应用程序与数据库两部分。

3）软件设计。在软件设计中按应用程序的设计与数据库设计两部分独立进行。

4）代码生成。在代码生成中按应用程序代码生成与数据库程序代码生成（亦称数据库生成）两部分独立进行。

5）测试。在测试中对整个数据库应用系统进行统一测试。

6）运行维护。在运行维护中按应用程序运行维护与数据库运行维护两部分独立进行。

在开发六个阶段中，计划制定所涉及的技术性内容不多，因此一般仅讨论其他五个阶段内容。其中，与数据库开发有关的内容称数据工程，它包括数据库设计、数据库生成及数据库运行维护三部分。其中数据库生成的数据库运行维护称数据库管理。这是一种开发性管理。

2. 数据库应用系统软件开发中的相关内容

在数据库应用系统开发中涉及三个与数据库有关的内容：

- 数据库设计——数据库设计员负责。
- 数据库管理之一——数据库生成，由数据库管理程序员负责并由数据库程序员协助之。
- 数据库管理之二——数据库运行维护，由数据库管理员负责。

数据库管理是数据库应用系统软件开发的关键，本章就介绍这部分内容。

6.2 数据库生成

6.2.1 数据库生成的先置条件

数据库生成即数据工程中的（数据）编码。在编码阶段必须有一些先置条件，它们是：

1）数据库设计：数据库生成必须在完成数据库设计的基础上进行，它是数据库生成的最基本条件。

2）平台：数据库生成必须建立在一定的平台之上，包括网络、硬件平台、操作系统平台以及数据库管理系统平台等。

3）人员：数据库生成必须有专业的人员，它们是数据库管理员，同时还须有数据库程序员协助之。

6.2.2 数据库生成的内容与操作流程

数据库生成的内容很多，并且需按一定流程操作：

1. 服务器配置

网络中的数据库服务器是数据库生成的基础平台，服务器配置是将数据库服务器与 DBMS 间通过适当的配置建立起协调一致、可供数据库运行的平台。服务器配置的内容包括：

1）连接注册：在 DBMS 中注册服务器，将服务器与 DBMS 建立关联。

2）服务器的启动、暂行、关闭及恢复。

3）网络结构配置：将服务器中的 DBMS 与网络结构进行配置。

4）参数配置：接着对 DBMS 设置参数，包括服务器常用参数、服务器安全参数、服务器权限参数以及服务器数据库参数等。服务器配置目前一般都由"数据服务"完成。

2. 数据库建立

在完成服务器配置后即可建立数据库。一般来讲，一个服务器上可建立若干个数据库。数据库是一个共享单位，在数据库建立中主要建立这种共享单位的逻辑框架，包括数据库标识

（即数据库名）、创建者名以及所占逻辑空间等。数据库建立可用数据定义中的"创建数据库"语句完成。

3. 数据库对象定义

在完成数据库建立后，即可对下面的数据库对象进行定义，共有六个。

1）数据库对象之一：表定义。表定义建立了表的结构。一个数据库可以有若干个表结构，而所有的表结构组成了整个数据库的数据模式。表定义可用数据定义中的"创建表"语句完成。

2）数据库对象之二：完整性约束条件定义。完整性约束条件定义建立了数据库中数据间的语法/语义约束关系。完整性约束条件定义可用数据控制中有关完整性约束条件定义的语句完成。它的一部分可与表定义一起完成。

3）数据库对象之三：视图定义。视图定义建立了数据库中面向用户的虚拟表。视图定义可用数据定义中的"创建视图"语句完成。

4）数据库对象之四：索引定义。索引定义建立了数据库中的索引，用以提高数据存取效率。索引定义可用数据定义中的"创建索引"语句完成。

5）数据库对象之五：安全性约束条件定义。安全性约束条件定义建立了数据库中数据存取的语义约束关系。此外还包括用户定义及用户与安全性授权关联的建立。安全性约束条件定义可用数据控制中的有关语句及相关服务完成。

6）数据库对象之六：存储过程定义。在数据库中还可以定义存储过程供用户使用。存储过程一般可用自含式语言编程实现，并可用"创建存储过程"语句定义。此外，还可以包括函数及触发器定义等。

在完成数据库对象定义后即可作运行参数设置。

4. 运行参数设置

在数据库运行时需要设置数据库运行参数。运行参数一般包括下列三种类型：

1）有关内外存配置的参数。如数据文件的大小、数据块的大小、最大文件数、缓冲区的大小以及分区设置要求等。

2）有关 DBMS 运行参数的设置。如可同时连接的用户数、可同时打开的文件和游标数量、最大并发数、日志缓冲区的大小等。

3）有关数据库故障恢复和审计的参数。如审计功能的开启/关闭参数、系统日志的设置等。

运行参数设置可通过相关的 SQL 语句及有关服务完成。

5. 数据加载

数据加载即是向数据库表结构中加载数据。目前，数据加载的方式有多种：

1）人工录入：数据加载的最常见方式是通过人机交互进行人工录入。

2）转录：另一种数据加载的常见方式是通过工具在网络的其他数据节点中进行转录。这些转录包括从其他数据库或文件中进行录入，也可进行数据库的分离/附加。

3）数据加载程序：在复杂的情况下，数据加载也可以用人工编制的"数据加载程序"实现。

到此为止，一个完整的、可供运行的数据库就这样生成了。数据库生成的全过程可用图 6-2 表示之。整个生成过程是一个复杂的过程，需要由数据库管理员主要负责实现。

生成后的数据库可以提供如下资源：

- 数据资源：这是数据库提供的主要资源。
- 程序资源：这是数据库提供的又一种资源（如存储过程），近年来已越来越重要。
- 元数据资源：即数据字典，它的有效使用可以充分提高数据库的使用范围与能力。
- 系统资源：它包括由 DBMS 所提供的信息服务资源。

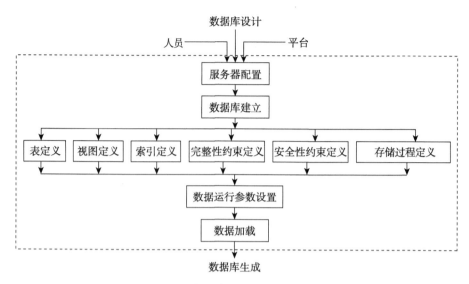

图 6-2   数据库生成全过程示意图

6.3   数据库运行与维护

在完成数据库生成并经统一测试后即进入运行维护阶段。在此阶段中数据库是其中一个独立部分，称为数据库运行维护，可分为数据库运行监督与数据库维护两个部分。

6.3.1   数据库运行监督

在数据库应用系统运行中，应用程序与数据库不断交互，同时，操作员与数据库也不断交互，使数据库进入运行阶段。在运行阶段中需对数据库进行运行监督，一般包括数据库生成代码出错监督、数据库操作出错监督与数据库效率监督三种。

1. 数据库生成代码出错监督

在数据库生成代码中，由于编码与测试的不彻底而隐藏了部分错误并被带到运行阶段，在某些特定环境下会暴露出来，因此需对它进行监督，这称为数据库代码出错监督。

2. 数据库操作出错监督

数据库运行中由于操作不当会引起数据库错误，对此进行的监督称为数据库操作出错监督，包括：

1）完整性约束条件监督：在进行数据增、删及改操作时需进行完整性约束条件监督以防止数据出错。

2）安全性约束条件监督：在进行数据存取时需进行安全性约束条件监督以防止数据的非法使用。

3）并发控制及事务监督：在多个用户同时访问数据库时需进行并发控制监督，以保证数据访问的正确性。并发控制监督的内容很多，有事务设置监督及死锁监督等。

4）数据库故障恢复监督：由于计算机系统的出错而引起的对数据库故障恢复的监督。

3. 数据库效率监督

数据库效率监督主要对运行中存取数据的效率进行监督，包括存取时间的统计、分析以及数据流通瓶颈之分析监督。

6.3.2 数据库维护

在软件工程中，软件维护可分为四种，它们是纠错性维护、适应性维护、完善性维护及预防性维护。而在数据工程中，它亦分为这四种，但其实质内容与软件工程中有所不同。

1. 纠错性维护

（1）纠错性维护之一——数据库生成代码纠错性维护

即对数据库生成代码错误的维护。

（2）纠错性维护之二——数据库操作纠错性维护

即对数据库操作错误的维护，它主要包括如下一些内容：

1）完整性维护：当数据出现完整性错误时需及时通告用户并采取措施以保证数据正确性。

2）安全性维护：当数据出现安全性错误时需及时通告用户并采取措施以保证数据安全性。

3）事务维护：由于事务设置不当所引起错误的维护，它可通过改写事务语句而解决。

4）封锁机制维护：在并发运行时所引起的死锁的解除，它可以通过人工解除，也可通过解锁程序解除。

5）数据库故障的恢复：当数据库产生故障时需进行故障的恢复。

2. 适应性维护

（1）适应性维护之一——数据库调优

数据库调优是一种适应性维护，包括数据库调整与数据库优化两个部分。在数据库生成并经一段时间运行后往往会发现一些不适应的情况，这是数据库设计与数据库生成时考虑不周所造成的。此时需要进行调整，此称数据库调整。同时，在运行监督中会发生数据存取效率的降低以及数据库性能的下降，此时需要进行性能优化，此称数据库优化。

数据库调优一般包括下面一些内容：

1）调整关系模式与视图使之更能适应用户的数据需求。如果是因数据项的缺失而引起的数据库调整，可以通过修改关系表的属性定义实现。如果是用户的数据需求发生了变化，就需要修改模式，定义新的视图或修改原来的视图。此部分的实现可用 SQL 中的数据定义语句实现。

2）数据完整性约束规则及安全性约束规则的调整。适当调整数据完整性约束规则及安全性约束规则，使之更能适应数据的需求。

3）调整索引与集簇使数据库性能与效率更佳。索引和集簇的设计是数据库物理设计的主要内容，也是数据库调整的任务之一。索引和集簇的设计通常是针对用户的核心应用及其数据访问方式来进行的，随着数据库中数据量的变化以及用户应用的重要程度的变化，可能需要调整原来的索引和集簇的设计方案，撤销原来的一些索引或集簇，建立一些新的索引和集簇。此部分的实现可用 SQL 中的数据定义语句完成。

4）关系模式调优。可以通过调整关系模式使数据库存取效率更佳。这种调整包括关系的重新分割与配置以及建立快照（一种特殊的表）等措施。此外，还可包括降低规范化程度与调整关系表的数据规模大小等方法以实现之。

5）查询优化。查询优化是找出执行效率低下的查询语句并改写之。尽量少用或不用出现子查询或嵌套查询的语句；少用或不用效率低下的谓词，如 distinct、exist 等。

6）运行参数调优。调整分区、调整数据库缓冲区大小及并发粒度使数据库物理性能更好。

（2）适应性维护之二——数据库重组

另一种适应性维护称为数据库重组。数据库在经过一定时间的运行后，其性能会逐步下降，下降的原因主要是不断的修改、删除与插入，由于不断的删除而造成盘区内废块的增多而影响 I/O 速度，由于不断的删除与插入而造成了存储空间的碎片化，同时也造成集簇的性能下降，使得完整的表空间分散，从而存取效率下降。基于这些原因，需要对数据库进行重新整理，重新调整存储空间，此种工作叫数据库重组。

数据库重组需花大量时间，并需大量的数据搬迁工作。往往是先进行数据卸载(unload)，然后再重新加载(reload)，即将数据库的数据先行卸载到其他存储区域中，然后按照模式的定义重新加载到指定空间，从而达到数据重组的目的。

数据库重组可提高系统性能，但要付出代价，这是一对矛盾，因此重组周期的选择要权衡利弊使之保持在合理的水平。即在重组时要进行慎重研究，选择有效的重组代价模型，在经过模型计算后才能最终确定是否有重组的必要。

3. 完善性维护——数据库重构

数据库重构是一种数据库的完善性维护。亦即是说，数据库应用系统在使用过程中由于应用环境改变，产生了新的应用动力，同时老应用内容也需调整，这两者的结合对系统产生了新的需求，这种需求是对原有需求的一种局部改变而并非推倒重来。因此，数据库重构实际上是以局部修改数据库应用系统需求为前提的。

数据库重构需对数据库进行重新的修改性开发，包括从需求分析到数据库设计并形成数据库的新模式。在新的模式基础上进行数据库再生成。这就是数据库重构。

在数据库重构中既要保留原有的需求又要照顾新增需求，因此它的开发复杂性远大于开发一个新的数据库，这主要表现为：

(1)数据库设计中的复杂性

在数据库设计中应充分保留原有不应变动的部分，而确需修改部分要做到"恰到好处"，原有的与新增的两部分应能"无缝连接"。

(2)数据库生成中的复杂性

数据库是为应用程序服务的，新生成的数据库会影响应用程序的变动，应尽量减少应用程序的修改量。这需要充分利用数据库的独立性，如利用视图以屏蔽模式更改所带来的应用程序改变，再如利用别名以尽量减少命名的变动等。

由上面的分析可以知道，数据库重构的工作量实际上包括如下一些内容：

1)系统需求分析及数据库设计的修改。

2)数据库再生成。

3)应用程序修改。

4)数据库与应用程序的重新测试。

5)相关文档的重新修改与编写。

在数据库重构中这五项内容是缺一不可的。由此可见，数据库重构是一个极其复杂的工作，除非确有需要且需经严密论证，一般不可为之。

4. 预防性维护

最后，除上面所述的维护外，还需进行经常性的以预防为目的的维护，如数据转储、日志记录、维护记录及必要的运行测试等。此外，还需加强数据库操作人员培训、严格操作规范等。

6.4 数据库管理工具

为完成数据管理必须有一定的数据管理工具，目前提供数据管理工具的有：

1)DBMS 中的 SQL 语句：目前大量的数据管理功能均由 DBMS 中的 SQL 语句完成，这涉及

SQL 中的数据定义、数据操纵、数据控制及数据交换等语句，它们所提供的均为一些常用的管理功能。

2）DBMS 中的数据服务：在 DBMS 中均有数据服务提供数据管理功能，它们一般以过程形式或专用工具形式出现。但由于数据服务并无一定标准因此其所提供的能力因系统而异。尽管如此，数据管理的大部分功能一般都由数据服务提供。

3）第三方专门工具：个别数据管理功能需要特殊功能或 DBA 有特殊需求，此时可用专门的工具，如数据库监控工具、故障恢复工具等，它们在市场中均能购买到。

4）自编工具：少量的数据管理功能（如数据加载工具及数据展示工具等）与环境紧密相关，因此可由 DBA 自行编制完成。

6.5 数据库管理员

DBA 是管理数据库的核心人物，一般由若干人员组成，他们是数据库的开发者与监护人，也是数据库与用户间的联系人。

DBA 具有最高级别的特权，他对数据库系统应足够熟悉，一个数据库能否正常、成功地运行，DBA 是关键。一般来讲，DBA 除了完成数据库管理的工作外，还需要完成相关的行政管理工作以及参与数据库设计的部分工作，其具体任务如下：

1）参与数据库设计的各个阶段的工作，对数据库有足够的了解。

2）负责数据库的生成。

3）负责数据库的运行维护。

在上面三个任务中，DBA 承担着数据库管理的有关技术性工作。下面的两个任务则是 DBA 的行政性管理任务。

4）帮助与指导数据库用户。与用户保持联系，了解用户需求，倾听用户反映，帮助他们解决有关技术问题，编写技术文档，指导用户正确使用数据库。

5）制定必要的规章制度，并组织实施。为便于使用管理数据库，需要制订必要的规章制度，如数据库使用规定、数据库安全操作规定、数据库值班记录要求等，同时还要组织、检查及实施这些规定。

特别要提醒的是，随着应用环境的复杂化，尤其在网络环境中，有关数据库用户的安全性维护已是 DBA 所无法完全控制的了。因此为加强安全管理，将有关安全控制的设置与管理以及审计控制与管理的职能从 DBA 中分离出来，专门设置数据库安全管理员（database security administrator）及审计员（auditor），这种设置方式有利于对数据库安全的管理，而这种管理模式称为三权分立式管理。

 **本章小结**

数据库管理主要是对数据库进行开发性管理，包括数据库生成及数据库运行维护两部分。从数据工程观点看，数据库管理包括（数据库）编码及运行维护两个阶段。

1. 数据库应用系统开发与关系数据库管理

（1）数据库应用系统开发的六个阶段。

（2）数据工程：六个阶段中与数据库开发有关的内容称数据工程，包括数据库设计、数据库生成、数据库编程及数据库运行维护四部分。

（3）关系数据库管理：关系数据库管理是数据库应用系统的开发关键，包括数据工程中的数据库生成和数据库运行维护两部分。

2. 数据库生成

数据库生成即构造一个能为应用服务、符合设计要求的数据库。

(1) 数据库生成前提：数据库设计、平台与人员。

(2) 数据库生成的五层十大内容

- 服务器配置。
- 数据库建立。
- 对象定义。
  - ·表定义。
  - ·视图定义。
  - ·索引定义。
  - ·完整性约束条件定义。
  - ·安全性约束条件定义（包括用户定义）。
  - ·存储过程与函数定义。
- 运行参数设置。
- 数据加载。

3. 数据库运行维护

(1) 数据库运行监督

- 数据库运行代码出错监督。
- 数据库运行操作出错监督。
- 数据库运行效率监督。

(2) 数据库维护

- 纠错性维护之一：数据库生成代码纠错性维护。
- 纠错性维护之二：数据库操作纠错性维护。
- 适应性维护之一：数据库调优。
- 适应性维护之二：数据库重组。
- 完善性维护：数据库重构。
- 预防性维护。

4. 数据库管理与 DBA

- 数据库管理限技术层面。
- DBA 负责数据库管理以及行政管理。

5. 数据管理工具

- DBMS 中的 SQL 语句。
- DBMS 中的数据服务。
- 专门工具。
- DBA 自编工具。

6. DBA 任务

- 参与数据库设计的各个阶段的工作，对数据库有足够的了解。
- 负责数据库的生成。
- 负责数据库的运行维护。
- 帮助与指导数据库用户。
- 制定必要的规章制度，并组织实施。

7. 本章重点内容

- 数据库生成的内容。

● 数据库维护的四大任务。

习题 6

6.1　请给出数据库应用系统开发的六个阶段。

6.2　请给出数据工程的四项基本内容。

6.3　请解释下列名词：

(1)数据库管理　　　(2)数据库生成　　　(3)数据库运行监督　(4)数据库维护

(5)数据库管理工具　(6)数据库调优　　　(7)数据库重组　　　(8)数据库重构

(9)数据库管理员　　(10)数据库安全管理员　(11)审计员　　　(12)三权分立

6.4　数据库管理有哪几项工作？请说明之。

6.5　请给出数据库生成的四个前提。

6.6　请给出数据库生成的十大内容。

6.7　数据库运行监督包括哪些内容？请说明之。

6.8　数据库维护包括哪些内容？请说明之。

6.9　DBA 的具体任务是什么？试说明之。

6.10　试说明 DBA 与安全管理员及审计员三者在职能上的区别。

6.11　数据管理工具有哪几部分？试说明之。

6.12　试说明数据库管理之重要性。

6.13　试说明数据库管理工具在数据库管理中所起的作用。

6.14　试说明数据库管理与数据库管理系统间的关系。

6.15　试从数据工程观点分析数据库管理。

6.16　试分析数据库重组与数据库重构间的差异。

6.17　数据库除提供数据资源外还提供其他什么资源？它们对用户有何价值？请说明之。

第二篇　操　作　篇

数据库系统中的操作主要是指 SQL 操作。由于 SQL 是一种数据库的国际标准语言,使用广泛,目前几乎所有实用的数据库产品均采用此语言,因此本篇将主要介绍 SQL 的操作。

根据 SQL 标准,一个 SQL 可以分解为基本与扩展两部分。其中,基本部分 SQL 给出了 SQL 的基本操作,目前对这部分的操作,所有产品与标准的符合度很高;而扩展部分由于平台与环境的不同,其符合度大都不高。在本篇中,我们主要介绍国际标准的 SQL(ISO SQL)。

在本篇中将介绍 SQL 的数据定义功能、操纵功能、控制功能和交换接口四大功能以及自含式方式、调用层接口和 Web 方式以及扩充的自含式语言。其中,嵌入式方式接口由于目前使用较少,故本篇中没有介绍。SQL 中的信息模式功能(即数据字典)也不作具体介绍。

本篇共有 6 章。第 7 章介绍 SQL 的数据定义与数据操纵功能,第 8 章介绍数据控制功能,第 9 章介绍数据交换接口功能,而第 10～12 章则分别介绍 SQL 中三种数据交换方式以及自含式语言。

本篇是对 SQL 的全面介绍,包括 SQL 的全部功能。在本篇中还会介绍部分 ISO SQL 以外的功能,由于这些功能使用普遍,因此有必要进行介绍,如 Web 数据库。

下表给出了本篇中有关操作功能的介绍。

SQL 操作功能表

	SQL 四大基本功能				SQL 交换方式(包括扩充功能)			非 ISO SQL 功能
	数据定义	数据操纵	数据控制	数据交换接口	自含式方式,自含式语言	调用层接口方式	Web 方式	
第 7 章	√	√						
第 8 章			√					
第 9 章				√				
第 10 章				√	√			
第 11 章				√		√		
第 12 章				√			√	Web 数据库

第7章　SQL 的数据定义与操纵语句

本章将重点介绍 SQL 中的数据定义与数据操纵语句。

7.1　SQL 的数据定义

7.1.1　SQL 的数据定义功能

关系数据库管理系统的数据定义功能主要为应用系统定义数据库上的整体结构模式，这种定义可分为以下层次：

1. 上层——模式层

首先需要为整个应用系统定义一个模式。一般来讲，一个关系数据库管理系统可以定义若干个模式，而每个模式对应一个应用系统。

2. 中层——表结构层

表结构层是对模式层结构的具体定义，包括基表、视图以及索引的定义。

1）基表：基表是关系数据库管理系统中的基本结构。

2）视图：视图是建立在同一模式表上的虚拟表，它可由其他表导出，故又称导出表。

3）索引：可以用"建立索引"构作索引，也可用"删除索引"撤销索引。

3. 底层——列定义层

列定义层包括表（特别是基表）中属性的定义，列定义包括列名、列的数据类型，它一般在创建表时定义。

列中数据类型由关系数据库管理系统统一支撑。

上面的三个层次可以用图 7-1 表示。

7.1.2　SQL 的数据定义语句

在本节中，我们介绍 SQL'92（下面简称 SQL）中的定义关系数据库的模式、基表及索引的语句，有关视图定义的语句将在 7.3 节中给出。

1. SQL 的基本数据类型

SQL 提供的基本数据类型共 15 种，如表 7-1 所示。

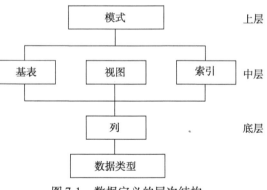

图 7-1　数据定义的层次结构

表 7-1　SQL 的数据类型

符　号	数据类型	备　注
INT	整型	
SMALLINT	短整型	

（续）

符　号	数据类型	备　注
DEC(m, n)	十进制数	m 表示小数点前的位数，n 表示小数点后的位数
FLOAT	浮点数	
CHAR(n)	定长字符串	n 表示字符串位数
VARCHAR(n)	变长字符串	n 表示最大变长数
NATIONAL CHAR	汉字字符串	用于表示汉字
BIT(n)	位串	n 为位串长度
BIT VARYING(n)	变长位串	n 为最大变长数
NUMERIC	数字型	
REAL	实型	
DATE	日期	
TIME	时间	
TIMESTAMP	时间戳	
INTERVAL	时间间隔	

2. SQL 的模式定义语句

模式一般由 SQL 语句中的创建模式语句 CREATE SCHEMA 及删除模式语句 DROP SCHE-MA 进行定义和删除。

（1）模式定义

模式定义的形式为：

```
CREATE SCHEMA <模式名> AUTHORIZATION <用户名>
```

该语句共有两个参数，它们是模式名及用户名。其中用户名表示模式创建者。

【例 7.1】　学生数据库的模式可定义如下：

```
CREATE SCHEMA student AUTHORIZATION lin
```

（2）模式删除

模式删除的形式为：

```
DROP SCHEMA <模式名>, <删除方式>
```

参数"删除方式"有两个值，一个是 CASCADE，表示连锁式（或称级联式）删除，另一个值是 RESTRICT，表示受限制删除。其中 CASCADE 表示删除与模式关联的模式元素，而 RE-STRICT 则表示只有在模式中无任何关联模式元素时才能删除。

【例 7.2】　删除学生数据库模式的语句如下：

```
DROP SCHEMA student cascade
```

3. SQL 的表定义语句

SQL 的表定义语句包括 CREATE TABLE、ALTER TABLE 及 DROP TABLE。

（1）表的定义

通过 CREATE TABLE 语句定义一个表的框架，其语法为：

```
CREATE TABLE <表名> (<列定义> [, <列定义>]...) [其他参数]
```

其中"列定义"有如下形式：

```
<列名> <数据类型>
```

任选项"其他参数"是与物理存储有关的参数，它随具体系统而有所不同。

【例 7.3】　前面所定义的学生数据库模式用 CREATE TABLE 定义如下：

```
CREATE TABLE S(sno CHAR(9),
               sn CHAR(20),
               sd CHAR(2),
               sa SMALLINT)
CREATE TABLE C(cno CHAR(4),
               cn CHAR(30),
               pno CHAR(4))
CREATE TABLE SC(sno CHAR(),
               cno CHAR(4),
               g SMALLINT )
```

（2）表的更改

可以通过 ALTER TABLE 语句扩充或删除基表的列，从而构成一个新的基表框架。其中，增加列的语法为：

```
ALTER TABLE <表名>ADD<列名><数据类型>
```

【例 7.4】   在 S 中添加一个新的域 sex：

```
ALTER TABLE S ADD sex SMALLINT
```

而删除列的语法为：

```
ALTER TABLE <表名>DROP<列名><数据类型>
```

【例 7.5】   在 S 中删除列 sa，可用如下语句表示：

```
ALTER TABLE S DROP sa SMALLINT
```

（3）表的删除

可以通过 DROP TABLE 语句删除一个基表，包括表的结构及该表的数据、索引以及由该基表所导出的视图，并释放相应空间。该语句的语法为：

```
DROP TABLE <表名>
```

【例 7.6】   删除关系 S，可用如下语句：

```
DROP TABLE   S
```

4. SQL 的索引定义语句

在 SQL 中，可以为表建立索引。索引就像是书的目录，建立索引可以加快查询速度，但是它会降低数据增、删、改的速度。

索引的建立可以通过建立索引语句 CREATE INDEX 实现，该语句可以按指定表名、指定列名以及指定顺序（升序或降序）建立索引。其语法如下：

```
CREATE[UNIQUE][CLUSTER]INDEX <索引名>ON<表名>(<列名>[<顺序>][,<列名>[<顺序>],
...])[其他参数]
```

其中，UNIQUE 为任选项，它表示不允许两个元组在给定索引中有相同的值。CLUSTER 表示建立的索引是集簇索引。所谓集簇索引是指索引项的顺序与表中记录的物理顺序一致的索引组织。最经常查询的列上可建立集簇索引以提高查询效率，但通常一张表只能建立一个集簇索引，因为建立此索引的代价极大，经常更新的列则不宜建立集簇索引。"顺序"可采用升序（ASC）或降序（DESC）给出，默认为升序。

【例 7.7】   在 S(sno)上建立一个按升序排列的唯一性索引 XSNO。

```
CREATE UNIQUE INDEX XSNO ON S(sno)
```

在 SQL 中，可以用删除索引语句 DROP INDEX 删除一个已建立的索引，其语法如下：

```
DROP INDEX <索引名>
```

【例 7.8】 将已建立的名为 XSNO 的索引删除：

```
DROP INDEX XSNO
```

7.2　SQL 的数据操纵

7.2.1　SQL 的数据操纵功能

SQL 数据操纵语句可分为以下 3 类。

1）数据查询语句。SQL 的数据查询语句是 SELECT 语句，它由若干子句组成，是一种非过程性的语句。它具有单表及多表间查询功能以及单表自关联查询与组合查询功能。在 SELECT 语句中还嵌有多种谓词。谓词具有逻辑语义，它的引入使查询语句具有广泛的应用价值。

2）增、删、改语句。SQL 的增、删、改语句分别是 INSERT、DELETE 及 UPDATE，这些语句也由若干子句组成，它们同样是非过程性的语句。

3）其他语句。SQL 还有一些其他功能的语句，如赋值语句、分类语句，此外还可嵌入算术运算及简单统计功能。其中，赋值语句为 INTO，分类语句为 GROUP BY 及 HAVING，而统计函数则包括 COUNT、SUM、AVG、MAX 及 MIN 等。

7.2.2　SQL 的数据操纵语句

1. SQL 的查询语句

SQL 的数据操纵能力主要体现在查询上。在查询中，有三种基本参数，分别是：

1）查询的目标属性：r_1，r_2，$\cdots$，r_m。

2）查询所涉及的关系：R_1，R_2，$\cdots$，R_n。

3）查询的逻辑条件：F。

这三种参数分别可以用 SELECT 语句的 SELECT、FROM 及 WHERE 三个子句表示，SELECT 语句的语法形式如下：

```
SELECT <列名> [,<列名>]
FROM <表名> [,<表名>]
WHERE <逻辑条件>
```

SELECT 语句在数据查询中的表达力很强，而且为了表示的简洁与方便，WHERE 子句还具有更多的表示能力：

1）WHERE 子句具有嵌套能力。

2）WHERE 子句中的逻辑条件具有集合表达能力的一阶谓词公式形式。

（1）SQL 的基本查询语句

SQL 的查询功能基本上是用 SELECT 语句实现的，下面用若干例子说明 SELECT 语句的使用，这些例子仍以前面所述的学生数据库 STUDENT 为背景：

```
S(sno,sn,sa,sd)
C(cno,cn,pno)
```

```
SC(sno,cno,g)
```

1）单表简单查询

单表的简单查询包括：

- 单表全列查询
- 单表的列查询
- 单表的行查询
- 单表的行与列查询

下面用四个例子加以说明。

【例7.9】　查询 S 的所有情况：

```
SELECT*
FROM S
```

其中 * 表示所有列。

【例7.10】　查询全体学生名单。

```
SELECT sn
FROM S
```

此例为选择表中列的查询。

【例7.11】　查询学号为 SIG990137 的学生任务。

```
SELECT su
FROM S
WHERE sno = 'SIG990137'
```

此例为选择表中行的查询。

选择表中行的查询中需使用比较符，比较符包括 = 、< 、> 、>= 、<= 、<> 、! = 、! < 、! > 。

它们构成 $A\theta B$ 的形式，其中 A、B 为列名、列表达式或列的值。$A\theta B$ 称为比较谓词，它是一个仅具 T/F 值的谓词。

列值为字符串时需加引号；为数值时则不需加引号。

【例7.12】　查询所有年龄大于20岁的学生姓名与学号：

```
SELECT sn,sno
FROM S
WHERE sa > 20
```

此例为选择表中行与列的查询。

2）常用谓词

除比较谓词外，SELECT 语句中还有若干谓词，谓词可以增强语句表达能力。所谓谓词是指数理逻辑中谓词，它的值只能是 T/F。在这里我们介绍几个常见的谓词，它们是：

- DISTINCT
- BETWEEN
- LIKE
- NULL

一般来说，谓词常用于 WHERE 子句中，但是 DISTINCT 仅用于 SELECT 子句中。

【例7.13】 查询所有选修了课程的学生学号：

```
SELECT DISTINCT sno
FROM SC
```

SELECT 后的 DISTINCT 表示在结果中去掉重复的 sno。

【例7.14】 查询年龄在 18～21 岁（包括 18 与 21 岁）的学生姓名与年龄：

```
SELECT sn,sa
FROM S
WHERE sa BETWEEN 18 AND 21
```

此例给出 BETWEEN 的使用方法。

【例7.15】 查询以 A 开头的学生的姓名及所在系：

```
SELECT sn,sd
FROM S
WHERE sn LIKE 'A% '
```

此例给出了 WHERE 中 LIKE 谓词的使用方法。LIKE 的一般形式是：

```
<列名>[NOT]LIKE <字符串常量>
```

其中"列名"类型必须为字符串。"字符串常量"的设置方式是：字符% 表示可以与任意长的字符相匹配；字符"＿＿"（下划线）表示可以与任意单个字符相匹配；其他字符代表其本身。

【例7.16】 查询姓名以 A 开头，且第三个字符必为 P 的学生的姓名与系别：

```
SELECT sn,sd
FROM S
WHERE sn LIKE 'A ＿＿ P% '
```

【例7.17】 查询无课程分数的学号与课程号：

```
SELECT sno,cno
FROM SC
WHERE g IS NULL
```

此例给出了 NULL 的使用方法，NULL 是用于测试属性值是否为空的谓词。它的一般形式是：

```
<列名>IS[NOT] NULL
```

3）布尔表达式

在 WHERE 子句中经常要使用逻辑表达式，逻辑表达式一般由谓词通过 NOT、AND 与 OR 三个联结词构成，称为布尔表达式。

【例7.18】 查询计算机系年龄小于等于 20 岁的学生姓名：

```
SELECT sn
FROM S
WHERE sd = 'cs' AND sa < =20
```

4）单连接

在多表查询中会涉及表间连接，其中简单的连接方式是表间等值连接，它可用 WHERE 子句设置两表不同属性间的相等谓词。

【例 7.19】 查询修读课程号为 C104 的所有学生的姓名。

这是一个涉及两张表的查询,它可以写为:

```
SELECT S.sn
FROM S,SC
WHERE SC.sno = S.sno AND SC.cno = 'C104'
```

S.sn、S.sno 及 SC.sno、SC.cno 分别表示表 S 中的属性 sn、sno 以及表 SC 中的属性 sno、cno。一般而言,在查询涉及多张表时需在属性前标明该属性所属的表。

5)JOIN 连接

可以通过 JOIN 进行两表间的连接。常用的称内连接:INNER JOIN,如例 7.19 可用 IN-NER JOIN 连接表示如下:

```
SELECT S.Sn
FROM S INNER JOIN SC ON S.sno = SC.sno
WHERE SC.cno = 'C104'
```

6)自连接与别名使用

有时,在查询中需要对相同的表进行连接。为区别两张相同的表,需对一表用两个别名,别名的定义可通过 AS 实现。

【例 7.20】 查询至少修读 S16990403 所修读的一门课的学生学号。

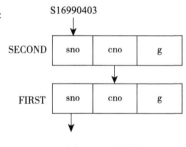

```
SELECT FIRST.sno
FROM SC AS FIRST,SC AS SECOND
WHERE  FIRST .cno = SECOND .cno  AND  SECOND .sno =
'S16990403
```

它可以用图 7-2 表示。

除了自连接中使用别名外,对查询中的所有表都可使用别名,它也可称为元组变量,这样做可以避免潜在的错误与二义性。

图 7-2   连接图

【例 7.21】 对例 7.19 可用别名改造之。

```
SELECT R.sn
FROM S AS R, SC AS R'
WHERE R'.sno = R.sno AND R'.cno = 'C104'
```

7)结果排序

有时我们希望查询结果能按某种顺序显示,此时需在查询语句后加一个排序子句 ORDER BY,该子句具有下面的形式:

```
ORDER BY <列名>[ASC/ DESC]
```

其中,<列名>给出了需排序的列的列名,而 ASC/DESC 则表示按升序或降序排列,有时为方便起见可以省略 ASC。

8)查询结果的赋值

在 SELECT 语句中可以增加赋值子句,用它将查询结果赋值到另一表中。这个子句的形式是:

```
INTO <表名>
```

它一般直接放在 SELECT 子句后。

【例 7.22】 将学生的学号与姓名保存到表 S_1 中。

```
SELECT sno,sn
INTO S1
FROM S
```

注意：S_1 中列必须与 SELECT 子句中的列一致。

（2）分层结构查询

SQL 具有分层结构，在 SELECT 语句的 WHERE 子句中可以嵌套使用 SELECT 语句，用它可以建立表间连接。

这种嵌套可以通过谓词 IN、ANY 及 ALL 实现。

1）谓词 IN 的使用

【例 7.23】 查询修读课程号为 C331 的所有学生姓名。

```
SELECT sn
FROM S
WHERE sno IN
    (SELECT sno
    FROM SC
    WHERE cno = 'C331')
```

这种嵌套可以是多重的，下面的例子即是二重嵌套，可以用图 7-4 表示。

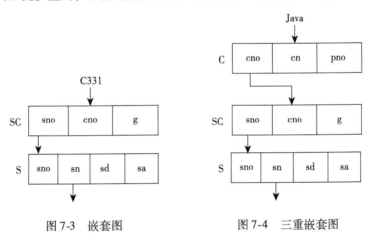

图 7-3　嵌套图　　　　　图 7-4　三重嵌套图

【例 7.24】 查询修读课程名为 Java 的所有学生姓名。

```
SELECT sn
FROM S
WHERE sno IN
        (SELECT sno
         FROM SC
         WHERE cno IN
                (SELECT cno
                 FROM C
                 WHERE cn = 'Java'))
```

2）限定比较谓词 ANY 及 ALL 的使用

另一种嵌套方法是使用谓词 ANY 及 ALL。谓词 ANY 表示子查询结果集中的某个值，而谓

词 ALL 则表示子查询结果集中的所有值。这样，" > ANY"表示大于子查询结果集中的某个值，
" > ALL"表示大于子查询结果集中的所有值。" > = ANY"" > = ALL"" = ANY"" = ALL"" <
ANY"" < ALL"" < = ANY"" < = ALL"" < > ANY"" < > ALL"" ! = ANY"" ! = ALL"等的含义
请读者自行了解。注意，现在经常用"SOME"代替"ANY"，它们具相同效果，下面用两个例子
说明之。

【例 7.25】 查询学生成绩大于课程号 C117 中所有学生成绩的学生学号。

```
SELECT sno
FROM SC
WHERE g > ALL (SELECT g
               FROM SC
               WHERE cno = 'C117')
```

【例 7.26】 查询成绩大于等于课程号 C123 中的任何一位学生成绩的学生学号。

```
SELECT sno
FROM SC
WHERE g > = ANY (SELECT g
                 FROM SC
                 WHERE cno = 'C123')
```

2. SQL 的更新语句

SQL 的更新语句涉及删除、插入及修改三种功能。

(1) SQL 的删除功能

SQL 的删除语句的一般形式为：

```
DELETE
FROM < 基表名 >
WHERE < 逻辑条件 >
```

其中，DELETE 指明该语句为删除语句，FROM 与 WHERE 含义与 SELECT 中的相同。

【例 7.27】 删除学生 WANG 的记录。

```
DELETE
FROM S
WHERE sn = 'WANG'
```

【例 7.28】 删除计算机系全体学生的选课记录。

```
DELETE
FROM SC
WHERE 'cs ' = (SELECT sd
               FROM   S
               WHERE  S.sno = SC.sno)
```

(2) SQL 的插入功能

SQL 插入语句的一般形式为：

```
INSERT
INTO   < 表名 > [ < 列名 > [, < 列名 > ]...]
VALUES ( < 常量 > [ < 常量 > ]...) | < 子查询 >
```

该语句的含义是执行一个插入操作，将 VALUES 给出的值插入 INTO 指定的表中。

利用插入语句还可以将某个查询的结果插入指定表中，其形式为：

```
INSERT
INTO <表名> [<列名> [, <列名>]...]
<子查询语句>
```

【例 7.29】　插入一个选课记录(S16990579，C379，65)。

```
INSERT
INTO SC
VALUES ('S16990579','C379',65)
```

【例 7.30】　将 SC 中成绩及格的记录插入到 SCI 中。

```
INSERT
INTO    SC1
SELECT  *
FROM    SC
WHERE   g > 60
```

(3)SQL 的修改功能

SQL 修改语句的一般形式为：

```
UPDATE  <表名>
SET     <列名> = 表达式 [, <列名> = 表达式]...
WHERE   <逻辑条件>
```

该语句的含义是修改(UPDATE)指定基表中满足 WHERE 逻辑条件的元组，并把这些元组按 SET 子句中的表达式修改相应列中的值。

【例 7.31】　将学号为 S1990579 的学生的系别改为 cs。

```
UPDATE  S
SET     sd = 'cs'
WHERE   sno = 'S16990579'
```

【例 7.32】　将数学系学生的年龄增加 1 岁。

```
UPDATE  S
SET     sa = sa + 1
WHERE   sd = 'ma'
```

3. SQL 的统计、计算及分类语句

可在 SQL 的查询语句中使用计算、统计、分类功能以增强数据查询能力。

(1)统计功能

在 SQL 的查询中可以插入一些常用的统计函数，它们能对集合中的元素进行相应计算。

1)COUNT：统计集合元素个数。

2)SUM：集合元素的和(仅当元素为数值型)。

3)AVG：集合元素的平均值(仅当元素为数值型)。

4)MAX：集合中的最大元素(仅当元素为数值型)。

5)MIN：集合中的最小元素(仅当元素为数值型)。

以上五个函数称为总计函数(aggregate function)，这种函数以集合为自变量，以数值为其值域，它可用图 7-5 表示。

【例 7.33】　给出全体学生数。

```
SELECT  COUNT(*)
FROM    S
```

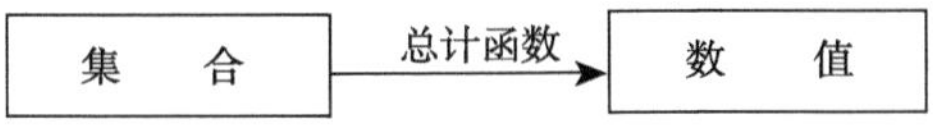

图 7-5　总计函数的功能

【例 7. 34】 给出学生 S16990122 修读的课程数。

```
SELECT   COUNT(*)
FROM     SC
WHERE    sno = 'S16990122'
```

【例 7. 35】 给出学生 S16990333, 所修读课程的平均成绩。

```
SELECT   AVG(g)
FROM     SC
WHERE    sno = 'S16990333'
```

(2) 计算功能

在 SQL 查询中可以插入简单的算术表达式。

【例 7. 36】 给出修读课程为 C311, 的所有学生的学分级 (即学分数 * 3)。

```
SELECT   sno,cno,g*3
FROM     SC
WHERE    cno = 'C311'
```

(3) 分类功能

在 SQL 语句中允许使用 GROUP BY 和 HAVING 子句。它们可以将 SELECT 语句得到的集合元组分组 (使用 GROUP BY 子句), 还可以设置逻辑条件 (使用 HAVING 子句)。

【例 7. 37】 给出每个学生修读课程的门数。

```
SELECT   sno, COUNT(cno)
FROM     SC
GROUPBY sno
```

【例 7. 38】 给出所有修读人数超过五个的课程的学生数。

```
SELECT   cno, COUNT(sno)
FROM     SC
GROUPBY cno
HAVING   COUNT(*) > 5
```

7.3   SQL 中的视图语句

SQL 中有关视图的语句有 CREATE VIEW 与 DROP VIEW。对视图查询与对一般基表查询一样, 而视图的更新操作较为困难。

1. 视图定义

SQL 的视图可用 CREATE VIEW 语句定义, 其一般形式如下:

```
CREATE VIEW <视图名>( [<列名>[, <列名>]...])
AS  <SELECT 语句>
        [WITH CHECK OPTION]
```

其中, WITH CHECK OPTION 子句是可选的, 它表示对视图作增、删、改操作时要保证增、删、改的行满足视图定义中的逻辑条件。

【例 7. 39】 定义一个计算机系学生的视图。

```
CREATE VIEW CS - S(SNO,SN,SD,SA)
AS   (SELECT*
     FROM S
```

```
          WHERE sd = 'cs')
```

【例 7.40】 定义学生姓名和他修读的课程名及其成绩的视图。

```
CREATE VIEW S-C-G(SN,CN,G)
AS(SELECT  S.sn,C.cn,SC.g
    FROM    S,SC,C
    WHERE   S.sno = SC.sno AND SC.cno = C.cno)
```

SQL 的视图可以用 DROP VIEW 语句删除，其一般形式如下：

```
DROP VIEW <视图名 >
```

【例 7.41】 删除已建立的视图 S-G。

```
DROP VIEW S - G
```

使用 DROP VIEW 语句不仅取消该视图，还取消由该视图所导出的其他视图。

2. 视图操作

对视图可以进行查询操作，但对视图进行更新操作则受一定限制。一般在创建视图后可像在基表中一样查询视图。

【例 7.42】 用已定义的视图 CS-S，查询计算机系年龄大于 20 岁的学生。

```
SELECT  *
FROM    CS-S
WHERE   sa >20
```

对于此查询，在实际操作时需将该查询转换成为对基表的查询，即用视图 CS-S 的定义将此查询转换成为：

```
SELECT  *
FROM    S
WHERE   sd = 'cs'AND sa >20
```

 **本章小结**

本章介绍了 SQL'92 中的数据定义与操纵语句。学完本章后，读者应能掌握 SQL 数据定义及操纵语句的使用。

1. 基本功能
   (1) SQL 的数据定义基本功能——三层结构：
   - 模式定义层。
   - 表结构定义层：基表、视图及索引。
   - 列定义层(数据类型)。
   (2) SQL 的数据操纵基本功能
   - 查询。
   - 增、删、改。
   - 其他。
2. SQL 语句
   (1) SQL'92 数据定义语句
   - 模式定义层：数据模式定义与删除。

- 表结构(及列定义)定义层：创建表、修改表、删除表；创建视图、删除视图；创建索引、删除索引。
- 数据类型层：15 种数据类型。

（2）SQL'92 数据操纵语句

  1）SQL 查询

- SELECT 语句的主要成分：

```
SELECT  目标子句
  FROM  范围子句
 WHERE  条件子句
```

  2）WHERE 子句的使用

WHERE 子句中的条件的结果是一个逻辑值，它只有 T(真)与 F(假)两个值，它所构成的公式称为布尔表达式：

- 操作数：标量及集合量。
- 谓词：

标量谓词：比较谓词、DISTINCT、BETWEEN、LIKE、NULL。

集合谓词：IN、ANY、ALL。

- 布尔表达式：由谓词及其联结符 AND、OR、NOT 组成的公式。

  3）SQL 的增、删、改语句

  4）其他语句

- 统计：COUNT、SUM、AVG、MAX、MIN。
- 分类：GROUPBY、HAVING。
- 赋值：INTO。

3. 本章重点内容

- SELECT 语句的使用。

习 题 7

7.1 试述数据定义的层次结构。

7.2 试述数据定义中共有哪些 SQL 语句?

7.3 试给出 SQL 中 15 种基本数据类型。

7.4 试说明数据模式定义语句形式与作用。

7.5 用 SQL'92 定义下面的基表。

    今有如下商品供应关系数据库：

      供应商：S(SNO, SNAME, STATUS, CITY)

      零件：P(PNO, PNAME, COLOR, WEIGHT)

      工程：J(JNO, JNAME, CITY)

      供应关系：SPJ(SNO, PNO, JNO, QTY)（注：QTY 表示供应数量）

7.6 什么是基表，什么是视图? 两者有何关系与区别?

7.7 在 SQL 中有哪些方法可做表间连接? 请各举一例。

7.8 图 7-6 所示的结构为医院的组织。请用 SQL 完成如下查询：

    （1）找出外科病房所有医生姓名。

    （2）找出管辖 13 号病房的医生姓名。

病房:	编号	名称	所在位置	主任姓名

医生:	编号	姓名	职称	管辖病房号

病人:	编号	姓名	患何种病	病房号

图 7-6　某医院组织结构

（3）找出管理病员李维德的医生姓名。

（4）给出内科病房患食道癌的病人总数。

7.9　对于本章所定义的学生数据库，用 SQL 语句完成如下操作：

（1）查询系别为计算机的学生学号与姓名。

（2）查询计算机系所开课程之课程号与课程名。

（3）查询至少修读一门 OS 的学生姓名。

（4）查询每个学生已选课程门数和总平均成绩。

（5）查询所有课程的成绩都在 80 分以上的学生姓名、学号并按学号顺序排列。

（6）删除在 S、SC 中所有 sno 以 91 开头的元组。

7.10　设有一个图书管理数据库，其数据库模式如下：

图书（书号，书名，作者姓名，出版社名称，单价）

作者（姓名，性别，籍贯）

出版社（出版社名称，所在城市名，电话号码）

请用 SQL 语言表示下述查询：

（1）查询由"科学出版社"出版发行的所有图书的书号。

（2）查询由籍贯是"江苏省"的作者所编写的图书的书名。

（3）查询图书"软件工程基础"的作者的籍贯及其出版社所在城市名称。

7.11　设有一个数据模式如下：

顾客 Customers（cid，cname，city，discnt）

供应商 Agent（aid，aname，city，persent）

商品 Product（pid，pname，city，quantity，price）

订单 Orders（oid，month，cid，aid，pid，qty，dollars）

请用 SQL 语句完成如下查询：

（1）查询购买过 P02 号商品的顾客所在的城市（city）以及销售过 P02 号商品的供应商所在的城市（city）。

（2）查询仅通过 a03 号供应商来购买商品的顾客编号（cid）。

7.12　在学生数据库中建立计算机系的视图（包括 S、SC、C）。

7.13　利用建立的计算机系视图查询修读 Database 课程的学生姓名。

7.14　在学生数据库中修改 S 的模式为 S'（sno，sname，ssex，sdept）。

7.15　在题 7.11 中用 SQL 语句完成如下删、改操作：

（1）删除顾客号为 C01 的元组。

（2）将供应商号为 a07 的 city 改为武汉。

7.16　将学生数据库中 S 的年龄全部增加 1 岁并按学号重新排序后，赋值给新表 S'（s#，sname，sdept，sage）（注意，S'需重新定义）。

第8章 SQL 的数据控制语句

本章介绍 SQL 中的控制语句，它包括：安全性控制、完整性控制、事务等语句。

8.1 SQL 的安全性控制语句

在 SQL'92 中提供了 C_1 级数据库安全的支持，它们是：

1. 主体、客体及主/客体分离

在 SQL'92 中设置了主体与客体，其中用户与 DBA 作为主体，表、列、视图数据库等作为客体。此外还包括主/客体分离的原则。

2. 身份标识与鉴别

在 SQL'92 中通过用户口令进行身份标识与鉴别。

3. 自主访问控制与授权功能

在 SQL'92 中提供了自主访问控制权的功能，它包括操作、数据域与用户三部分。

1）操作：SQL'92 提供了六种操作权限：

- SELECT 权：即查询权。
- INSERT 权：即插入权。
- DELETE 权：即删除权。
- UPDATE 权：即修改权。
- REFERENCE 权：即定义新表时允许使用它表的键作为其外键。
- USAGE 权：允许用户使用已定义的表与列。

2）数据域：数据域是用户访问的数据对象的粒度，SQL 包含三种数据域：

- 表：即以表作为访问对象。
- 视图：即以视图作为访问对象。
- 列：即以表中列作为访问对象。
- 数据库：即以整个数据库作为访问对象。

3）用户：即数据库中所登录的用户以及 DBA。

4）授权语句：SQL'92 提供了授权语句，授权语句的功能是将指定数据域的指定操作授予指定的用户，其语句形式如下：

```
GRANT <操作表>ON <数据域>TO <用户名表 > [WITH GRANT OPTION]
```

其中 WITH GRANT OPTION 表示获得权限的用户还能获得传递权限，即能将获得的权限授予其他用户。

【例8.1】 以下语句表示将表 S 上的查询与修改权授予用户徐林（XU LIN），同时用户徐林可以将此权限授予其他用户。

```
GRANT SELECT,UPDATE ON S TO XU LIN WITH GRANT OPTION
```

5）回收语句：用户 A 将某权限授予用户 B，则用户 A 也可以在它认为必要时将权限从 B 中收回，收回权限的语句称为回收语句，其具体形式如下：

REVOKE <操作表> ON <数据域> FROM <用户名表> [RESTRICT/CASCADE]

语句中的 CASCADE 表示回收权限时会引起连锁回收，而 RESTRICT 则表示不存在连锁回收时才能回收权限，否则拒绝回收。

【例 8.2】 以下语句表示从用户徐林处收回表 S 上的查询与修改权，并且是连锁收回。

REVOKE *SELECT*, *UPDATE* ON *S* FROM *XU LIN* CASCADE

6) 自 SQL'99 以后，SQL 提供了角色 (role) 功能。角色是一组固定操作权限，引入角色的目的是简化操作权限管理。角色可分为三类，分别是 CONNECT、RESOURCE 和 DBA，其中每个角色拥有一定的操作权限。

①CONNECT 的权限。该权限是用户最基本的权限，它又称 public，每个登录用户拥有 CONNECT 权限，CONNECT 权限包括如下内容：

- 可以查询或更新数据库中的数据。
- 可以创建视图或定义表的别名。

但这些内容必须经 DBA 及其他用户授权。

② RESOURCE 权限。该权限建立在 CONNECT 基础上，它除了拥有 CONNECT 的操作权外，还具有创建表、表上索引和所有操作的权限，以及对该表所有操作进行授权与回收的权限。

③ DBA 权限。DBA 拥有最高操作权限，它除拥有 CONNECT 与 RESOURCE 的权限外，还能对所有表的数据进行操纵，并具有控制权限与数据库管理权限。它也称 SYSTEM。

DBA 通过角色授权语句使用户及相应角色登录，此语句的形式如下：

GRANT <角色名> TO <用户名表>

此语句执行后，相应的用户名及其角色均进入数据库的数据字典中，此后相应用户即拥有其指定的角色。

同样，DBA 可用 REVOKE 语句取消用户的角色。

【例 8.3】 以下语句表示将 CONNECT 权限授予用户徐林。

GRANT *CONNECT* TO *XU LIN*

【例 8.4】 以下语句表示从用户徐林处收回 CONNECT 权限。

REVOKE *CONNECT* FROM *XU LIN*

8.2 SQL 的完整性控制

8.2.1 SQL 的完整性控制语句

SQL'92 的完整性控制语句包括如下内容：

1. 域约束

可以约束数据库中数据域的范围与条件，该约束可用多种方法放在创建表语句中的列定义的后面。

(1) CHECK 短句

CHECK: <约束条件>

其中，"约束条件"为布尔表达式，域约束往往定义在 SQL'92 中创建表语句中列定义的后面。

（2）默认值短句

在域约束中还可以定义默认值 DEFAULT，方法如下：

```
DEFAULT <常量>
```

默认值表示对应列中为空时则选用<常量>中的数据。该约束也定义在列后面。

（3）列值唯一短句

可在列定义后给出 UNIQUE 以表明该列取值唯一。

（4）不允许取空值短句

可在列定义后给出 NOT NULL 以表明该列值为非空。

2. 表约束

可以约束表的范围与条件，它包括三部分内容：主键、外键及检查约束。

（1）主键约束

可用 PRIMARY KEY <列名序列> 表示表中的主键，它们一般定义在创建表语句的后面。

（2）外键定义

可用下面的形式定义外键：

```
FOREIGN KEY <列名序列>
REFERENCE <参照表> <列名序列>
[ON DELETE <参照动作>]
[ON UPDATE <参照动作>]
```

其中，第一个<列名序列>是外键；第二个<列名序列>则是参照表中的主键；参照动作有五个，分别是 NO ACTION（默认值）、CASCADE、RESTRICT、SET NULL 及 SET DEFAULT，它们分别表示无动作、动作受牵连、动作受限、置空及置默认值。其中，CASCADE 表示在删除元组（或修改）时相应表中的相关元组一起删除（或修改），而 RESTRICT 则表示仅删除（或修改）指定的表的元组。它们一般也定义在创建基表语句的后面。

（3）检查约束

用于在基表内的列间设置语义约束，所使用语句的形式如下：

```
CHECK <约束条件>
```

它一般也定义在创建表的语句中，而约束条件为布尔表达式。

【例 8.5】

```
CREATE TABLE student
(sno    CHAR(9),
sname CHAR (20),
sage SMALLINT,
PRIMARY KEY (sno))
```

其中，创建表语句定义了表 student，在最后由 PRIMARY KEY(sno)确定主键为 sno。

【例 8.6】

```
CREATE TABLE SC1
(sno CHAR (9),
cno CHAR (4),
g SMALLINT,
PRIMARY KEY (sno,cno),
FOREIGN KEY (sno) REFERENCES S (sno) ON DELETE CASCADE )
```

在此例中用创建表语句定义 SCI，在定义最后确定有关表的约束。其中：

1）PRIMARY KEY(sno，cno)确定主键为(sno，cno)。

2）FOREIGN KEY(sno) 确定外键为 sno。

3）REFERENCES S(sno)确定其外键所对应的另一个表为 S，而所对应的主键为 sno。

4）ON DELETE CASCADE 表示当要删除 S 中的某一元组时，系统也要检查 SC1 表，若找到相应元组则将它们也随之删除。

从域约束及表约束中可以看出，完整性控制语句往往附加于创建表语句中，只有断言语句是独立的。根据这个思想，一个完整的创建表语句需要包括表定义及完整性约束定义两部分。因此，一个完整的创建表语句应该具有如下的形式：

```
CREATE TABLE <表名>(<列定义>,[<列定义>]...)[<表完整性约束条件>]
```

其中，<列定义>：= <列名> <数据类型> [<域完整性约束>]。

下面的例子给出了学生数据库中三个表 S、SC 及 C 的完整定义。

【例 8.7】 学生数据库中的 S、SC 及 C 表的完整定义如下：

```
CREATE S
(sno CHAR(9)NOT NULL,
sn CHAR(20),
sd CHAR(2),
sa SMALLINT CHECK sa<50 AND sa>=0,
PRIMARY KEY(sno))

CREATE C
(cno CHAR(4)NOT NULL,
cn CHAR(30),
psno CHAR(4),
PRIMARY KEY(cno))

CREATE SC
(sno CHAR(9) NOT NULL,
cno CHAR(4)NOT NULL,
g SMALLINT,
CHECK g>=0 AND g<100,
PRIMARY KEY(sno,cno),
FOREIGH KEY(sno) REFERENCES S(sno),
FOREIGH KEY(cno)REFERENCES C(cno)
```

3. 断言

当完整性约束涉及多个表(包括一个表)时，可用断言(assertion)来建立多表间列的约束条件。在 SQL'92 中，可用 CREATE ASSERTION 与 DROP ASSERTION 语句以建立与撤销约束条件。它们是：

```
CREATE ASSERTION <断言名>CHECK <约束条件>
DROP ASSERTION <断言名>
```

其中，约束条件一般有三种形式：

• 非空属性(NOT NULL)。

• 唯一属性(UNIQUE)。

• 用布尔表达式表示的列间关系。

【例8.8】

```
CREATE ASSERTION student - constraint
CHECK (g BETWEEN '0 AND 100') AND (sn is NOT NULL) AND (sage < 29)) AND ((S.sd! = 'cs'OR C.
    cn = 'mathematical logic')AND S.sno = S.sno AND SC.cno = C.cno)
```

在此例中，设置了四个完整性约束条件：

1)学生成绩在 0 ~ 100 分之间。

2)学生姓名不能为空值。

3)学生年龄必须小于 29 岁。

4)计算机科学系学生必须修读数理逻辑课程。

8.2.2 触发器语句

在 SQL 中，有关触发器的语句有两个，它们是 CREATE TRIGGER(创建触发器)与 DROP TRIGGER(删除触发器)。

1. 创建触发器语句

在 SQL'99 中，创建触发器语句的一般形式如下：

```
CREATE TRIGGER <触发器名> <触发动作时间>
<触发器事件> ON <表名> [REFERENCING <旧/新列名清单>]
<触发器类型> [WHEN <触发条件>]
<触发动作体>
```

下面对参数进行简要说明：

1)触发器名：触发器名给出触发器的标识符，它在同一模式内应该是唯一的。

2)触发动作时间：触发动作时间共有两种，它们是：

- AFTER——它表示事件执行后触发器才被激活。
- BEFORE——它表示事件执行前触发器就被激活。

3)触发器事件与表名：触发器事件一共有三个，它们是 INSERT、DELETE 及 UPDATE，其中 UPDATE 后还可跟随 OF <触发列名>，它指明了修改哪些列时触发器被激活；而表名则给出触发器事件中的目标表。

4)触发器类型：触发器按照所触发动作的间隔大小可分为行级触发器(FOR EACH ROW)和语句级触发器(FOR EACH STATEMENT)，行级触发器是每执行一行触发一次，而语句级触发器则是在整个语句执行过程中仅触发一次。

5)触发条件：触发条件是一个可选项，当它出现时，只有此条件成立时被激活的触发器中的触发动作体才会执行。

6)触发动作体及旧或新列名清单：触发动作体是触发器的结果动作，它是一个过程(也可调用已建立的存储过程)。

用户可以在动作体中使用 NEW 与 OLD 来引用 UPDATE/INSERT 事件之后的新值以及 UPDATE 之前的旧值。

在使用 NEW 与 OLD 时，为方便起见，可以对其定义别名，其形式是：

```
NEW AS <新值别名>
OLD AS <旧值别名>
```

执行触发器语句后便创立一个命名的触发器。触发器一经创建后，系统即能随时检查触发事件，当事件成立时，即调用相应过程以处理该事件。

2. 删除触发器语句

在 SQL'99 中，删除触发器语句的一般形式如下：

```
DROP TRIGGER <触发器名>
```

执行该语句即可删除一个指定的触发器。

使用触发器可以完成完整性控制功能，特别是因增、删、改操作使完整性约束条件（即此中的触发条件）受破坏后，即可调用相应过程（即触发动作体）以处理之。

【例 8.9】

```
CREATE TRIGGER update - sal
    /* 定义一个触发器,其名字为 update - sal* /
AFTER UPDATE OF sal job ON Teacher
    /* 该触发器的触发动作时间是 AFTER,该触发器的触发事件是对表 Teacher 上的列 sal 与 job 的修改操作* /
FOR EACH ROW
    /* 这是行级触发器* /
WHEN (.new .job = '教授')
    /* 某教师晋级为教授* /
BEGIN
IF old .sal < 9000 THEN:.new .sal:= 9000;
    /* 如工资小于 9000 元,则自动转为 9000 元* /
    END IF;
END;
```

此例表示创建一个名为 update-sal 的触发器，该触发器的触发事件是"修改教师职务工资，如教师晋升为教授"，其调用的过程是"若教授工资低于 5000 元时，则自动转为 5000 元"。

8.3 SQL 的事务语句

一个应用由若干个事务组成，事务一般嵌入在应用中。在 SQL'92 中应用所嵌入的事务有三个语句，它们是一个置事务语句与两个事务结束语句。

1）置事务语句 SET TRANSACTION。该语句表示事务从此句开始执行，它也是事务回滚的标志点。在大多数情况下，可以不用此语句，对每个事务结束后的数据库的操作都包含着一个新事务的开始。

2）事务提交语句 COMMIT。当前事务正常结束时，用此语句通知系统，此时系统将磁盘缓冲区中所有数据写入磁盘内，在不用 SET TRANSACTION 语句时，它同时表示开始一个新的事务。

3）事务回滚语句 ROLLBACK。当前事务非正常结束时，用此语句通知系统，此时系统将事务回滚至事务开始处并重新开始执行。

本章小结

本章主要介绍 SQL 控制语句，包括安全性控制、完整性控制、事务等语句。

1. 安全性控制语句
   - 口令设置。
   - 授权语句及角色授权语句。
2. 完整性控制语句

- 域约束——CHECK 及 DEFAULT。

- 表约束 $\left\{\begin{array}{l}\text{PRIMARY KEY} \\ \text{FOREIGN KEY} \\ \text{REFERENCE} \\ \text{CHECK}\end{array}\right.$

- 断言。
- 触发器语句。

3. 事务语句
- BEGIN TRANSACTION。
- COMMIT。
- ROLLBACK。

4. 本章重点内容
- SQL 事务语句。

 习 题 8

8.1 在下面的学生数据库中：

S(sno , sn , sd , sa)

SC(sno , cno , g)

C(cno , cn , pno)

请用 SQL' 92 中的 GRANT 及 REVOKE 语句完成如下的授权控制：

(1) 用户张军对三个表的 SELECT 权。

(2) 用户李林对三个表的 INSERT 及 DELETE 权。

(3) 用户王星对表 SC 的查询权及对表 S 和 C 的更改权。

(4) 用户徐立功具有对三个表的所有权限。

(5) 撤销对张军、李林所授予的权限。

8.2 在学生数据库中用 SQL' 92 中的语句定义下列完整性约束：

(1) 定义 S、SC 及 C 的主键。

(2) 定义 SC 中的外键 pcno。

(3) 定义 S 中学生的年龄不得超过 50 岁。

第9章　SQL 的数据交换管理语句

本章将主要介绍 SQL 中的数据交换管理语句，它负责交换接口的管理。包括连接管理、游标管理、诊断管理以及 Web 管理等四类语句。这是一种数据交换中通用为接口语句，但在不同交换方式会有不同的表现形式实现。

9.1　连接管理语句

连接管理语句指用于在数据交换中建立主客体间实质性关联的语句，它一般有三条，分别是连接语句、置连接语句与断开连接语句。

1）连接语句。连接语句用于建立数据主、客体间的逻辑连接，它包括连接名、SQL 服务器名以及用户名。其中 SQL 服务器名包括数据库服务器各及数据库名，而用户名则包括客户机/Web 服务器名及主体用户名。其语句形式为：

CONNECT TO <SQL 服务器名 > AS <连接名 > USER <用户名 >

2）置连接语句。置连接语句用于设置物理连接，其语句形式为：

SET CONNECT <连接名 >

3）断开连接语句。断开连接语句用于断开已建立的物理连接，其语句形式为：

DISCONNECT <断开目标 >

而其中的"断开目标"是：

<断开目标 > = <指定连接名 > ｜ALL｜CURRENT

它包括三个内容，即断开指定的连接、断开所有连接或断开当前连接。

在 SQL/PSM 及 SQL/CLI 中，连接语句形式有一定的区别，但其主要格式不变。

9.2　游标管理语句

游标管理语句用于在数据交换时数据库中的集合量数据与应用程序的标量数据间的转换。

在游标管理中一共有四个 SQL 语句，它们是：

1）定义游标语句。它用于为某个 SELECT 语句的结果集合定义一个命名游标，其形式为：

DECLARE <游标名 > CURSOR FOR <SELECT 语句 >

2）打开游标语句。在定义游标后使用数据时需打开游标，此时游标获得数据集并指向集合的第一个记录，打开游标语句的形式为：

OPEN <游标名 >

3）推进游标语句。将游标定位于集合中指定的记录，并从该记录取值，送入程序变量中。

FETCH <定位取向 > FROM <游标名 > INTO <程序变量列表 >

其中，<定位取向 > :: = NEXT｜PRIOR｜FIRST｜LAST｜ ABSOLUTE $\pm n$｜RELATIVE $\pm n$。

"定位取向"中给出了游标移动方位。

4）关闭游标。游标使用完后需关闭，其语句形式为：

CLOSE <游标名>

在 SQL/PSM 及 SQL/CLI 中，有关游标管理语句形式尚有一定的变化，但其主要格式不变。

9.3 诊断管理语句

诊断管理语句主要用于获取 SQL 语句执行后的状态。它与游标管理语句可以匹配使用以使数据交换顺利执行。

在诊断管理中一般仅有一个 SQL 语句，即获取诊断语句，该语句主要用于获取诊断区域内语句执行状态的信息，其语句的形式是：

GET DIAGNOSTICS <SQL 诊断信息>

其中，"SQL 诊断信息"是

<SQL 诊断信息> ::= statement |state

"SQL 诊断信息"给出所需获取的信息的语句名及状态。

9.4 Web 管理工具

Web 管理主要用于 Web 服务器中的 Web 数据的数据库服务器中的数据间的动态数据交换。

这种管理比较复杂，不是仅靠几个语句即能完成，它需要有两种工具：

1）首先需要有一种进行交换的开发环境，目前常用的有 ASP，JSP，PHP 等。

2）其次需有一种进行交换的程序设计语言，如 VBSCript，JavaScript 等，它们称为脚本语言。

 **本章小结**

本章主要介绍了数据交换管理中的 SQL 语句，共 4 个部分。

1. SQL 数据交换管理语句的分类

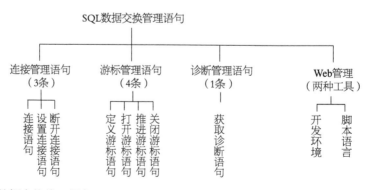

2. 常用的 SQL 数据交换接口语句
   - 连接管理语句。
   - 游标管理语句。

- 诊断管理语句。
3. 本章重点内容
  - 游标管理语句。

 习 题 9

9.1　共有多少条 SQL 数据交换接口语句与工具？它们分为几个部分？请说明之。

9.2　请说明连接管理语句的内容。

9.3　请说明游标管理语句的内容。

9.4　请说明诊断管理语句的内容。

9.5　请说明 Web 管理的内容。

9.6　本章中的语句与工具能基本完成数据交换接口的功能吗？请说明之。

第 10 章　自含式 SQL 及数据交换之自含式方式

自含式语言也称自含式 SQL 是数据库的重要扩充内容，目前使用广泛，本章介绍 ISO 中自含式 SQL 语言 SQL/PSM 的一般原理，以及数据交换中的自含式方式的功能。

10.1　自含式 SQL 概述

自含式 SQL 是嵌入式 SQL 的一种发展。目前多应用在 C/S 及 B/S 结构中。它定位于服务器内数据间的交换，因此基本不需连接，但需要作与外部程序设计语言间的接口。自含式 SQL 主要用于服务器中的应用程序（如存储过程、函数及触发器中过程的程序）编制以及后台脚本程序编制。

一个完整的自含式 SQL 大致包括如下内容：

1）SQL 的基本内容：SQL 的数据定义、数据操纵及数据控制的内容。

2）传统程序设计语言中的主要成分：常量、变量、表达式及控制类、调用类语句等。

3）SQL 中自含式数据交换部分内容：包括游标及诊断等。

4）服务性内容：服务性的系统过程函数库、类库以及输入、输出、加载、与多媒体服务功能等。

自含式 SQL 构成一种完整的语言，它将传统的程序设计语言与 SQL 相结合，其数据具有标量形式，而访问数据库则采用游标方式完成。这种语言可以编程，它们以过程或模块形式长久存储于服务器内并供应用程序调用，它开创了数据库不仅共享数据还可共享过程的新面貌。

在标准 SQL 中，自含式 SQL 称为 SQL/PSM（Persistent Storage Module），即 SQL 持久存储模块。此外，在数据库产品中均有其企业级自含式 SQL 标准。在本章中主要介绍 SQL/PSM。

10.2　SQL/PSM 概述

SQL/PSM 既是一种自含式语言又体现了自含式数据交换方式。

从语言角度看，SQL/PSM 的最初目标是用于书写存储过程，因此功能有限，但是目前已发展成为一种完整的程序设计语言，这主要表现在企业级 SQL 中，如 T-SQL、PL/SQL 等。

从数据交换方式看，SQL/PSM 将 SQL 与程序设计语言中的主要成分结合在一起，并通过游标、诊断建立无缝接口，从而构成一个跨越数据操作与流程控制的语言。

SQL/PSM 包括如下五项内容：

1. 基本数据类型、声明语句及表达式

SQL/PSM 中的数据有常量与变量，它们的数据类型共有 15 种，见表 7-1。

SQL/PSM 中有三种声明语句，它们是变量声明语句、条件声明语句、句柄声明语句。

SQL/PSM 中有算术表达式及逻辑表达式。

2. 核心 SQL 语句

在 SQL/PSM 中可以对核心 SQL 语句进行操作, 包括下面一些语句。

1) 数据定义类语句: 包括数据模式定义、表定义、索引定义、视图定义语句等。

2) 数据操纵类语句: 包括 SELECT 语句的各种类型的数据操纵语句。

3) 数据控制类语句: 包括 GRANT、REVOKE 等授权类语句以及事务类语句和完整性规则、缺省值定义语句等。

3. 数据交换操作

在 SQL/PSM 中的数据交换接口操作是游标操作与诊断操作, 共有五个语句:

1) 定义游标语句: DECLARE。

2) 打开游标语句: OPEN。

3) 推进游标语句: FETCH。

4) 关闭游标语句: CLOSE。

5) 获取诊断语句: GET DIAGNOSTICS。

4. 程序流控制语句

程序流控制共包括九条语句:

1) COMPOUND 语句: 组合语句, 用于将语句组合在一起。

2) IF 语句: 条件语句, 用于两种状况的选择执行。

3) CASE 语句: 状况语句, 用于多种状况的选择执行。

4) LOOP 语句: 循环语句, 用于语句序列的反复执行。

5) FOR 语句: 另一种循环语句。

6) LEAVE 语句: 离开语句, 离开循环体, 继续执行。

7) ASSIGNMENT 语句: 赋值语句。

8) CALL 语句: 调用语句, 调用一个过程。

9) RETURN 语句: 返回语句, 与 CALL 配合使用, 返回至调用处并返回一个值。

在应用程序中, 游标与诊断的配合使用可以有效建立程序与数据库间的数据接口。下面是它的一个应用实例。

【例 10.1】 关于应用与游标、诊断的自含式语言实例。

```
declare abc cursor for select sn from S      /* 定义游标 */
open abc                                      /* 打开游标 */
fetch first from abc into y                   /*  游标的使用 */
for(x = 0,x < n,x = x + 1)
{
get diagnostics(state)
if state = 0
    .....处理 sn .....
    fetch next from abc into y
else
    leave
}
close abc                                     /* 关闭游标 */
```

5. 持久存储模块语句

持久存储模块语句共有四条：

1）CREATE MODULE 语句：创立模块语句，用此语句创建持久性新模块。

2）DROP MODULE 语句：撤销模块语句，用此语句撤销一个已建持久性模块。

3）ALTER MODULE 语句：更改模块语句，用此语句变更一个已建持久性模块。

4）CALL MODULE 语句：调用模块语句，用此语句调用一个指定模块。

有关持久存储模块的创立与使用的情况如下：

1）模块的创立。应用 CREATE MODULE 语句创建一个模块，该模块是用 SQL/PSM 编写的一个应用程序，它一般是一个过程，有时也可以是函数或子程序。模块创立后可持久存储于数据库内供用户使用。

2）模块的使用。当用户（包含程序）需使用模块时可用 CALL MODULE 语句调用。

3）模块的删、改。可用 DROP MODULE 语句删除模块，用 ALTER MODULE 语句更改模块。

有了 SQL/PSM 后，用户就可用它编写过程，并可持久地存储于数据库内。

 本章小结

自含式 SQL 是数据库扩充重要内容之一，本章主要介绍自含式 SQL 的一般原理，介绍了 SQL/PSM 的功能与操作。同时也介绍了 SQL 数据交换中的自含式方式。

1. 自含式 SQL 的一般原理

    （1）自含式 SQL 的使用环境：
- 单机、集中式——主机内。
- C/S、B/S——服务器内。

    （2）自含式 SQL 目前的应用范围：
- 存储过程。
- 函数。
- 触发器。
- 后台编程。

    （3）自含式 SQL 的内容：
- SQL 基本语句。
- 程序设计语言的控制成分及表达式。
- SQL 数据交换部分内容游标、诊断。
- 服务性内容。

    （4）自含式 SQL 的特点：自含式 SQL 是一种完整的语言；它将传统的程序设计语言与 SQL 相结合，其数据具有标量形式，而访问数据库则采用游标方式；可以用它编程并以过程或模块形式长期存储于服务器内供应用程序调用。它开创了数据库中过程共享。

2. SQL/PSM

    SQL/PSM 的内容：
- 声明语句、数据类型、表达式。
- 流程控制。
- SQL 基本语句。
- SQL 数据交换内容，游标及诊断。
- 持久模块语句。

3. 本章重点内容
   - 自含式 SQL 的内容。

习 题 10

10.1　试述自含式 SQL 主要的使用环境及应用范围。

10.2　试述自含式 SQL 的主要内容。

10.3　数据交换之自含式方式包括哪些内容？

10.4　数据交换之自含式方式的特点是什么？试说明之。

10.5　请解释 SQL/PSM 的主要内容。

第11章 SQL数据交换之调用层接口方式

数据库应用进入网络环境后出现了 C/S 结构方式，此时的数据交换是建立一种接口称调用层接口（call level interface）。本章介绍 SQL/99 中的调用层接口 SQL/CLI。

11.1 调用层接口概述

自网络出现后数据交换的环境有了本质性的改变。在网络环境下，数据共享性得到了进一步扩展，而传统的数据与应用的捆绑结构模式已不能适应网络环境。为使数据在网上得到充分的共享，将数据库应用系统中的数据与应用分离已成为必然趋势。因此有必要将数据库系统结构方式由统一、集中方式改变为"功能分布方式"。即将过去统一、僵化的数据库（应用）系统分离成"数据"与"应用"两部分，再通过一定接口将其连接起来，这两部分在物理上分布于不同的网络节点，但在逻辑上则组成一个整体。这种方式可以使数据在网络中具有一定独立性，又可以为网络中多个应用共享，同时网络中的每个应用也可以共享多个数据源。因此，这种结构无疑为扩展网上的数据共享提供了结构上的方便，这种结构称为 C/S 结构。而连接应用节点与数据节点的接口是一种专用接口工具。在此情况下，应用程序与数据库间的数据交换实际上就变成网上两个节点间的数据通信，它们称为调用层接口，即通过应用程序调用以接口方式实现数据交换。

目前，有关调用层接口的标准及产品有三种，它们是：

1）SQL'99 中的 SQL/CLI——这是调用层接口的国际标准。

2）ODBC 及 ADO——这是微软的标准，并有相应产品，它适用于 SQL Server 中及其他多种微软产品，如 Access、VFP 等。ODBC 及 ADO 从标准角度看与 SQL/CLI 大致相近。

3）JDBC——这是 UNIX 下基于 Java 的标准并有相应产品，它适用于 Oracle 等系统。JDBC 从标准角度看与 SQL/CLI 也大致相近。

11.2 数据交换之调用层接口方式特点

数据交换之调用层接口方式将网络不同节点的程序与数据连接于一起构成逻辑上一体的运行体，它的特点是：

1）调用层接口方式主要用于网络环境中的 C/S 结构方式中，当然也适用于 B/S 结构方式中。

2）调用层接口方式的接口包含连接、游标与诊断等三个部分，其主要是连接接口管理。

3）调用层接口方式中的连接接口管理比较复杂，它不仅包括网络中节点间逻辑与物理通路的建立，还包括节点两端数据交换时所需的内存区域分配，数据资源（即数据库）确认等。

11.3 SQL/CLI 概述

SQL/CLI 是 SQL'99 中的一种数据交换方式，由于它是一种国际标准，因此目前虽然数据库产品中有多种调用层接口标准，但它们都以 SQL/CLI 为主要参考。

11.3.1 SQL/CLI 工作原理

在网络环境中 C/S 结构下，客户端的应用程序与服务器端的数据库可通过 SQL/CLI 捆捆在一起组成一个新的完整的开发方式。SQL/CLI 是一个标准化规范，它有如下一些接口管理：

- 连接管理：用它建立客户端应用程序与服务器端数据库间的接口。
- 游标管理：用它建立标量与集合量间的接口。
- 诊断管理：用它与游标相匹配以完成数据的获取。

SQL/CLI 是一组过程，共有 47 个语句，其中连接管理 14 个、游标管理 5 个、诊断管理 10 个、其他操作 18 个。下面对它们进行简要介绍。

1. 连接管理

连接管理是 SQL/CLI 中最重要的一种管理，它建立了网络中客户端与服务器端的通路。这种通路包括连接与断开两个部分。从表面上看似乎很简单，但仔细探究可以发现有很多内容：

- 环境：首先，为建立连接必须设置一定的内存工作区供接口操作之用，此称为环境。
- 连接：其次，必须在网络中客户端与服务器端间构建逻辑及物理连接通路。
- 资源（数据源）：指的是数据库资源，在连接后需指定数据库以便与应用程序相接。
- 语句：指的是 SQL 语句，它在执行时同样需要内存区域作为缓冲区及工作区。

另外，在连接时这四个部分也是有先后顺序的，即首先是建立环境，接着是建立连接，此后是建立与数据源的连接，最后是 SQL 语句操作环境的建立。它们可以用四个语句表示：

- AllocEnv：分配环境。
- AllocConnect：分配连接。
- AllocHandle：分配资源。
- AllocStmt：分配语句。

同样，断开连接也有四个部分，它们按与连接相反的顺序分别是释放语句、释放资源、释放连接以及释放环境，其语句分别是：

- FreeStmt：释放语句。
- FreeHandle：释放资源。
- FreeConnect：释放连接。
- FreeEnv：释放环境。

连接管理一般有 14 条语句，其中主要是这 8 条。

2. 游标语句

在完成连接后，网络的两端即可进行数据收发，其中从客户端到服务器端是发送 SQL 语句（以查询语句为主），反之，从服务器端到客户端则是接收数据。数据收发用游标管理实现。

（1）发送

SQL/CLI 中的发送语句共有 5 条，常用的是一条，称直接执行语句：

- ExecDirect（Stmt，SQL 语句）

该语句自客户端将"SQL 语句"发送至服务器端，服务器端指定的数据库执行此语句并将执行结果数据放入变量（是一个集合量）Stmt 中。

（2）接收

"直接执行"语句中包含接收的内容，即参数 Stmt 接收来自数据库的结果数据集。接下来就可以使用游标推进将 Stmt 中的集合量数据逐个分发为标量数据供应用程序使用。因此在 SQL/CLI 中是没有 DECLARE CURSOR 语句的。同样，在其中也是没有 OPEN CURSOR 语句的，因为"直接执行"语句执行后即表示一个相应游标的打开。但是，关闭游标及推进游标语句还是需要的。

（3）游标推进与关闭

- Fetch：推进游标并读取数据。
- CloseCursor：关闭游标。

在 SQL/CLI 中有关游标使用有 5 条语句，主要是上面 3 条。

3. 诊断管理

在 SQL/CLI 中诊断管理功能与 SQL/PSM 中的也一样，它建立了主、客体间反馈信息的接口。它共有 10 条语句，主要有 1 条，即：

- GetDiagField：从诊断区得到信息。

此外，在 SQL/CLI 中有时需用事务。常用事务语句为两条，即结束事务语句（亦即是事务提交语句）及事务回滚语句：

- EndTran
- Rollback

但是 SET TRASACTION 是可以省略的，因为一个事务的结束即表示另一个事务的开始。

11.3.2 SQL/CLI 工作流程

SQL/CLI 主要用于建立客户机与服务器间的数据交互，其工作流程可分为三个步骤。

首先是建立应用程序与数据库的连接以确立接口关系，其次是用游标语句与诊断语句作数据交换，最后断开应用程序与数据库的连接。所有这三个步骤都通过应用程序使用 SQL/CLI 中的语句而实现。

下面我们对这三个步骤进行介绍。

步骤 1：建立应用程序与数据库的连接

建立应用程序与数据库的连接包括顺序的四条连接语句：

```
AllocEnv
AllocConnect
AllocHandle
AllocStmt
```

步骤 2：应用程序与数据库进行数据交换

接着，即进入了应用程序与数据库的数据交换阶段，它包括向数据库发送 SQL 语句、数据库执行 SQL 语句并返回结果、应用程序获取查询结果等内容。这一步用游标语句以及诊断语句等完成数据收发：

```
ExecDirect
Fetch
CloseCursor
GetDiagField
```

（在应用程序中还需使用 EndTran 及 Rollback）

步骤 3：断开应用程序与数据库的连接

与建立连接类似，断开应用程序与数据库的连接包括顺序的四条断开语句：

```
FreeStmt
FreeConnect
```

```
FreeHandle
FreeEnv
```

基于这三个步骤，SQL/CLI 的工作流程是一个相当规范的流程，它由连接、数据交换与断开连接三部分组成，构成一个如例 11.1 所示的流程，它是一个典型的数据查询处理的例子。

【例 11.1】 关于 SQL/CLI 的数据查询处理实例。

```
AllocEnv                                            /* 连接 */
AllocConnect
AllocHandle
AllocStmt
ExecDirect(Stmt,select sn from S where sd = 'cs')   /* 发送 SQL 语句 */
Fetch first from Stmt into y                        /* 接收数据 */
for(x = 0,x < n,x = x +1)                            /* 应用程序处理数据 */
  { GetDiagField(state)
    if state = 0
      .....处理 sn.....
      fetch next fromStmt into y
    else
      leave}
closeStmt
FreeStmt                                             /*  断开 */
FreeConnect
FreeHandle
FreeEnv
```

本章小结

本章讨论网络环境下数据交换方式——调用层接口方式，介绍了 C/S 结构方式的 SQL/CLI。

1. 网络环境所引发的数据交换方式变化
   - C/S 结构方式——数据与应用程序分离。
   - 接口的重要性。
   - 调用层接口的出现。
2. 特点
   - C/S(B/S)网络结构。
   - 连接、游标、诊断三种接口管理。
   - 重点是连接。
3. 三种调用层接口
   - SQL/CLI。
   - ODBC 及 ADO。
   - JDBC。
4. SQL/CLI
   - SQL/CLI 的三个部分。
   - SQL/CLI 的连接阶段。
   - SQL/CLI 数据交换阶段——发送、接收、游标、诊断。
   - SQL/CLI 断开阶段。
5. 本意重点内容
   - SQL/CLI 的工作流程。

习 题 11

11. 1   试解释下面名词：
　　　　（1）调用层接口。
　　　　（2）SQL/CLI。

11. 2   试介绍 SQL/CLI 特点。

11. 3   试介绍 SQL/CLI 的工作流程。

11. 4   试介绍 SQL/CLI 的主要内容。

第12章　SQL 数据交换之 Web 方式

本章讨论在互联网及 Web 环境下的数据交换方式，称为 Web 方式。所谓 Web 方式就是 Web 网页与数据库间的接口方式。本章介绍 Web 方式及 Web 数据库接口方式。

12.1　Web 方式概述

12.1.1　互联网与 Web 应用

计算机网络的发展已进入互联网（Internet）阶段。而 Web 是 World Wide Web 的简称，它也称为万维网或3W，是互联网上的一种基础平台软件，可为网上用户交换与共享数据提供服务。

Web 中数据构成的基本单位是网页（web page），其结构可由用户根据需要用 HTML（XML）定义，网页间可通过锚（anchor）与超链接（hyperlink）互相引用（reference），从而构成一个超链接结构。其中锚表示引用点，而超链接指向被引用的网页。用户可以通过浏览器访问 Web 数据，并能从一个网页转至另一个网页，如此沿着网络不断地进行导航式访问。另一种数据访问方式是利用搜索引擎（search engine），即用键建立索引，查询含有键的网页的 URL（统一资源定位器）。

Web 的应用一般需要下面一些软件与标准：

1）浏览器软件：它是一种浏览 Web 数据的软件，常用的浏览器软件有 Netscape、IE 及 IIS 等。

2）超文本传输协议（HTTP）：这是一种网络应用层协议，可用它完成 Web 数据传递。

3）可扩展标记语言（Extensible Markup Language，XML）及超文本标记语言（HyperText Mark-up Language，HTML）：用于网页书写。

12.1.2　Web 管理与数据库数据

Web 数据即是网页数据，它是一种静态数据、无法做动态更新，为此须得到数据库的支持以取得动态数据，这样，这两个数据体间就存在数据交换。

目前有两种方式：

1）用 XML 书写的网页与数据库间的交换，称为 XML 数据库，这是 SQL'2003 中的标准，但目前使用较少。

2）用 HTML 书写的网页与数据库间的交换，称为 Web 数据库，它仅是一种企业标准，但目前使用普遍。在本章中我们主要介绍 Web 数据库。

12.2　数据交换之 Web 方式特点

Web 方式是 Web 数据与传统数据库中数据这两种数据体间的数据交换，其特点是：

1）Web 方式主要用于互联网 B/S 结构方式中。

2）Web 方式主要表示形式为两个数据体间的数据交换，而主要是从数据库到 Web 数据的单向交换。

3）Web 方式的接口包含 Web 接口、连接、游标及诊断等四个部分，其主要是 Web 接口。

4）Web 方式中的主要接口是 Web 接口，它比较复杂，由 Web 管理负责实现，其难点是两者都是数据体，要实现数据交换必须要有程序参与以及数据格式的转换。

12.3 Web 方式基本原理

在 Web 应用中一般使用典型的三层结构 B/S 方式，这个结构由浏览器、Web 服务器及数据库服务器三部分组成。在这个结构中，由浏览器发出请求并通过 HTTP 协议将请求传送至 Web 服务器，Web 服务器存储各类 Web 应用，包括 Web 上的程序及 Web 数据，它根据请求调用相关应用。此后应用向数据库发送数据请求，数据库服务器响应请求后进行数据处理并返回结果数据。最后，由 Web 服务器将结果以 HTML 形式返回给浏览器，其大致流程可见图 12-1。

图 12-1   B/S 结构模式工作流程图

在这种结构中聚集了应用与数据库的接口以及应用与 Web 数据接口，所有这些接口的完成都集中在 Web 服务器中。

Web 服务器中有一个常驻的软件，如微软的 IS、UNIX 的 Apache 等，它负责接收来自浏览器的 HTTP 指令并完成这些指令表示动作，并组织 Web 上的各种应用。

Web 服务器中有多种不同软件：

1）HTML：用于组织与书写网页。

2）脚本语言（Script）：由于 HTML 无编程功能，因此需要有一种具有简单编程功能的语言与其接口，这种语言称为脚本语言。脚本语言与 HTML 的结合构成了 Web 中的有效应用工具。常用的脚本语言有 VBScript、JavaScript、Perl 等。

3）Web 开发工具：在脚本语言的基础上进一步将 HTML、脚本语言、数据库接口以及相关的组件结合，构成一个动态的、交互的 Web 应用开发工具。在这种工具中将 Web 数据、应用及数据库数据三者有效地结合在一起，并实现无缝接口。目前常用的 Web 开发工具有：

- ASP（Active Server Pages）：它是微软公司开发的建立在 Windows 上的 Web 开发工具。它可以将 HTML、脚本语言 VBScript、JavaScript 以及并提供大量的组件相结合并提供大量的组件用于编程。ASP 提供了两种组件，一种是内部组件，另一种是外部组件，其中外部组件是 ADO，它是脚本语言与数据库的主要接口。
- JSP（Java Server Pages）：它是 Sun 公司于 1996 年推出的一种基于 Java 的 Web 开发工具。JSP 是类似于 ASP 的另一种 Web 开发工具。
- PHP：它也是一种类似于 ASP 的开发工具，它在 MySQL 领域范围内应用。

此种数据交换即是 Web 服务器中网页数据与数据库服务器中数据的交换，此即为 Web 方式。

12.4 Web 数据库

Web 方式的数据交换由 Web 数据库实现，它通过四个接口，即 Web 接口、连接、游标及诊断。其中所使用的工具有数据交换开发环境（ASP、JSP 及 PHP）、脚本语言及调用层接口工具。

Web 接口的实现用数据交换开发环境及脚本语言，而连接、游标及诊断则由调用层接口工具实现。

Web 数据库所使用的三种数据交换开发环境目前主要以 ASP 方式使用为最广泛，它也是 SQL Server 2008 中使用的方式。ASP 可以实现从 HTML 到数据库间的数据交换。

ASP 有脚本语言 VBScript(JavaScript) 以及 ADO。其中，脚本语言可插入 HTML，ADO 是一种调用层接口，脚本语言可以用它与数据库接口，因此利用 ASP 可以实现 HTML 与数据库接口，从而实现 Web 应用中的数据交换，其示意图可见图 12-2。

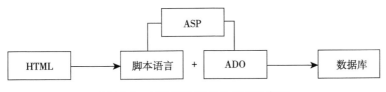

图 12-2 ASP 的数据交换方式示意图

 **本章小结**

本章讨论了互联网及 Web 应用中的数据交换方式——Web 方式，介绍了互联网及 Web 应用、Web 交换方式及 Web 数据库。本章为 Web 环境下使用数据库提供了原理和方法。

1. Web 数据库的应用环境
   - 互联网。
   - Web 应用。
2. 常用的三种 Web 数据库接口方式
   - ASP 方式。
   - JSP 方式。
   - PHP 方式。
3. SQL Server 2008 中的 Web 方式
   - ASP 接口方式。
4. 本章重点内容
   - ASP 接口方式。

习 题 12

12.1 试解释下面名词：
　　(1) 互联网；(2) Web 应用；(3) Web 方式；(4) Web 数据库；(5) B/S 结构方式。

12.2 试介绍 B/S 方式的基本结构及其特色。

12.3 试介绍 HTML 数据库的基本原理。

12.4 试介绍 Web 方式特点。

12.5 试说明 Web 数据与数据库数据的差异以及如何在 Web 环境下建立它们之间的接口。

12.6 Web 数据库中有哪些常用接口软件？

12.7 思考并回答下列问题：
　　(1) C/S 与 B/S 间的差异。
　　(2) XML 数据库与 Web 数据库间的区别。

第三篇 产 品 篇

为开发数据库应用系统，需要使用数据库管理系统产品。目前相关的产品很多，如大型产品 Oracle 及 DB2 等，中小型产品 SQL Server 及 MySQL 等，桌面式产品 Access 等。其中，SQL Server 2008 具有典型的数据库管理系统的特征、规范的 SQL 操作方式，且规模适中、应用面广，因此非常适合教学需要。在本教材中我们就以它为产品代表进行重点介绍。在典型性与规范性的同时，SQL Server 2008 也有其个性与差异性，因此本篇中既介绍其典型性与规范性的一面，也介绍其个性与差异性的一面。

本篇共六章（第 13～18 章），其中：

第 13 章：SQL Server 2008 系统介绍。主要对 SQL Server 2008 进行全面与系统性的介绍。

第 14 章：SQL Server 2008 服务器管理。主要对 SQL Server 2008 服务器的管理进行介绍，包括服务器注册与连接以及服务器中服务、配置管理和网络配置管理等内容。

第 15 章：SQL Server 2008 数据库管理。主要对 SQL Server 2008 数据库的管理进行介绍，包括创建数据库、查看数据库、使用数据库、删除数据库及数据库备份与恢复等内容。

第 16 章：SQL Server 2008 数据库对象管理。主要对 SQL Server 2008 数据库对象的管理进行介绍，包括表、视图、索引、触发器及存储过程等（其中存储过程在第 17 章中介绍）的管理。

第 17 章：SQL Server 2008 数据交换及 T-SQL 语言。主要对 SQL Server 2008 数据交换的四种方式——人机交互方式、自含式方式、调用层接口方式及 Web 方式进行介绍，同时还介绍 SQL Server 2008 的扩充语言——自含式语言 T-SQL。

第 18 章：SQL Server 2008 用户管理及数据安全性管理。主要对 SQL Server 2008 中的用户管理进行介绍。由于用户管理与数据库安全性紧密相连，因此将它们捆绑在一起进行介绍。

第13章　SQL Server 2008 系统

Microsoft SQL Server 是一个典型的关系数据库管理系统并以 SQL 作为其操作语言。它同时提供数据仓库、联机事务处理和数据分析等功能。本章主要对 SQL Server 2008 进行全面与系统的介绍，包括产品的概况、平台要求、系统结构以及服务等。

13.1　SQL Server 2008 系统概述

13.1.1　SQL Server 的发展历程

SQL Server 起源于 Sybase SQL Server，它是 Sybase 公司于 1988 年推出的微机 RDBMS 版本。Microsoft 公司于 1992 年将 Sybase SQL Server 移植到了 Windows NT 平台上，称为 Microsoft SQL Server 7.0，在该版本中对原有的版本在数据存储和数据库引擎方面进行了根本性的改造，确立了 SQL Server 在数据库管理系统中的主导地位。Microsoft 公司于 2000 年发布了 SQL Server 2000，对 SQL Server 7.0 在数据库性能、数据可靠性、易用性等方面做了重大改进。在 2005 年发布了 SQL Server 2005，它为用户提供完整的数据库解决方案，增强用户对外界变化的反应能力，提高用户的市场竞争力。2008 年所推出的 SQL Server 2008 是具备全新功能的一个版本，是一个全面的、集成的数据库管理系统，且具有多种服务功能，包括完备的数据分析功能以及集成的人机交互功能。此后的 SQL Server 2012 由于特色不明显，在 2014 年迅速被 SQL Server 2014 所替代，但 SQL Server 2014 推出时间较短，还尚未被人接受，且装机量少，因此在本教材中我们选用 SQL Server 2008 为主进行介绍。

13.1.2　SQL Server 2008 的平台

1. 平台结构

SQL Server 2008 可以在 B/S 、C/S 结构上运行，也可在单机结构上运行。一般来讲，它可同时在三种结构上运行。

2. 硬件环境

- CPU：建议处理机的频率为 2GHz 以上。
- 内存：建议内存为 2GB 以上。
- 硬盘：SQL Server 2008 安装自身需要占用 1GB 以上的硬盘空间，因此为确保系统具有较高的运行效率，建议配备足够的硬盘空间。

3. 软件环境

SQL Server 2008(32 位系列)对软件环境的要求是运行在微软的 Windows 系列上，包括 Windows Vista、Windows Server 2003/2008 等各种版本。

4. 网络协议

TCP/IP、VIA、Shared Memory 及 Named pipes 等。

13.1.3 SQL Server 2008 功能及实现

1. SQL Server 2008 功能

SQL Server 2008 的功能如下：

（1）数据库核心功能

SQL Server 2008 是一个关系数据库管理系统，提供关系数据库管理系统的所有基本功能及扩充的自含式语言 T-SQL。它包括的内容如下：

- 数据定义——包括数据库定义、数据表定义、视图定义、索引定义等。
- 数据操纵——包括数据查询，数据增、删、改等。
- 数据控制——包括安全性控制、完整性控制、事务处理及故障恢复等。
- 自含式语言——T-SQL。
- 数据交换——包括人机交互方式、自含式方式、调用层接口方式及 Web 方式等。
- 数据服务——包括与数据库核心功能有直接关系的操作性服务、信息服务以及工具性服务等。

数据库核心功能的数据操作采用 SQL 语言，它具有 SQL'92 的全部功能、SQL'99 的大部分功能以及 SQL'2003 的有关 Web 功能。

（2）数据库扩充功能

除了数据库核心功能外，SQL Server 2008 还具有如下三种数据库扩充功能：

- 分析功能——包括提供数据仓库（Data Warehouse）、联机分析处理（OnLine Analytical Processing，OLAP）和数据挖掘（Data Mining）功能。
- 报表功能——包括创建和管理表格报表、矩阵报表、图形报表及自由式报表的功能。
- 集成功能——提供数据集成平台，负责完成有关数据（包括数据库数据、文件数据及 HTML 数据）的提取、转换和加载等操作。

（3）数据库特色功能

此外，SQL Server 2008 还有三种自身特有的功能（称为特色功能）：

- 全文搜索功能——提供全文索引，以便对数据进行快速搜索。
- 数据浏览器服务功能——提供数据库浏览器服务。
- SQL Server 代理——提供自动执行作业任务的功能。

数据库核心功能及数据库三种扩充功能又称主体功能，再加上三种特色功能，一共有七种功能。在 SQL Server 2008 中将它们统称为"服务"并用七个专门的名词表示：

1）数据库引擎（Database Engine）：完成 SQL Server 2008 数据库的核心功能。

2）分析服务（Analysis Service）：完成 SQL Server 2008 数据库扩充功能中的分析功能。这是一种数据服务。

3）报表服务（Reporting Service）：完成 SQL Server 2008 数据库扩充功能中的报表功能。这是一种数据服务。

4）集成服务（Integration Service）：完成 SQL Server 2008 数据库扩充功能中的数据集成功能。这是一种数据服务。

5）全文搜索服务（Full-text Filter Daemon Launcher）：完成 SQL Server 2008 特色功能中的全文搜索功能。这是一种数据服务。

6）数据浏览器服务（SQL Server Browser）：完成 SQL Server 2008 特色功能中的数据浏览器服务功能。这是一种数据服务。

7）SQL Server 代理服务（SQL Server Agent）：完成 SQL Server 2008 特色功能中的 SQL Server

代理功能。这是一种数据服务。

图 13-1 展示了这 7 种服务。

图 13-1   SQL Server 2008 提供的 7 种服务

2. SQL Server 2008 的 7 种服务工具

下面对 SQL Server 2008 的 7 种服务工具进行简单介绍。

（1）SQL Server

SQL Server 是 SQL Server 2008 数据库引擎的一个实例。它是 SQL Server 2008 的核心服务。启动 SQL Server 服务后，用户便可以与其建立连接并进行访问。SQL Server 可以在本地或远程作为服务启动或停止。SQL Server 服务若是默认实例，则被称为 SQL Server（MSSQLSERVER）。

（2）数据分析服务工具 SSAS

SSAS（SQL Server Analysis Services）为数据分析及业务智能应用提供数据仓库、数据集市支持以及联机分析处理（OLAP）和数据挖掘功能。SSAS 是 SQL Server 2008 的重要服务，并以数据服务形式出现。

（3）数据报表服务工具 SSRS

SSRS（SQL Server Reporting Services）提供各种可用的报表，并提供扩展和自定义报表功能的编程功能。SSRS 也是 SQL Server 2008 的主要服务，并以数据服务形式出现。

（4）数据集成服务工具 SSIS

SSIS（SQL Server Integration Services）是企业级数据集成和数据转换的平台工具。使用 SSIS 可复制或下载文件，发送电子邮件，更新数据仓库，挖掘数据，管理 SQL Server 对象和数据。SSIS 还可以提取和转换来自多种数据源（如 XML 及 HTML 数据、文件和关系数据源）的数据，然后将这些数据加载到一个或多个目标中。

SSIS 是 SQL Server 2008 的主要服务，并以数据服务形式出现。

（5）全文搜索服务代理工具

全文搜索服务代理工具（SQL Full-text Filter Daemon Launcher）用于快速创建结构化和半结构化数据内容和属性的全文索引，以对数据进行快速的搜索。此工具是 SQL Server 2008 的特有功能，并以数据服务形式出现。

（6）数据浏览器服务工具 SQL Server Browser

SQL Server Browser 又称 SQL Browser，为数据库提供浏览器服务，它以 Windows 服务的形式运行。SQL Server 浏览器侦听对 SQL Server 资源的传入请求，并提供计算机上安装的 SQL Server 实例的相关信息。

SQL Server Browser 还为数据库引擎和 SSAS 的实例提供实例名称和版本号。SQL Server

Browser 一般随 SQL Server 一起安装，并在安装过程中进行配置，也可以使用 SQL Server 配置管理器进行配置。默认情况下，SQL Server Browser 服务会自动启动。此工具也是 SQL Server 2008 的特色功能，并以数据服务形式出现。

（7）SQL Server 代理

在数据库应用中根据需要可将应用组织成为"作业"，SQL Server 代理（SQL Server Agent）是一种自动执行作业管理任务的服务，它是一种 Windows 服务，其主要工作是代替手工执行所有 SQL 的作业任务，在执行作业的同时监视 SQL Server 的工作情况，当出现异常时触发报警，并将警报传递给操作员。此工具也是 SQL Server 2008 的特色功能，并以数据服务形式出现。

由于 SQL Server 2008 功能太多，且大部分是数据服务，因此很难在本篇中对它进行全部介绍，只能重点介绍与数据库直接有关的数据库核心功能，亦即数据库引擎功能。

13.1.4　SQL Server 2008 特点

SQL Server 2008 具有典型的关系数据库全部功能以及 ISO SQL 语言操作的功能。同时，它也有很多自身的特色，主要为如下几点。

1. 集成性

SQL Server 2008 具有高度的集成性，主要表现为：

1）SQL Server 2008 中多种操作集成，包括通过 SSMS 平台将数据库核心操作集成在一起，通过 BIDS 及 SSAS 平台将数据分析操作集成在一起。

2）将传统数据库联机事务处理（OnLine Transaction Processing，OLTP）功能与现代数据库（即扩充数据库）联机分析处理（OnLine Analytical Processing，OLAP）功能集成在一起。

3）以 SQL Server 2008 为核心将多种数据库集成在一起，包括 Oracle、DB2、Access 等。

4）以数据库数据为核心将多种数据集成在一起，包括文本数据、Excel 数据、Word 数据、HTML 数据、XML 数据、图像数据及图形数据等。

5）以 SQL Server 2008 为核心将多种语言集成在一起，包括 VB、VC（VC++）、C#、VBScript、JavaScript、HTML 及 XML 等。

6）以 SQL Server 2008 为核心将多种工具集成在一起，包括 Excel、ODBC、ADO、Office 等。

7）以 SQL Server 2008 为核心将多种支撑软件、平台软件集成在一起，包括 .NET、Web Service、SOA、云计算及大数据软件等。

8）以 SQL Server 2008 为核心将 Windows 中的多种函数、组件集成在一起，包括可视化界面、对话框、窗体、事件、菜单及多种控件等。

总之，以 SQL Server 2008 为核心可以将微软及 Windows 中的大多数软件资源以及其他软件资源集成在一起，它们组成了一个集成的大系统。

2. 数据服务

传统数据库中的数据服务功能缺乏，而 SQL Server 2008 具有强大的数据服务功能，大大增强了数据库的使用方便性与使用效率，是其他 DBMS 所不能比拟的。

SQL Server 2008 的这一特色也是秉承了微软公司与 Windows 操作系统的一贯风格的结果。在数据服务中，SQL Server 2008 特别关注可视化操作与集成的操作平台。

3. 安全性

数据库是信息集成的核心内容，在信息高度共享的现代，随之出现的是信息的滥用与破坏。为保护信息，需设置多种安全措施，而其中数据库的安全是重要方面之一。在 SQL Server 2008 中设置有多层数据防护体系，构成了一个完整的安全系统。它分成多个层次，从 Windows

开始直到数据对象，层层设防，其复杂程度使得本教材不得不用一整章内容来进行介绍。这也是 SQL Server 2008 的一大特色。

4. 中小型应用

SQL Server 2008 是微软公司的主打产品之一，它以 Windows 为操作系统，以微型计算机为平台并集成了微软的多种软件资源，组成了一个完备的体系。它具有规模适中、协调性能好、价格合理等优点，特别适用于中小型应用。这又是它的一个特色。

13.2   SQL Server 2008 系统安装

SQL Server 2008 系统安装在数据库服务器中。在完成安装后，我们可以说服务器上就安装了一个 SQL Server 实例。SQL Server 2008 分别发行了企业版、标准版、开发版、工作组版、Web 版、移动版及精简版等多种版本。它的不同版本能满足单位和个人不同的需要，目前以企业版为最常用版本，本节以此版本为例介绍安装过程。

1. SQL Server 2008 Enterprise 版本安装软硬件环境

根据 SQL Server 2008 官方的资料，SQL Server 2008 Enterprise 版本对软硬件环境的要求与 13.1.2 节中平台要求一致。

2. SQL Server 2008 的安装

在完成软硬件环境设置后我们即可安装 SQL Server 2008。

安装前先确认 SQL Server 2008 的软硬件配置要求，并卸载之前的所有旧版本。如果使用光盘进行安装，将 SQL Server 安装光盘插入光驱，然后双击根文件下的 setup.exe。也可从网站 http://www.microsoft.com/zh-cn/search/result.aspx?q = sql% 20server% 202008&form = DLC 下载安装程序，单击可执行安装程序即可。

13.3   SQL Server 2008 系统结构

SQL Server 2008 是一个由 6 个层次组成的系统结构，如图 13-2 所示。它们是系统平台、服务器、数据库及架构、数据库对象、数据库接口及用户。本节主要介绍后面五部分内容。

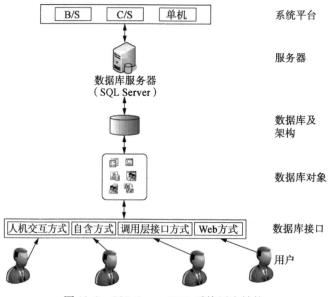

图 13-2   SQL Server 2008 系统层次结构

1. SQL Server 2008 服务器

SQL Server 2008 是运行于网络环境下数据库服务器中的数据库管理系统。一个服务器可以存储和管理多个数据库，基于同一服务器的多个数据库用户可共享服务器提供的服务。服务器是 SQL Server 2008 数据库管理系统的基地。SQL Server 2008 系统安装完成后，可使用"数据服务"来管理服务器。

2. SQL Server 2008 数据库及架构

数据库是 SQL Server 2008 管理和维护的核心，它可以集成应用所需的全部数据。同一数据库的不同用户依据权限共享该数据库的所有对象资源。用户可以通过对数据库的操作对其进行管理和维护。架构是数据库对象的部分集合，一般用于数据库安全保护。

（1）SQL Server 2008 数据库

在 SQL Server 2008 中，数据库是存放数据及其相关对象的容器。SQL Server 2008 能够支持多个数据库，每个数据库可以存储多种不同数据与程序。

SQL Server 2008 中的数据库分为两种：系统数据库和用户数据库。

1）系统数据库：系统数据库由系统创建和维护，用于提供系统所需数据。系统数据库在安装 SQL Server 2008 时由系统自动创建，它们提供信息服务，协助系统完成对数据库的相关管理。SQL Server 2008 的安装程序在安装时默认建立四个系统数据库，它们是：Master、Model、Msdb 及 Tempdb。

2）用户数据库：由用户创建并为用户所使用的数据库称为用户数据库。在 SQL Server 2008 中大部分为用户数据库。用户数据库由数据库对象组成。

（2）SQL Server 2008 数据库架构

数据库是数据对象的容器，有时数据库中数据对象很多，为方便用户使用与管理从而引入架构，这样可以对数据库对象进行分组管理，即在数据库内部分成若干个组，每个组称为架构，它管理数据库中的一部分对象。因此，数据库可由多个架构组成。

实际上，架构也是一种对象的容器，不过它属于某个数据库，是此数据库中对象的一个部分而已。在 SQL Server 2008 中，架构主要用于数据库安全保护。

在默认情况下架构名是 dbo。如果是访问默认架构中的对象则可以忽略架构名。

架构是 SQL Server 2008 中所特有的，在其他的 DBMS 中没有这个概念。

3. SQL Server 2008 数据库对象

在 SQL Server 2008 中数据库由数据库对象组成。那些存储的数据、对数据操作的程序以及管理数据所必需的数据都称为数据库对象。表 13-1 所示的是常用数据库对象一览表。

表 13-1　SQL Server 2008 常用数据库对象一览表

对象名	说　明
表	表是数据库中最基本与常用的对象
索引	数据库中的索引可以使用户快速找到表中特定数据
视图	视图是从一个或多个表中导出的表（也称虚拟表）
缺省值	缺省值也称默认值，是对没有指定具体值的列赋予事先设定好的值
规则	规则是数据库中数据约束的表示形式
存储过程	存储过程是一种存储在数据库中的 T-SQL 程序
触发器	触发器是一种特殊的 SQL 程序，它用于主动完成某些完整性约束的处理
主键	主键是表中一个或多个列的组合，可以唯一确定表中记录
外键	外键是表中一个或多个列的组合，用于建立表间关联

4. SQL Server 2008 数据库接口

SQL Server 2008 数据库接口共有人机交互方式、自含式方式、调用层接口方式及 Web 方式四种方式。SQL Server 2008 数据库接口的特色是丰富多样的人机交互方式。

5. SQL Server 2008 用户与安全性

用户是数据库的访问者。在 SQL Server 2008 中用户必须有标识，同时还需有访问权限，所有这些都需预先设置，在访问时必须检验，称为用户管理。用户管理与数据安全直接相关，因此在用户的讨论中一般都与数据安全联合在一起，而此时用户也称安全主体。

13.4 SQL Server 2008 的数据服务

13.4.1 SQL Server 2008 数据服务概述

数据服务是数据库中的一大重要功能，但数据服务的非规范性与灵活性使得在不同 DBMS 中有不同理解与不同内容。

在 SQL Server 2008 中数据服务内容丰富，这是微软公司产品的特色，也是其他数据库产品所不能比拟的。在 SQL Server 2008 的七个服务中除数据库引擎外其余六个均为数据服务，而在数据库引擎中也有一部分为数据服务，由此可见数据服务在 SQL Server 2008 中的重要性。

SQL Server 2008 中的数据服务是一组在系统后台运行的程序与数据。数据服务通常以人机交互方式提供 SQL Server 2008 中的管理性服务。

SQL Server 2008 的数据服务一共有 5 种形式。

1. 操作服务

SQL Server 2008 提供多种形式的操作服务，包括函数、过程、组件及命令行等。

（1）内置函数

SQL Server 2008 提供了大量的内置函数，它是一种系统函数，由系统提供并供用户使用。内置函数在 SQL Server 2008 中可认为是数据库的一个部分。

（2）系统过程

SQL Server 2008 提供大量的系统过程，主要是系统存储过程及触发器等。

1）系统存储过程。在 SQL Server 2008 中有系统存储过程，它是系统提供的存储过程，目前有近 300 个存储过程供用户使用。它包括数据库管理、数据对象管理等多种功能。

系统存储过程在 SQL Server 2008 中也可认为是数据库的一个部分。

2）触发器。触发器是一种特殊的存储过程。在 SQL Server 2008 中也有部分系统触发器，一般由 SQL 完整性语句调用。

系统触发器在 SQL Server 2008 中也可认为是数据库的一个部分。

（3）组件

在 SQL Server 2008 中很多工具都可以分解成组件使用，此外，Windows 与 . NET Framework 所提供的大量组件也可供用户使用。

（4）命令行

在 SQL Server 2008 中很多操作、系统存储过程、组件以及工具都可以以命令行形式出现。它为用户使用提供了又一种方便形式。

2. 工具服务

SQL Server 2008 提供如下常用工具：

1）系统安装工具：即 SQL Server 2008 的安装程序，用于将 SQL Server 2008 系统安装在 SQL

服务器上。

2）SQL Server 配置管理器（SQL Server Configuration Manager）：为 SQL Server、服务器协议、客户端协议和客户端别名提供基本配置管理。该配置管理器在安装时即生成，可直接在 Windows 下启动使用。

3）SQL Server 事件探查器（SQL Server Profiler）：用于数据库运行中的事件查看与监视。

4）数据库引擎优化顾问（Database Engine Turning Adviser）：用于提高数据库运行效率的工具。

5）DTS（Data Transformation Services）：数据转换服务工具。

6）Detach db：数据库分离工具。

7）Attach db：数据库附加工具。

8）Data Restore：数据恢复工具。

9）Data Backup：数据备份工具。

10）SSAS（SQL Server Analysis Services）：数据分析服务工具。

11）SSRS（SQL Server Reporting Services）：数据报表服务工具。

12）SSIS（SQL Server Integration Services）：数据集成服务工具。

13）SQL Full-text Filter Daemon Launcher：全文搜索服务代理工具。

14）SQL Server Browser：数据浏览器服务工具。

15）SQL Server Agent：SQL Server 代理服务工具。

在这 15 个工具中，1）是为整个系统服务的；2）～9）是为核心功能服务的；10）～12）是为三个扩充功能服务的；13）～15）是为特色功能服务的。

3. 工具包服务

SQL Server 2008 提供如下工具包（在这里称为平台工具）：

1）SSMS（SQL Server Management Studio）：SQL Server 管理平台。它是数据库核心功能中的主要数据服务。所有 SQL Server 2008 中的数据库相关功能的人机交互方式都可用它操作实施。

2）BIDS（Business Intelligence Development Studio）：SQL Server 业务智能开发平台。它是数据库分析功能中的数据服务。

4. 信息服务

SQL Server 2008 提供如下信息服务。

（1）信息服务数据库

SQL Server 2008 提供下面的信息服务数据库：

1）Master 数据库：Master 数据库记录 SQL Server 系统的所有系统级信息，包括实例范围的元数据（例如登录账户）、端点、链接服务器和系统配置设置。此外，Master 数据库还记录所有用户数据库的信息、数据库文件的位置以及 SQL Server 的初始化信息。它是一种数据字典。

2）Model 数据库：存储新建数据库模板。

3）Tempdb 数据库：存储临时数据的数据库。

4）Msdb 数据库：用作调度的数据库。

5）Resource 数据库：存储所有系统对象的数据库，它也是一种数据字典。

6）Adventure Works 数据库：一种示例数据库。

7）Northwind 数据库：又一种示例数据库。

8）Pubs 数据库：也是一种示例数据库。

（2）日志

SQL Server 2008 提供了两种不同的日志：

1）事务日志：记录事务的日志。

2）SQL Server 日志：记录 SQL 服务器工作的日志。

（3）系统帮助

SQL Server 2008 提供系统帮助，称为 SQL 联机丛书，为用户使用 SQL Server 2008 提供帮助。

5. 第三方服务

第三方服务指的是除 SQL Server 2008 以外的服务，包括微软其他产品所提供的服务。如 Windows 所提供的函数，Office 及 . NET Framework 所提供的组件、函数等，其中 OLE DB、OD-BC、ADO 及 ADO. NET、ASP、ASP. NET 等都是其所提供的服务。此外，还包括微软公司以外的第三方公司所开发的服务产品，如数据分析、数据挖掘产品，数据库运行监督产品等。

在上面这些数据服务中，最重要的是下面两个工具：

1）SQL Server 管理平台（SQL Server Management Studio，SSMS）。

2）SQL Server 配置管理器（SQL Server Configuration Manager，SSCM）。

接下来的两小节就介绍这两个工具，后面将会经常用到它们。在安装 SQL Server 2008 的时候，系统已经自动安装了这些工具。

13. 4. 2   SQL Server 2008 常用工具之一——SQL Server Management Studio

SQL Server Management Studio 也可简写为 SSMS，是 SQL Server 2008 的主要平台工具。它是一种集成可视化管理环境，是 SQL Server 2008 中最重要的管理工具组件。它用于访问、配置和管理所有 SQL Server 组件。SQL Server Management Studio 组合了大量图形工具和丰富的脚本编辑器，方便操作人员对 SQL Server 2008 的访问。SQL Server Management Studio 将 SQL Server 的查询编辑器和服务管理器的各种功能组合到一个单一环境中。

SQL Server Management Studio 能够配置系统环境和管理 SQL Server，且能以层叠列表形式显示所有的 SQL Server 对象，SQL Server 对象的建立与管理都可以通过它来完成。如管理 SQL Server 服务器，管理数据库，管理表、视图、存储过程、触发程序、角色、规则、默认值等数据库对象，备份数据库和事务日志，恢复数据库，复制数据库，设置任务调度，设置报警，提供跨服务器的控制操作，设置与管理用户账户及访问权限，管理 T-SQL 命令语句等。

打开 Windows"开始"菜单，选择"Microsoft SQL Server 2008 R2"程序组中的"SQL Server Management Studio"。在"服务器类型""服务器名称""身份验证"选项中分别输入或选择所需的选项（默认情况下不用选择，因为在安装时已经设置完毕），然后单击"连接"按钮即可登录到 SQL Server Management Studio，如图 13-3 所示。

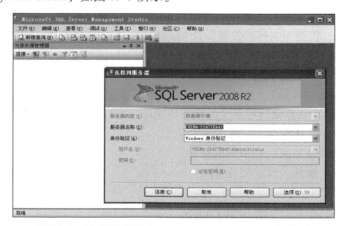

图 13-3   连接到 SQL Server Management Studio 主界面

SQL Server Management Studio 的工具组件包括对象资源管理器、已注册的服务器、查询编辑器、解决方案资源管理器、模板资源管理器等，如图 13-4 所示。

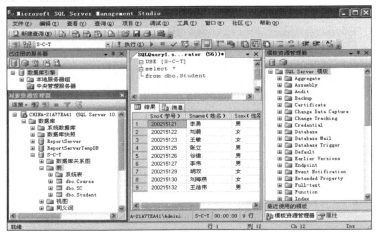

图 13-4　SQL Server Management Studio 操作界面

如果要显示图中某工具，可选择"视图"下拉菜单中相应的工具名称即可。

1. 对象资源管理器

对象资源管理器是 SQL Server Management Studio 的一个组件，可连接到数据库引擎实例、Analysis Services、Integration Services 和 Reporting Services 等数据库主要服务工具。它提供了服务器中所有对象的视图，并具有可用于管理这些对象的用户界面。对象资源管理器的功能根据服务器的类型稍有不同，但一般都包括用于数据库的开发功能和用于所有服务器类型的管理功能。在对象资源管理器中，每一个服务器节点下面都包含 5 个分类：数据库、安全性、服务器对象、复制和管理。每一个分类下面还包含许多子分类和对象。右键单击某个具体的对象，则可以选择该对象相应的属性和操作命令，如图 13-5 所示。

2. 已注册的服务器

注册服务器就是为 SQL Server 客户/服务器系统确定数据库所在的服务器名，可为客户端的各种请求提供服务。通过 SQL Server Management Studio 中"已注册的服务器"组件可以注册服务器，保存经常访问的服务器连接信息，如图 13-6 所示。

图 13-5　"对象资源管理器"窗口

图 13-6　"已注册的服务器"窗口

3. 查询编辑器

进入 SQL Server Management Studio 后，点击菜单栏上的"新建查询"按钮即可打开查询编辑器窗口，如图 13-7 所示。

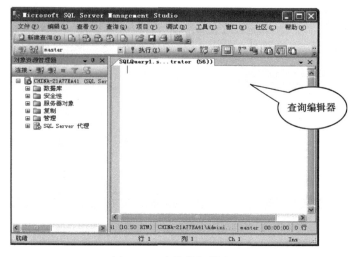

图 13-7   查询编辑器窗口

使用查询编辑器可以创建和运行 T-SQL 和 sqlcmd 脚本，如图 13-8 所示。在查询编辑器窗口中创建和编辑脚本，按 F5 键或者单击工具栏上的"执行"按钮执行脚本。

图 13-8   查询编辑器执行窗口

4. 解决方案资源管理器

数据库应用中往往需要开发项目，而在开发中需有项目开发的解决方案，为协助解决方案的实施，SQL Server 2008 提供了项目解决方案中的相关数据资源，此部分功能称为解决方案资源管理器。解决方案资源管理器是 SQL Server Management Studio 的一个组件，它管理若干个项目，而项目是由多个项组成的，项的内容包括如文件夹、文件、引用及数据连接等。解决方案资源管理器用于在项目解决方案中查看和管理项以及执行项管理任务。通过该组件，可以使用 SQL Server Management Studio 编辑器对与某个项目关联的项进行操作。

5. 模板资源管理器

开发人员进行数据库操作(插入、查询、更新、删除以及存储过程等)时如对某些操作的 SQL 脚本命令不熟悉，可使用模板资源管理器。在模板资源管理器中，提供了大量与 SQL Server 服务相关的脚本模板。模板实际上就是保存在文件中的脚本片段，这些脚本片段可以作为编写 SQL 语句的起点，可在 SQL 查询视图中打开脚本片段并且进行修改，使之适合你的编写需要。

下面给出使用 SQL Server Management Studio 的一个例子。

【例 13.1】　T-SQL 中 SQL 语句标准操作流程的例子。

T-SQL 中 SQL 语句的操作一般是在 SQL Server Management Studio 平台下进行的，称为 T-SQL 方式。这种方式可有多种操作流程，在这个例子中我们给出一个标准操作流程，本篇中所有 T-SQL 方式的例子均用此操作流程。

1）启动 SQL Server Management Studio。

2）打开新建查询窗口。这里打开新建查询有两种操作方式：

①在工具栏上单击"新建查询"按钮 ，如图 13-9 所示。

图 13-9　打开"新建查询"窗口

②打开资源管理器，在对象资源管理器中展开"CHINA-21A77EA41"（选择实际服务器名）服务器的节点，选中需要新建查询的资源，如数据库或表等。点击右键，选择"新建查询"命令，如图 13-10 所示。

3）弹出"新建查询"窗口，在"新建查询"窗口中输入 T-SQL 语句（这里我们以创建 Student 表为例）：

```
USE [S-C-T]
CREATE TABLE Student
     (Sno   CHAR(9),
      Sname  CHAR(20),
      Ssex   CHAR(2),
      Sage   SMALLINT,
      Sdept  CHAR(20)
Constraint PK_Sno
PRIMARY KEY(Sno) /* 表级完整性约束条件* /
        );
GO
```

图 13-10　选择"新建查询"命令

说明：如果采用第二种方法打开"新建查询"窗口，则在 T-SQL 语句中可以省略使用 USE 来指定操作的对象。

4）单击工具栏上的"分析"按钮 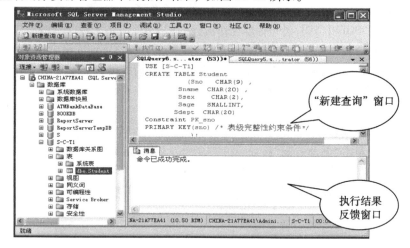 和"调试"按钮 ，对语法进行分析和调试。

5）单击"执行"按钮 或按键盘上的 F5 键，执行新建查询命令，结果将显示在消息窗口中，同时，可在对象资源管理器中选择"数据库"结点，单击右键在快捷菜单中选择"刷新"按钮来查看对象资源管理器中的操作结果，如图 13-11 所示。

图 13-11 执行结果

13.4.3 SQL Server 2008 常用工具之二——SQL Server 配置管理器

本节介绍 SQL Server 配置管理器的操作。SQL Server 配置管理器用于管理 SQL 服务器的配置，具有网络配置、客户端网络协议配置和客户端远程服务器配置等配置管理功能。其操作如下：

SQL Server 2008 配置管理器通过"开始"→"所有程序"→"SQL Server 2008 R2"→"配置工具"→"SQL Server Configuration Manager"菜单启动，如图 13-12 所示。

图 13-12 SQL Server 配置管理器界面

1）服务配置管理。SQL Server 配置管理器可以启动、停止、重新启动、继续或暂停服务，查看或更改服务属性等。

2）网络配置管理。网络配置管理任务包括选择启动协议、修改协议使用的端口或管道、配置加密、在网络上显示或隐藏数据库引擎以及注册服务器名称等。

3)SQL 客户端网络协议配置。SQL 客户端网络协议配置即 SQL Native Client 配置管理，用它可配置客户端网络协议。

4)客户端远程服务器配置。SQL Server 2008 提供远程服务器功能，使客户端可以通过网络访问指定的 SQL Server 服务器，以便在没有建立单独连接的情况下在其他 SQL Server 实例上执行存储过程。

13. 4. 4　SQL Server 2008 中操作的包装

在 SQL Server 2008 中所有操作都需要"包装"，包装就是操作在计算机中的表示形式。任何操作只有通过包装才能在计算机中运行。目前在 SQL Server 2008 中的包装都是由数据服务完成的，常用下面四种方式：

1)SQL Server Management Studio 及 SQL Server Configuration Manager 方式。这是典型的人机交互方式，目前使用较为普遍。

2)SQL Server Management Studio 平台下的 T-SQL 方式。例 13.1 即为此种方式的标准操作流程，目前使用也较为普遍。

3)命令行方式。这也是一种人机交互方式。

4)ADO 方法中的参数方式。这是应用程序与数据库间接口的方式。

在本篇的所有数据操作中都使用这四种方式包装。

 **本章小结**

本章主要对 SQL Server 2008 进行全局、概要的介绍，其内容包括：

1. 系统概况：介绍 SQL Server 2008 的发展、平台、版本安装、功能、组成与特色。

　(1)功能：数据库核心功能、扩充功能及特色功能以 7 个服务形式表示。

　(2)特色：集成性、服务、安全性及中小型应用。

2. 系统结构：分系统平台层、服务器层、数据库及架构层、数据库对象层、数据库接口层及用户层 6 个层次。

3. 数据服务

　(1)数据服务：4 种操作服务，15 个工具，2 个工具包，3 个信息服务及第三方服务。

　(2)常用的工具：SQL Server Management Studio 及 SQL Server 配置管理器。

　(3)4 种包装方式。

5. 本章重点内容

　(1)6 层系统结构(常用为 5 层)。

　(2)两个常用的工具。

习题 13

选择题

13. 1　SQL Server 2008 使用管理工具(　　　)来启动、停止与监控服务、服务器端支持的网络协议，以及进行用户用于访问 SQL Server 的网络相关设置等工作。

　A. 数据库引擎优化顾问　　　　　B. SQL Server 配置管理器

　C. SQL Server Profiler　　　　　D. SQL Server Management Studio

13. 2　下面不是 SQL Server 2008 中数据库对象的一项是(　　　)。

　A. 存储过程　　　　　　　　　B. 表

C. 视图   D. 服务器

13.3　在 SQL Server 2008 的几个系统数据库中，（　　　　）为用户提供一套预定义的标准模板。

A. Master   B. Msdb

C. Model   D. Tempdb

问答题

13.4　简述 SQL Server 2008 的特点及功能。

13.5　SQL Server 2008 系统结构由哪几个部分组成？

13.6　SQL Server 2008 系统中主要包括哪些数据库对象？简述其作用。

13.7　SQL Server 2008 的数据服务功能有哪些？

13.8　SQL Server Management Studio 为数据库用户提供了哪些功能？请说明之。

13.9　SQL Server Configuration Manager 为数据库用户提供了哪些功能？请说明之。

13.10　试说明 SQL Server 2008 常用的四种包装方式。

第 14 章　SQL Server 2008 服务器管理

数据库管理系统必须有一个赖以生存与活动的环境，它就是网络中的数据库服务器，简称服务器，在 SQL Server 2008 中也可称为 SQL 服务器或 SQL Server 2008 服务器。服务器在数据库中是极为重要的，它起到了数据库根据地或基地的作用。

SQL 服务器中的一个实例组成了一个共享数据单位。SQL 服务器以提供服务(service)的形式存在。这种服务即是数据库管理服务(数据库引擎)，此外还包括报表服务、分析服务和集成服务以及数据浏览器服务、服务器代理、全文检索等 7 种 SQL Server 2008 服务。

服务器自身也是需要管理的，它的管理功能有下面几个部分：

- SQL Server 2008 服务器注册与连接管理。
- SQL Server 2008 服务器中服务的启动、停止、暂停与重新启动管理。
- SQL Server 2008 服务器启动模式管理。
- SQL Server 2008 服务器属性配置管理。
- SQL Server 2008 服务器网络配置及客户端远程服务器配置管理。

对服务器的管理由数据库管理系统中的"数据服务"完成。常用的有下面几个工具：

- SQL Server 配置管理器：SQL Server Configuration Manager，这是主要的工具。
- SQL Server 管理平台：SQL Server Management Studio。
- sp_configure：系统存储过程。

14. 1　SQL Server 2008 服务器管理概述

SQL Server 2008 服务器管理的内容有：

1. SQL Server 2008 服务器注册与连接管理

服务器的注册与连接建立了数据库软件与服务器硬件间的实质性关联。

注册服务器就是为网络中的 SQL 服务器确定一个服务器实例。服务器实例只有在注册后才能被纳入 SQL Server Management Studio 的管理范围。首次启动 SQL Server Management Studio 时，将自动注册为 SQL 服务器本地实例。

用 SQL Server Management Studio 还可完成已注册服务器的断开与连接等。

2. SQL Server 2008 服务器中服务的启动、停止、暂停与重新启动管理

在完成注册与连接后，可对 SQL Server 2008 服务器中的服务进行启动、停止、暂停与重新启动管理。完成此类操作可用 SQL Server Management Studio 或 SQL Server 2008 配置管理器等多种工具。

3. SQL Server 2008 服务器启动模式管理

SQL Server 2008 中有多种服务，有些服务默认是自动启动的，如 SQL Server 等；有些服务默认是停止的，如 SQL Server Agent 等。服务均可设置为自动、手动与已禁用三种模式，可用

SQL Server 2008 配置管理器等工具设置。

4. SQL Server 2008 服务器属性配置管理

SQL Server 2008 服务器属性配置管理用于确定 SQL Server 2008 中常规、内存、连接、安全性、服务器权限及数据库属性等选项的设置。

在 SQL Server 2008 中，可以使用 SQL Server Management Studio、sp_configure 系统存储过程等方式设置服务器属性配置选项。

5. SQL Server 2008 服务器网络配置及客户端远程服务器配置管理

在 SQL Server 2008 中服务器是处于网络环境中的，因此需要进行网络配置及客户端远程服务器的配置。所使用的工具主要是 SQL Server 2008 配置管理器。

下面我们分五节介绍这五个内容，所用工具以 SQL Server Management Studio 及 SQL Server 2008 配置管理器为主。

14.2 SQL Server 2008 服务器注册与连接操作

1. 注册服务器

用 SQL Server Management Studio 注册服务器，步骤如下：

1）在 SQL Server Management Studio 的"查看"菜单上单击"已注册的服务器"，打开"已注册的服务器"窗口，如图 14-1 所示。

2）在"已注册的服务器"工具栏上打开"数据库引擎"节点，右键单击"本地服务器组"选项，在弹出的快捷菜单中选择"新建服务器注册"，打开"新建服务器注册"窗口，如图 14-2 所示。

图 14-1 "已注册的服务器"窗口   图 14-2 "新建服务器注册"窗口

3）在"新建服务器注册"窗口的"服务器名称"下拉列表框中选择"CHINA-21A77EA41"选项，再在"身份验证"下拉列表框中选择"Windows 身份验证"选项。"已注册的服务器名称"文本框中将用"服务器名称"框中的名称自动填充，在"已注册的服务器名称"文本框中输入"CHINA-21A77EA41 \ cfp2008"（可由用户设置）。单击"连接属性"标签，打开"连接属性"选项卡，可以设置连接到的数据库、网络以及其他连接属性。

2. 连接和断开注册服务器

注册完成后，用户可以通过 SQL Server Management Studio 连接和断开注册服务器。以"CHINA-21A77EA41 \ cfp2008"为例，其操作为：

在"已注册的服务器"窗口中，右击服务器"CHINA-21A77EA41 \ cfp2008"，在弹出的快捷菜单中单击"服务控制"，点击"启动"即完成注册服务器的连接操作，如图 14-3 所示。同样，通过单击"服务控制"可以实现注册服务器的停止(断开)、暂停和重新启动。

图 14-3　启动已注册的服务器

14.3　SQL Server 2008 服务器中服务启动、停止、暂停与重新启动操作

用 SQL Server 配置管理器完成 SQL Server 2008 服务器中服务的启动、停止、暂停和重新启动操作，其步骤如下：

1）打开 SQL Server 2008 配置管理器，如图 14-4 所示。

图 14-4　"SQL Server 配置管理器"窗口

2）在右侧的窗格中可以看到本地所有的 SQL 服务器服务。右击服务名称，在弹出的快捷菜单中选择"启动""停止""暂停"或"重新启动"，可以完成相应 SQL 服务器服务的启动、停止、暂停或重新启动。如图 14-5 所示。

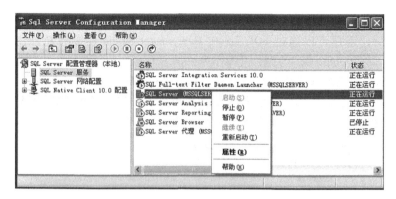

图 14-5 服务管理

14.4 SQL Server 2008 服务器启动模式操作

SQL Server 2008 服务器启动模式可用 SQL Server 配置管理器设置。

在 SQL Server 配置管理器中选择需设置的服务，如CHINA-21A77EA41，右击，在弹出的快捷菜单中选择"属性"，打开"SQL Server 属性"窗口，在窗口中选择"服务"选项卡，即可以完成启动模式的设置，如图 14-6 所示。

14.5 SQL Server 2008 服务器属性配置操作

SQL Server 2008 服务器属性用 SQL Server Management Studio 配置，其步骤如下：

1）启动 SQL Server Management Studio，打开"连接到服务器"窗口，如图 14-7 所示。

2）"服务器类型"选择"数据库引擎"，"服务器名称"输入本地计算机名称"CHINA-21A77EA41"，"身份验证"选择"Windows 身份验证"方式，如果选择 SQL Server 验证方式，还需输入登录名和密码。

图 14-6 "SQL Server 属性"窗口

图 14-7 "连接到服务器"窗口

3）单击"连接"按钮，连接服务器成功后，右击"对象资源管理器"，在弹出的快捷菜单中选择"属性"命令，打开"服务器属性"窗口，如图 14-8 所示，可以选择常规、内存、连接、安全性、权限及数据库设置等选项页进行设置。

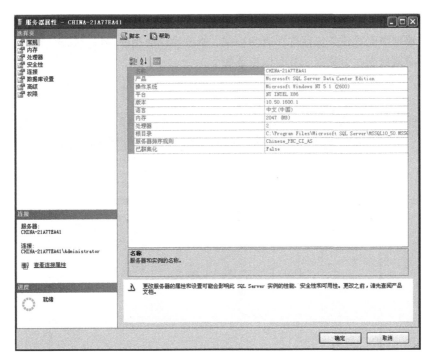

图 14-8   "服务器属性"窗口

"常规"选项页列出了当前服务器的产品名称、操作系统名称、平台名称、版本号、使用的语言、当前服务器的最大内存数量、当前服务器的处理器数量、当前 SQL Server 安装的根目录、服务器使用的排序规则以及群集化情况等。

"内存"选项页中,"使用 AWE 分配内存"复选框表示在当前服务器上使用**地址空间扩展**技术执行超大物理内存。通过"最大服务器内存(MB)"和"最小服务器内存(MB)"设置服务器可以使用的内存范围。"最大工作线程数"选项用于设置 SQL Server 进程工作的线程数,该值为 0 时,表示系统动态分配线程。

"连接"选项页中,数值框用于设置当前服务器允许的最大并发连接数。它是同时访问的客户端数量。当该选项设置为 0 时表示不对并发连接数进行限制,理论上允许有无数多的客户端同时访问服务器。SQL Server 允许最多 32 767 个用户连接,这也是这个参数的最大值。

"安全性"选项页中,可以设置服务器身份验证模式、登录审核等安全性相关选项。通过设置登录审核功能,可以将用户的登录结果记录在日志中。

"权限"选项页中,可设置和查看当前 SQL Server 实例中用户登录名及角色的权限。

"数据库设置"选项页中,可以查看或修改所选数据库的选项,如默认索引、数据库的备份的保持天数、恢复间隔(分钟)以及日志、配置值与运行值等参数。

14.6   SQL Server 2008 服务器网络配置及客户端远程服务器配置操作

在 SQL Server 2008 的服务器中需进行网络配置,包括服务器端的网络配置、客户端的网络配置、客户端的远程服务器配置。对它的操作选用 SQL Server 配置管理器。

在网络配置中的一个内容是网络协议配置,在 SQL Server 2008 中有多个协议可供使用,常用的是基于 C/S 的命名管道(named pipe)协议以及基于 B/S 的 TCP/IP 协议,而其默认协议为命名管道。

1. 服务器端网络配置

服务器端网络配置任务包括选择启动协议、修改协议使用的端口或管道、配置加密、在网络上显示或隐藏数据库引擎等。其操作步骤如下：

1）在 SQL Server 配置管理器中选中左侧的"SQL Server 服务"，确保右侧的 SQL Server 以及 SQL Server Browser 正常运行。打开左侧"SQL Server 网络配置"，单击相应数据库实例名的协议，查看右侧的 TCP/IP 默认是"已禁用"，将其修改为"已启用"，如图 14-9 所示。

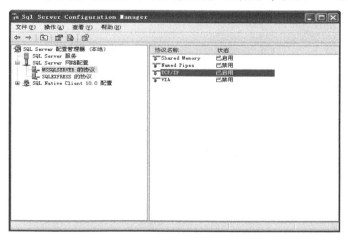

图 14-9   设置 TCP/IP 为已启用

2）双击"TCP/IP"，打开"TCP/IP 属性"对话框，将"协议"选项卡中的"全部侦听"和"已启用"项均设置为"是"，如图 14-10 所示。

图 14-10   设置"TCP/IP 属性"协议

3）选择"IP 地址"选项卡，设置 IP1、IP2、IPAll 的 TCP 端口为"1433"，TCP 动态端口为空，已启用为"是"，活动状态为"是"，如图 14-11 所示。

2. SQL 客户端网络配置

SQL 客户端网络配置即 SQL Native Client 配置管理，它主要包括协议配置及别名创建。SQL Native Client 中的设置将在运行客户端程序的计算机上使用。

图 14-11　设置"TCP/IP 属性"IP 地址

（1）客户端协议启用和禁用

1）在 SQL Server 配置管理器左侧窗口中展开"SQL Native Client 10.0 配置"节点，选中"客户端协议"选项，将"客户端协议"的"TCP/IP"修改为"已启用"，如图 14-12 所示。

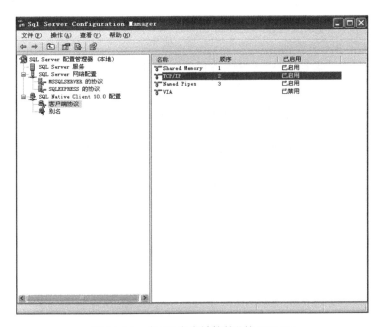

图 14-12　启用"客户端协议"的 TCP/IP

2）双击"TCP/IP"，打开"TCP/IP 属性"对话框，将默认端口设为"1433"，已启用为"是"，如图 14-13 所示。配置完成，重新启动 SQL Server 2008。

（2）创建别名

别名是可用于进行连接的设备名称。别名封装了连接字符串所必需的元素，并使用户按所选择的名称显示这些元素。在 SQL Server 配置管理器左侧窗口中展开"SQL Native Client 10.0 配置"节点，选中"别名"选项，右击，在快捷菜单中选择"新建别名"命令，打开如图 14-14 所示的"别名－新建"对话框，在此即可对别名进行设置。其中"别名"是指用于引用此连接的设备名称，"服务器"是指与别名所关联的 SQL Server 实例的名称。

图 14-13　设置"TCP/IP 属性"协议　　　　　　图 14-14　"别名－新建"对话框

3. 配置客户端远程服务器

SQL Server 2008 提供远程服务器功能，使客户端可以通过网络访问指定的 SQL Server 服务器，以便在没有建立单独连接的情况下在其他 SQL Server 实例上执行操作。配置客户端(远程)服务器主要是启用远程连接及连接远程服务器，使用 SQL Server Management Studio 来完成，其操作步骤如下：

1)将"Windows 身份验证"方式连接到数据库服务引擎，右击"对象资源管理器"窗口的服务器(这里为"CHINA-21A77EA41")，选择"属性"，如图 14-15 所示。

图 14-15　选择"属性"命令

2)在打开的"服务器属性"窗口左侧选择"安全性"，选中右侧的"SQL Server 和 Windows 身份验证模式"以启用混合登录模式。如图 14-16 所示。

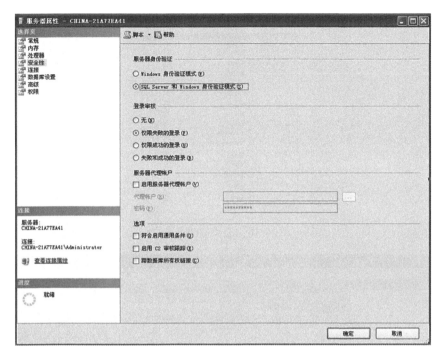

图 14-16 设置"安全性"属性

3）选择"连接"，勾选"允许远程连接到此服务器"，设置最大并发度。如图 14-17 所示。

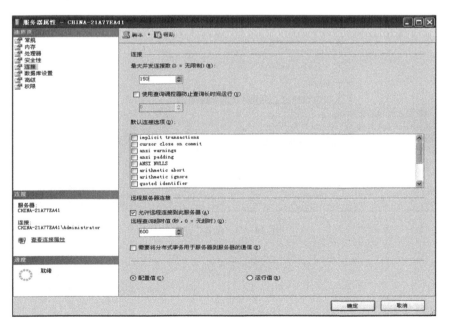

图 14-17 设置"连接"属性

4）右击服务器"CHINA-21A77EA41"，选择"方面"（"方面"表示服务器中某些方面的特殊设置），如图 14-18 所示。在"方面"下拉列表框中，选择"服务器配置"，"RemoteAccess-Enabled"属性和"RemoteDacEnabled"设为"True"（其中前者表示已启用远程访问；后者表示赋予最高级别——管理员级，也称 DAC 级远程访问权限），如图 14-19 所示，点击"确定"。

至此设置完毕。

图 14-18 选择"方面"命令

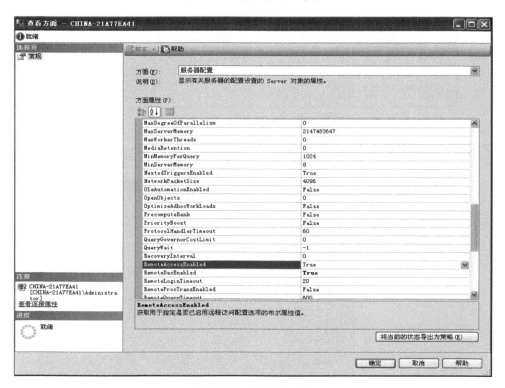

图 14-19 设置"方面"

本章小结

本章介绍 SQL Server 服务器管理。SQL Server 服务器起到了数据库根据地或基地的作用。SQL Server 服务器以提供服务(service)的形式存在,其常用的有 7 种服务。

1. SQL 服务器的管理功能有下面几个部分:
   - SQL Server 服务器注册与连接管理。
   - SQL Server 服务器中服务的启动、停止、暂停与重新启动管理。

- SQL Server 服务器启动模式管理。
- SQL Server 服务器属性配置管理。
- SQL Server 服务器网络配置及客户端远程服务器配置管理。

2. 在管理中所用到的数据服务工具主要有：
- SQL Server 管理平台：SQL Server Management Studio。
- SQL Server 配置管理器：SQL Server Configuration Manager。

3. 本章重点内容
- SQL Server 服务器的管理工具的操作。

习题 14

14.1　试述 SQL Server 2008 服务器管理的重要性。

14.2　SQL Server 2008 服务器管理包含哪些内容？请说明之。

14.3　如何对 SQL Server 2008 服务器注册？试通过实验验证之。

14.4　简述 SQL Server 2008 服务器属性设置包括的选项卡及主要内容。

14.5　试用 SQL Server Management Studio 完成 SQL Server 2008 服务器的启动、关闭操作。

14.6　SQL Server 2008 服务器网络配置及客户端远程服务器配置如何实施？请说明之。

14.7　试用 SQL Server Configuration Manager 完成 SQL Server 2008 服务配置。

第15章 SQL Server 2008 数据库管理

数据库是存放数据库对象的容器。本章介绍 SQL Server 2008 用户数据库的管理,包括数据库的创建、删除、使用、备份与恢复。这些功能在 SQL Server 2008 中一部分是以数据服务形式出现的。

在本章中数据库管理的操作方法有两种,一种用 SQL Server Management Studio 中的人机交互方式,另一种则用 SQL Server Management Studio 平台下的 T-SQL 语句方式。下面可分别简写为 SSMS(SQL Server Management Studio)方式与 T-SQL 方式。

15.1 创建数据库

创建数据库就是确立一个命名的数据库。它包括数据库名、文件名、数据文件大小、增长方式等。在一个 SQL Server 2008 实例中,最多可以创建 32767 个数据库。

1. 使用 SQL Server Management Studio 创建数据库

【例15.1】 创建一个数据库 S-C-T。

1)启动 SQL Server Management Studio,出现"连接到服务器"对话框,如图 15-1 所示。

图 15-1 "连接到服务器"对话框

2)在"连接到服务器"对话框中,选择"服务器类型"为"数据库引擎","服务器名称"为"CHINA-21A77EA41"(根据实际服务器名称设置),"身份验证"为"Windows 身份验证",单击"连接"按钮,即连接到指定的服务器,如图 15-2 所示。

3)在"对象资源管理器"窗口中,右键单击"数据库"选项,在弹出的快捷菜单中选择"新建数据库",如图 15-3 所示。

4)进入"新建数据库"对话框如图 15-4 所示。通过"常规""选项"和"文件组"三个选项卡来设置新创建的数据库。

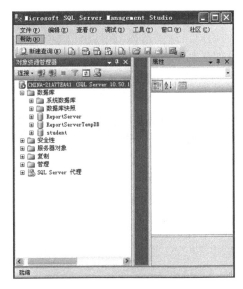

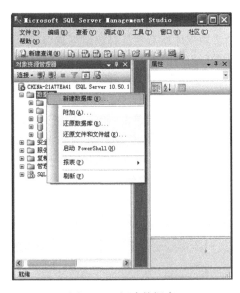

图 15-2 连接到数据库服务器　　　　　　　图 15-3 新建数据库

①"常规"选项卡。用于设置新建数据库的名称及所有者。在"数据库名"文本框中输入新建数据库名"S-C-T",此后,系统自动在"数据库文件"列表中产生一个主数据文件(名称为 S-C-T. mdf,初始大小为 3MB)和一个日志文件(名称为 S-C-T_log. ldf,初始大小为 1MB),同时显示文件组、自动增长和路径等默认设置。用户可以根据需要自行修改这些默认的设置,也可以单击"添加"按钮添加数据文件。在这里将主数据文件和日志文件的存放路径改为"E:\S-C-T"文件夹,如图 15-4 所示,其他保持默认值。

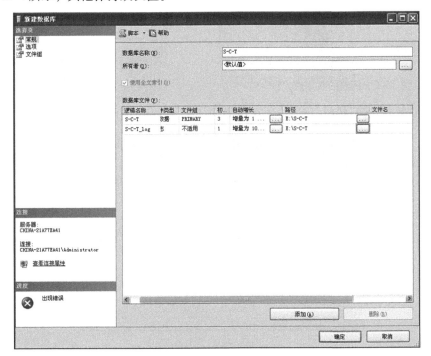

图 15-4 "常规"选项卡

单击"常规"选项页中"所有者"文本框后的浏览按钮,在弹出的列表框中选择数据库的所有者。数据库所有者是对数据库具有完全操作权限的用户,这里选择"默认值"选项,表示数据库的所有者为用户登录 Windows 操作系统使用的管理员账号,如 Administrator。

②"选项"选项卡。用于设置数据库的排序规则及恢复模式等选项。这里均采用默认设置。

③"文件组"选项卡。用于显示文件组的统计信息。这里均采用默认设置。

5)设置完成后单击"确定"按钮,数据库 S-C-T 创建完成。此时在 E:\S-C-T 文件夹中添加了 S-C-T. mdf 和 S-C-T_log. ldf 两个文件。在 SQL Server Management Studio 的"对象资源管理器"窗口中可以看到刚刚新建的数据库 S-C-T,如图 15-5 所示。

2. 在 T-SQL 中使用 SQL 语句 CREATE DATABASE 创建数据库

1)在 SQL Server Management Studio"对象资源管理器"窗口展开服务器结点,选择"数据库",在工具栏上选择"新建查询"按钮,如图 15-6 所示。

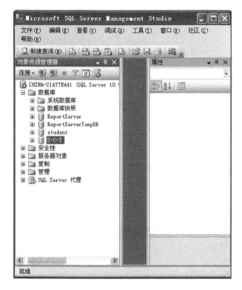

图 15-5   新建的数据库 "S-C-T"

图 15-6   打开"新建查询窗"口

2)单击"新建查询"按钮,打开"新建查询"窗口,如图 15-7 所示。

图 15-7   "新建查询"窗口

3)在"新建查询窗口"中依次输入 CREATE DATABASE 语句,其形式如下:

```
CREATE DATABASE <数据库名>
[ON
    [PRIMARY]
    <数据文件描述符1>
    [, <数据文件描述符n>]
    [, FILEGROUP  文件组名1
    <数据文件描述符>]
    [, FILEGROUP  文件组名n
    <数据文件描述符>]
]
[LOG ON
    <日志文件描述符1>
    [, <日志文件描述符n>]
]
```

其中，<数据文件描述符>和<日志文件描述符>为以下属性的组合：

```
(NAME = 逻辑文件名,
FILENAME = '物理文件名'
[,SIZE = 文件初始容量]
[,MAXSIZE = {文件最大容量|UNLIMITED}]
[,FILEGROWTH = 文件增长幅度])
```

各参数的含义如下：

- 数据库名：在服务器中必须唯一，并且符合标识符命名规则。
- ON：用于定义数据库的数据文件。
- PRIMARY：用于指定其后所定义的文件为主数据文件，如果省略的话，系统将第一个定义的文件作为主数据文件。
- FILEGROUP：用于指定用户自定义的文件组。
- LOG ON：指定数据库中日志文件的文件列表，如不指定则系统自动创建日志文件。
- NAME：指定 SQL Server 系统应用数据文件或日志文件时使用的逻辑名。
- FILENAME：指定数据文件或日志文件的文件名和路径，该路径必须指定 SQL Server 实例上的一个文件夹。
- SIZE：指定数据文件或日志文件的初始容量，单位可以是 KB、MB、GB 或 TB，默认单位为 MB，其值为整数。如果主文档的容量未指定，则系统取 Model 数据库的主文档容量；如果其他文件的容量未指定，则系统自动取 1MB 的容量。
- MAXSIZE：指定数据文件或日志文件的最大容量，单位可以是 KB、MB、GB 或 TB，默认单位为 MB，其值为整数。如果省略 MAXSIZE，可指定为 UNLIMITED，则数据文件或日志文件的容量可以不断增加，直到整个磁盘满为止。
- FILEGROWTH：指定数据文件或日志文件的增长幅度，单位可以是 KB、MB、GB、TB 或百分比(%)，默认是 MB。0 表示不增长，文件的 FILEGROWTH 设置不能超过 MAXSIZE，如果没有指定 MAXSIZE，则默认值为 10%。

【例 15.2】　创建数据库 Test1，指定数据库的数据文件位于 E:\Test，初始容量为 5M，最大容量为 10M，文件增量为 10%。

1) 启动 SQL Server Management Studio。在"对象资源管理器"中展开"CHINA-21A77EA41"服

务器节点。选择工具栏上的"新建查询"选项。

2)单击"新建查询"按钮，打开"新建查询"窗口

3)在"新建查询"窗口中输入如下语句：

```
CREATE  DATABASE  Test1
ON
    (NAME = TestDb2,
    FILENAME = 'E:\Test\Test1.mdf',
    SIZE = 5,
    MAXSIZE = 10,
    FILEGROWTH = 10% )
```

4)点击菜单栏的"！执行"选项，在"对象资源管理器"中选择"数据库"节点，单击右键在快捷菜单中选择"刷新"，即可看到新建的数据库 Test1，如图 15-8 所示的。

图 15-8 用 CREATE DATABASE 创建数据库

15.2 删除数据库

1. 使用 SQL Server Management Studio 删除数据库

【例 15.3】 使用 SQL Server Management Studio 删除 S-C-T 数据库。

1)启动 SQL Server Management Studio。

2)在"对象资源管理器"窗口中展开"CHINA-21A77EA41"服务器结点。

3)展开"数据库"结点。

4)右击 S-C-T 数据库，在弹出的快捷菜单中选择"删除"命令，如图 15-9 所示。

5)出现如图 15-10 所示的"删除对象"对话框，单击"确定"按钮即删除 S-C-T 数据库。在删除数据库的同时 SQL Server 会自动删除对应的数据文件和日志文件。

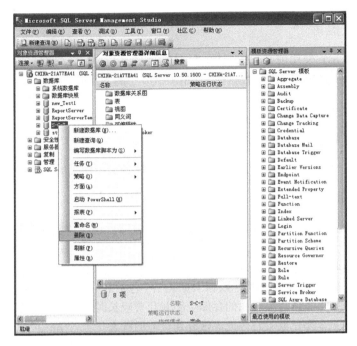

图 15-9 删除数据库

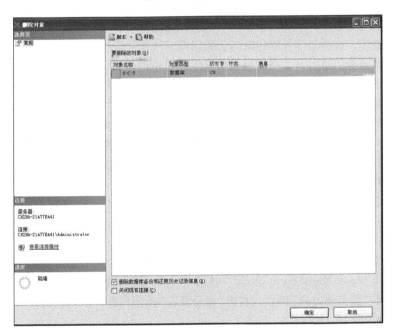

图 15-10 "删除对象"对话框

2. 使用 T-SQL 中的 DROP DATABASE 语句删除数据库

DROP DATABASE 语句的语法如下:

```
DROP DATABASE 数据库名 1 [, 数据库名 n]
```

【例 15.4】 删除数据库 S-C-T。

```
DROP DATABASE S-C-T
```

15.3 使用数据库

任何数据库在用户使用前必须用"使用数据库"语句以打开之。此后即可对该数据库进行操作。在 SQL Server 2008 中"使用数据库"可用 T-SQL 中的 SQL 语句表示，其语法如下：

```
USE <数据库名>
```

15.4 数据库备份与恢复

数据库备份和恢复可用于防止数据库破坏。数据库备份与恢复的操作均为数据服务。

15.4.1 数据库备份

"备份"是数据库中的数据副本，用于在系统发生故障后还原和恢复数据。

1. 备份类型

SQL Server 2008 提供四种备份方式：

1）完整备份：备份数据库的所有数据对象内容（包括表、视图、存储过程和触发器等），还包括事务日志。完整备份需要较大的存储空间并花费较长时间。完整备份的优点是操作比较简单，恢复时只需一个操作就可将数据库恢复到以前的状态。

2）差异备份：差异备份是完整备份的补充，它仅备份上次完整备份后所更改的数据。差异备份比完整备份更小、更快。因此，差异备份通常作为常用的备份方式。在还原数据时，要先还原前一次做的完整备份，然后还原最后一次所做的差异备份。差异备份的间隔时间可以比完整备份的间隔更短，这将会降低操作时的丢失风险。

3）事务日志备份：事务日志备份可备份事务日志中的数据。事务日志记录了上一次完整备份或事务日志备份后数据库的所有变动过程。

4）文件和文件组备份：在创建数据库时创建了多个数据库文件或文件组。使用此备份方式可以只备份数据库中的某些文件，该备份方式在数据库文件庞大时非常有效，由于每次只备份一个或若干个文件或文件组，因此可以分多次备份数据库，避免大型数据库的备份时间过长问题。另外，由于文件和文件组备份仅备份其中一个或多个数据文件，因此当数据库中的某个或某些文件损坏时，可用于还原损坏的文件或文件组备份。

2. 备份设备

备份设备是用于存储数据库备份的存储介质，它可以是硬盘、磁带或管道等。

（1）创建备份设备

目前一般用 SQL Server Management Studio 创建备份设备。

1）启动 SQL Server Management Studio，连接到 SQL Server 数据库引擎，在"对象资源管理器"窗口中展开"服务器对象"结点，右击"备份设备"选项，在弹出的快捷菜单中选择"新建备份设备"命令，如图 15-11 所示。

2）打开图 15-12 所示的"备份设备"窗口，在"设备名称"文本框中输入设备名称，若要定位目标位置，打开文件浏览器窗口，选择文件及完整路径即可。

3）设置好后单击"确定"按钮，完成备份的创建。

（2）查看备份设备

在 SQL Server 2008 系统中查看服务器上每个设备的有关信息，可以使用系统存储过程 sp_helpdevice，其语法如下：

```
sp_helpdevice['name']
```

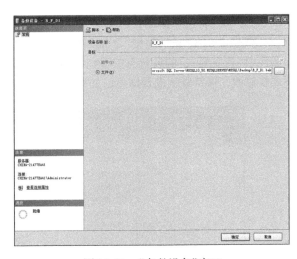

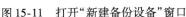

图 15-11　打开"新建备份设备"窗口　　　　　　　图 15-12　"备份设备"窗口

- 指定设备的 name，可以查看该设备。
- 若不指定，则查看服务器上所有的设备，如图 15-13 所示。

3. 备份数据库

（1）使用 SQL Server Management Studio 备份数据库

1）在 SQL Server Management Studio 中打开"资源管理器"窗口中的"数据库"对象，选中"student"数据库并点击右键 →任务→备份，如图 15-14 所示。

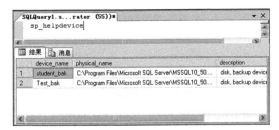

图 15-13　备份设备信息

图 15-14　打开"备份数据库"对话框图

2)在打开的"备份数据库 – Student"窗口中，从"源"选项组的"数据库"下拉列表框中选择"Student"数据库，在"备份类型"下拉列表框中选择"完整"选项（"备份类型"选项的内容跟数据库属性中"恢复模式"的设置有关系），在"目标"选项组中设置备份的目标文件存储位置，如果不需要修改，保持默认设置即可，如图 15-15 所示。

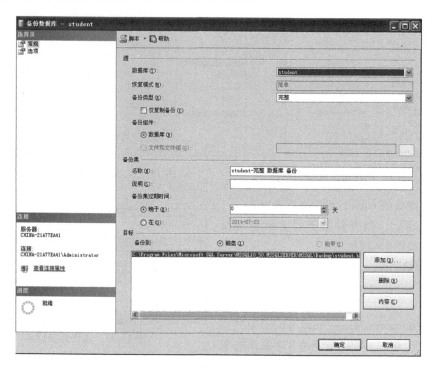

图 15-15   "备份数据库 – Student"对话框

3)从左侧"选择页"列表中打开"选项"选项卡。

4)在"选项"选项卡中，点选"覆盖所有现有备份集"单选按钮（初始化新的设备或覆盖现在的设备），勾选"完成后验证备份"复选框（用来完成实际数据与备份副本的核对，并确保它们在备份完成后一致），设置结果如图 15-16 所示。

5)设置完成后，单击"确定"按钮完成配置。在备份完成后，相应的目录中可以看到刚才创建的备份文件（student. bak），如图 15-17 所示。

(2)使用 T-SQL 语句备份数据库

1)创建完整备份。使用 BACKUP 命令对数据库进行完整备份的语法如下：

```
BACKUP DATABASE < database_name >
TO <backup_device >
[WITH
[,] NAME =backup_set_name]
[[,] DESCRIPTION = 'TEXT']
[[,] {INIT |NOINIT}]
]
```

参数说明：

- Database_name：指定要备份的数据库。
- backup_device：备份的目标设备，采用"备份设备类型 = 设备名"的形式。

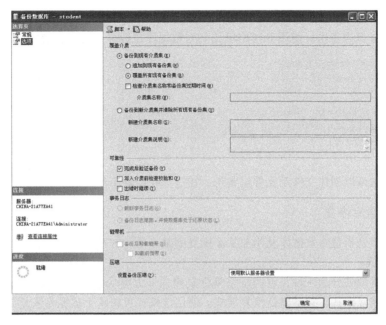

图 15-16　配置备份选项

图 15-17　备份文件

- WITH 子句：指定备份选项，这里仅给出两个。
- NAME = backup_set_name：指定备份的名称。
- DESCRIPTION = 'TEXT'：给出备份的描述。
- INIT | NOINIT：INIT 表示新备份的数据覆盖当前备份设备上的每一项内容，即原来在此设备上的数据信息都不存在了；NOINIT 表示新备份的数据添加到备份设备上已有内容的后面。

2）创建差异备份。使用 BACKUP 语句对数据库进行差异备份的语法如下：

```
BACKUP DATABASE < database_name >
TO <backup_device >
[WITH DIFFERENTIAL
[,] NAME = backup_set_name]
[[,] DESCRIPTION = 'TEXT']
[[,] {INIT |NOINIT}]
]
```

参数说明：
- DIFFERENTIAL：指明本次备份是差异备份。

- 其他选项与完整备份类似,在此不再重复。

3)创建事务日志备份。使用BACKUP语句对数据库进行事务日志备份的语法如下:

```
BACKUP LOG <database_name>
TO <backup_device>
[WITH
[,] NAME = backup_set_name]
[[,] DESCRIPTION = 'TEXT']
[[,] {INIT|NOINIT}]
]
```

用类似方法可以创建文件及文件组备份,在这里我们就不作介绍了。

15.4.2 数据库恢复

数据库恢复是指是将数据库从当前状态恢复到某一已知的正确状态的功能。

1. 恢复模式

数据库恢复模式分为三种,它们是完整恢复模式、大容量日志恢复模式及简单恢复模式,常用的是完整恢复模式,它是默认恢复模式。使用该模式可将整个数据库恢复到一个特定的时间点,它可以是最近一次可用的备份、一个特定的日期和时间或标记的事务。

2. 数据库恢复

(1)使用SQL Server Management Studio恢复备份数据库

1)选择要还原的数据库"Dsideal_school_db",点击右键 → 任务 → 还原 → 数据库,如图15-18所示。

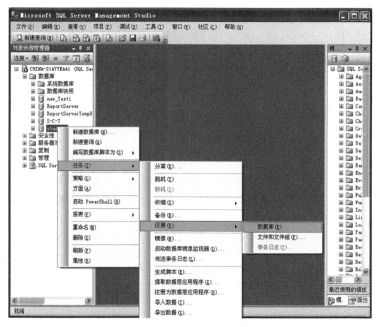

图15-18 打开数据还原窗口

2)在出现的"还原数据库 – Student"对话框中选择"源设备",然后点击后面的按钮。如图15-19所示。在出现的"指定备份"对话框中,点击"添加"按钮。

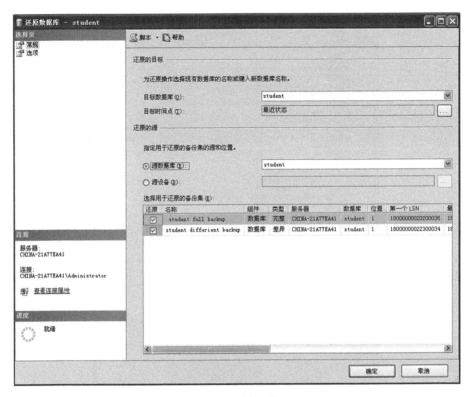

图 15-19 "还原数据"窗口

3）打开"指定设备"窗口，在窗口中单击"添加"按钮，如图 15-20 所示。打开"定位备份文件"窗口，在该窗口中的"文件类型"下拉列表中选择"所有文件"，并在"所有文件"选项树中找到并选中设备文件 student.bak，如图 15-21 所示。

图 15-20 "指定设备"窗口图

4）单击"确定"按钮，回到"指定备份"窗口。单击"确定"，回到"还原数据库 – Student"窗口。

5）在"还原数据库 – Student"窗口中选择"选择用于还原的备份集"列表，选中刚才添加的备份文件，如图 15-22 所示。

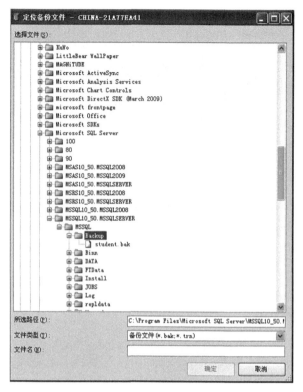

图 15-21 "定位设备文件"

图 15-22 选择备份文件

6)在"还原数据库 – Student"窗口的"选项"卡中,勾选"覆盖现有数据库(WITH RE-PLACE)",如图 15-23 所示。

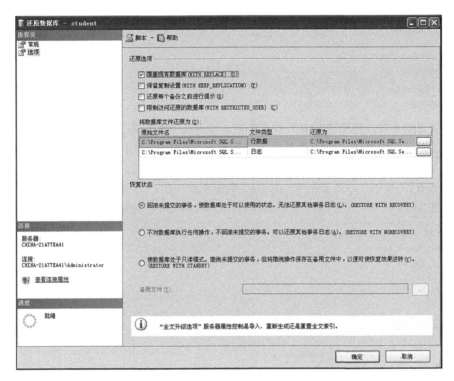

图 15-23 勾选上"覆盖现有数据库(WITH REPLACE)"

7)单击"确定"按钮,完成对数据库的还原操作。

(2)使用 T-SQL 语句恢复数据库

1)恢复完整备份数据库。使用 RESTORE 语句恢复完整备份数据库的语法格式如下:

```
RESTORE DATABASE <database_name >
[FROM <backup_device >]
[WITH
FILE = file_number]
[[, ]{NORECOVERY |RECOVERY}]
[[, ]REPLACE]
```

参数说明:

- database_name:指明所要恢复的目标数据库名。
- backup_device:指明从哪个备份设备中恢复。
- FILE = file_number:指出从设备上的第几个备份中恢复。如数据库在同一个备份设备上做了两次备份,恢复第一个备份时应该在恢复命令中使用"FILE =1"选项。
- NORECOVERY|RECOVER:如果使用 RECOVERY 选项,那么恢复完成后,SQL Server 2008 将回滚被恢复的数据中所有未完成的事务,以保持数据库的一致性。在恢复后,用户就可以访问数据库了。所以,RECOVERY 选项用于最后一个备份的恢复。如果使用 NORECOVERY 选项,那么 SQL Server 2008 不回滚所有未完成的事务,在恢复结束后,用户不能访问数据库。

● REPLACE：指明 SQL Server 创建一个新的数据库，并将备份恢复到这个新数据库。如果
服务器上已经存在一个同名的数据库，则原来的数据库被删除。

【例 15.5】 使用 T-SQL 语句对"student"数据库做一次完整备份的恢复，使用的完整备份
在备份设备"student_bak"中的第 1 个备份文件中。其 T-SQL 语句如下：

```
RESTORE DATABASEStudent
FROMSTUDENT_BAK
WITH FILE =1,
NORECOVERY
```

2）恢复差异备份。还原差异备份数据库的语法与还原完整备份的语法是一样的，只是在还
原差异备份时，必须要先还原完整备份再还原差异备份，因此还原差异备份必须要分为两步
完成。

【例 15.6】 使用 T-SQL 语句对"student"数据库做一次差异备份的恢复，使用的差异备份
在备份设备"student_bak"中的第 2 个备份文件中。其 T-SQL 语句如下：

```
RESTORE DATABASEstudent
FROMstudent_bak
WITH FILE =2,
NORECOVERY
```

 本章小结

本章介绍 SQL Server 2008 对数据库的管理。

1. 数据库管理的内容
   ● 创建数据库。
   ● 删除数据库。
   ● 备份与恢复数据库(数据服务形式)。
2. 操作方式
   ● 使用 SQL Server Management Studio 工具。
   ● 使用 T-SQL 语句或系统存储过程。
3. 本章重点内容
   ● SQL Server 2008 数据库管理的操作。

 习 题 15

选择题

15.1 在 SQL Server 2008 中，文件分为主数据文件、(   )和事务日志文件。

    A. 复制数据文件   B. 备用数据文件

    C. 辅数据文件   D. 辅佐数据文件

15.2 备份设备是用来存储数据库事务日志等备份的(   )。

    A. 存储介质   B. 通用硬盘

    C. 存储纸带   D. 外围设备

15.3 能将数据库恢复到某个时间点的备份类型是(   )。

    A. 完整数据库备份   B. 差异备份

    C. 事务日志备份   D. 文件组备份

问答题

15.4　请给出在 SQL Server 2008 数据库创建中最基本的参数。

15.5　数据库的备份和还原类型分别有哪些？并简要描述。

15.6　请给出数据库的备份和还原的最基本参数。

应用题

15.7　在本地磁盘 D 创建一个学生 – 课程数据库（名称为 student），只有一个数据文件和日志文件，文件名称分别为 stu 和 stu_log，物理名称为 stu_data. mdf 和 stu_log. ldf，初始大小都为 3MB，增长方式分别为 10% 和 1MB，数据文件最大为 500MB，日志文件大小不受限制。

15.8　创建一个"学生"备份设备，继而对"Student"数据库进行备份，然后修改"Student"（增、删数据库中的表等），将备份的数据库还原。

第 16 章　SQL Server 2008 数据库对象管理

数据库对象是数据库的组成部分，本章介绍 SQL Server 2008 中的数据库对象管理，包括表、索引、视图、触发器及存储过程等（其中存储过程在下章介绍），重点介绍它们的操作，其操作方式使用 SQLServer Management Studio 及 T-SQL。

本章中以 S-C-T 数据库为例讲解 SQL Server 2008 中的数据库对象操作。S-C-T 数据库包含 4 个表，它们的描述如表 16-1 ~ 表 16-4 所示。

- 学生表：Student(Sno，Sname，Ssex，Sage，Sdept)
- 课程表：Course(Cno，Cname，Cpno，Ccredit)
- 成绩表：SC(Sno，Cno，Tno，Grade)
- 教师表：Teacher(Tno，Tname)

表 16-1　学生表：Student 结构

列　名	数据类型及长度	空　否	说　明
Sno(主键)	Char(9)	Not Null	学号
Sname	Char(20)	Null	姓名
Ssex	Char(2)	Null	性别
Sage	Smallint	Null	年龄
Sdept	Char(2)	Null	系别

表 16-2　课程表：Course 结构

列　名	数据类型及长度	空　否	说　明
Cno(主键)	Char(4)	Not Null	课程号
Cname	Char(40)	Null	课程名
Cpno	Char(4)	Null	先行课
Ccredit	Smallint	Null	学分

表 16-3　成绩表：SC 结构

列　名	数据类型及长度	空　否	说　明
Sno(主键)	Char(9)	Not Null	学号
Cno(主键)	Char(4)	Not Null	课程号
Grade	Smallint	Null	成绩
Tno(主键)	Char(9)	Not Null	教师编号

表 16-4　教师表：Teacher 结构

列　名	数据类型及长度	空　否	说　明
Tno(主键)	Char(9)	Not Null	教师编号
Tname	Char(20)	Null	教师名

16.1　SQL Server 2008 表定义及数据完整性设置

表定义包括创建表、修改表及删除表，还包括表中数据完整性设置及索引的创建与删除。

16.1.1　创建表

数据库中包含一个或多个表。表由行和列所构成，其中行称为记录，是组织数据的单位；列称为字段，每一列表示记录的一个属性。创建表就是定义表结构及约束，即确定表名、所含的字段名、字段的数据类型、长度及空值信息，此外还包括数据完整性约束等。

1. 使用 SQL Server Management Studio 创建表

1）启动 SQL Server Management Studio 连接到 SQL Server 2008 数据库实例。

2）展开 SQL Server 实例，依次展开"数据库"→"S-C-T"→"表"结点，单击右键，从弹出的快捷菜单中选择"新建表"命令，如图 16-1 所示，打开"表设计器"。

3）在"表设计器"中定义列名、数据类型、长度、是否为空等属性，如图 16-2 所示。

图 16-1　选择"新建表"命令　　　　图 16-2　在"表设计器"中设置属性

4）当完成新建表的各个列的属性设置后，单击"保存"按钮，弹出"选择名称"对话框，输入新建表名 Student，如图 16-3 所示，即完成"Student"表的创建。

图 16-3　"选择名称"对话框

5）依据以上步骤分别创建 Course 表、Teacher 表、SC 表，创建后单击"资源管理器"窗口中的"刷新"按钮 ，可以在"资源管理器"窗口看到建成的四张表，如图 16-4 所示。

2. 使用 T-SQL 语句创建表

创建表的 T-SQL 语句如下：

```
CREATE TABLE [database_name]. [schema_name]. |schema_name.] table_name
    ({ <column_definition> }
        [ <table_constraint> ] [,...n ])
        [ ON { filegroup |"default" } ]
    [ ; ]
    <column_definition> ::=
     column_name <data_type> [ NULL |NOT NULL ]
      [ [ CONSTRAINT constraint_name ] DEFAULT | con-
          stant_expression ]
```

图 16-4   创建完成

参数说明：

- database_name：创建表的数据库的名称，必须指定现有数据库的名称。如果未指定，则 database_name 默认为当前数据库。
- table_name：新表的名称。表名必须遵循标识符规则。
- column_name：表中列的名称。列名必须遵循标识符规则并且在表中是唯一的。
- ON ﹛ filegroup ｜"default" ﹜：指定存储表的文件组。如果指定了 default，或者根本未指定 ON，则表存储在默认文件组中。
- DEFAULT(默认值)：指定列的默认值。
- CONSTRAINT：约束条件。

【例 16.1】   创建 Student 表。

1）启动 SQL Server Management Studio。

2）展开"数据库"结点，右击"S-C-T"，从快捷菜单中选择"新建查询"命令，如图 16-5 所示。

3）在"新建查询"窗口中输入如下语句：

```
USE S - C - T
CREATE TABLE Student
    (Sno      CHAR (9) ,
     Sname    CHAR (20) ,
     Ssex     CHAR (2) ,
     Sage     SMALLINT,
     Sdept    CHAR (20)
Constraint PK_Sno
PRIMARY KEY (Sno) /* 表级完整性约束条件* /
    );
GO
```

图 16-5   选择"新建查询"命令

4）单击工具栏上的"执行"按钮 ![执行(X)] 或按键盘上的 F5 键，即完成表 Student 的创建。

16.1.2   完整性约束

数据库中的数据完整性要求是通过约束实现的。在 SQL Server 2008 中有 6 种约束：

- PRIMARY KEY 约束。
- FOREIGN KEY 约束。
- NULL ｜ NOT NULL 约束。

- UNIQUE 约束。
- CHECK 约束。
- DEFAULT 约束。

在 SQL Server 2008 中，约束有两种定义方法：

1）在 CREATE TABLE 语句中定义。有两种不同形式：

- 列级完整性约束条件：约束条件置于列定义后。
- 表级完整性约束条件：约束条件置于表定义后。

2）独立于数据表结构而单独定义。此时可通过添加约束语句 ADD 实现，此语句一般紧邻表定义语句之后，它的语法如下：

```
ADD < constraint expression >
```

1. PRIMARY KEY 约束

可用 T-SQL 中的 SQL 语句创建 PRIMARY KEY 约束，语法如下：

```
[CONSTRAINT constraint_name] PRIMARY KEY [ CLUSTERED | NONCLUSTERED ]
( column_name [, ...n ])
```

参数说明：

- constraint_name：约束的名字。
- CLUSTERED | NONCLUSTERED：表示所创建的 PRIMARY KEY 约束是聚集索引还是非聚集索引，默认为 CLUSTERED 聚集索引。

【例 16.2】 创建 Student 表并设置 Sno 为主键。

```
CREATE TABLE Student
        (Sno    CHAR(9)   PRIMARY KEY,/* 列级完整性约束条件* /
        Sname   CHAR(20),
        Ssex    CHAR(2),
        Sage    SMALLINT,
        Sdept   CHAR(20));
```

也可如例 16.1 所示在表级加上完整性约束，称为表级完整性约束条件。

2. FOREIGN KEY 约束

可用 T-SQL 中的 SQL 语句创建 FOREIGN KEY 约束，语法如下：

```
[CONSTRAINT constraint_name][FOREIGN KEY]
REFERENCES referenced_table_name (column_name) [([, ...n ])]
```

参数说明：

- referenced_table_name：FOREIGN KEY 约束引用的表的名称。
- column_name：FOREIGN KEY 约束所引用的表中的某列。

【例 16.3】 建立一个 SC 表，指定（Sno，Cno，Tno）为主键，"Sno" 为外键，与 Student 表中的 "Sno" 列关联，"Cno" 为外键，与 Course 表中的 "Cno" 列关联，"Tno" 为外键，与 Teacher 表中的 "Tno" 列关联。

```
CREATE TABLE  SC
        (Sno    CHAR(9),
        Cno     CHAR(4),
        Tno     CHAR(9),
        Grade   SMALLINT,
```

```
Constraint PK_Sno_Cno_ Tno PRIMARY KEY (Sno,Cno,Tno),
            /* 表级完整性约束条件,主键由三个列构成* /
Constraint FK_SnoFOREIGN KEY (Sno) REFERENCES Student(Sno),
            /* 表级完整性约束条件,Sno 是外键,参照表是 Student * /
Constraint FK_Cno   FOREIGN KEY (Cno) REFERENCES Course(Cno)
            /* 表级完整性约束条件,Cno 是外键,参照表是 Course* /
Constraint FK_ Tno   FOREIGN KEY (Tno) REFERENCES Teacher (Tno)
            /* 表级完整性约束条件,Tno 是外键,参照表是 Teacher* /
);
```

3. NULL ｜ NOT NULL 约束

可用 T-SQL 中的 SQL 语句创建 NULL｜NOT NULL 约束,语法如下:

```
[ CONSTRAINT constraint_name] NULL | NOT NULL
```

【例 16.4】 创建 Teacher 表并设置 Tno 为主键, Tname 为非空。

```
CREATE TABLE Teacher
        (Tno   CHAR(9)      PRIMARY KEY,      /* 列级完整性约束条件* /
        Tname   CHAR(20)  NOT NULL);      /* 列级完整性约束条件,Tname 不能取空值* /
```

4. UNIQUE 约束

可用 T-SQL 中的 SQL 语句创建 UNIQUE 约束,语法如下:

```
[ CONSTRAINT constraint_name] UNIQUE [ CLUSTERED | NONCLUSTERED ]
```

其中, CLUSTERED ｜ NONCLUSTERED 表示所创建的 UNIQUE 约束是聚集索引还是非聚集索引,默认为 NONCLUSTERED。

【例 16.5】 创建 Student 表并设置 Sno 为主键, Sname 取唯一值。

```
CREATE TABLE Student
        (Sno    CHAR(9) PRIMARY KEY,      /* 列级完整性约束条件 */
        Sname   CHAR(20) UNIQUE,          /* 列级完整性约束条件,Sname 取唯一值 */
        Ssex    CHAR(2),
        Sage    SMALLINT,
        Sdept   CHAR(20));
```

5. CHECK 约束

CHECK 约束用于限制输入到一列或多列的值的范围,从逻辑表达式判断数据的有效性。可用 SQL 语句创建 CHECK 约束,语法如下:

```
[ CONSTRAINT constraint_name] CHECK ( check_expression )
```

其中, check_expression 为约束范围表达式。

【例 16.6】 将 SC 表中的 Grade 值设置为 0 ~ 100。

```
ALTER TABLE  SC,
    ADD constraint Ck_Grade,
    Constraint CK_ Grade CHECK(Grade between 0 and 100);
```

6. DEFAULT 约束

可用 T-SQL 中的 SQL 语句创建 DEFAULT 约束,语法如下:

```
[ CONSTRAINT constraint_name] DEFAULT constraint_expression [with VALUES]
```

其中, constraint_expression 为默认值表达式。

【例 16. 7】 将表 Student 的 Sage 的默认值设置为'19'。

```
ALTER TABLE Student
ADD default '19' for Sage
```

7. 删除约束

可用 T-SQL 中的 SQL 语句删除约束，语法如下：

```
DROP{[CONSTRAINT]constraint_name |COLUMN column_name}
```

【例 16. 8】 将表 Course 的 ix_Cname 约束删除。

```
ALTER TABLE Course DROP ix_Cname
```

16. 1. 3 创建与删除索引

在创建表后可以创建索引，它一般用 T-SQL 形式表示，其语法结构如下：

```
CREATE [UNIQUE][CLUSTERED |NONCLUSTERED]INDEX 索引名 ON 表名
(列名 [ ASC |DESC ])
```

参数说明：

- UNIQUE：唯一索引。
- CLUSTERED | NONCLUSTERED：聚集索引 | 非聚集索引。
- ASC | DESC：排序方式，默认为升序(ASC)。

在创建索引后也可删除索引，其语法结构如下：

```
DROP INDEX 索引名
```

16. 1. 4 修改表

1. 使用 SQL Server Management Studio 修改表

1)启动 SQL Server Management Studio，在资源管理器中选中需要修改的表，单击右键，在弹出的快捷菜单中选择"设计"命令，如图 16-6 所示。

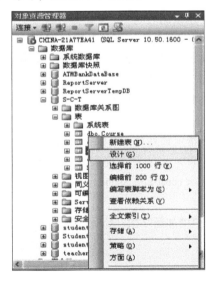

图 16-6 选择"设计"命令

2）在打开的如图16-7所示的表设计窗口进行修改操作，可更改表名、增加字段、删除字段、修改已有字段的属性。

图16-7   表设计窗口

2. 使用 SQL 语句修改表

T-SQL 中对数据表进行修改的语句是 ALTER TABLE，基本语法是：

```
ALTER TABLE < table_name >
{ [ALTER COLUMN < column_name >              /* 修改的列 * /
    new_data_type [(precision,[,scale])]
    [NULL | NOT NULL]
]}
| ADD{ [< column definition >]}[,...n]       /* 增加新列 * /
| DROP { [CONSTRAINT] < constraint_name > | COLUMN < column_name > } [,...n]
                                             /* 删除指定约束或列名* /
```

参数说明：

- table_name：用于指定要修改的表名。
- ALTER COLUMN：用于指定要变更或者修改数据类型的列。
- column_name：用于指定要更改、添加或删除的列的名称。
- new_data_type：用于指定新的数据类型名。
- precision：用于指定新的数据类型的精度。
- scale：用于指定新的数据类型的小数位数。
- NULL|NOT NULL：用于指定该列是否可以接受空值。
- ADD{ [< column definition >]}：用于向表中增加新列。
- DROP { [CONSTRAINT] < constraint_name > | COLUMN < column_name >}：用于从表中删除指定约束或列。

【例16.9】   在表 Student 中增加新字段：Cname，nvarchar 字符型，最大长度20。

```
ALTER TABLE Student
ADD Cname nvarchar(20)
```

【例16.10】   删除表 Course 中的字段 Cpno。

```
ALTER TABLE Course
Drop column Cpno
```

16.1.5 删除表

1. 使用 SQL Server Management Studio 删除表

1）启动 SQL Server Management Studio，在资源管理器中选中需要删除的表，单击右键，在弹出的快捷菜单中选择"删除"，如图 16-8 所示。

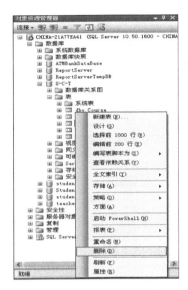

图 16-8 选择"删除"命令

2）在打开的如图 16-9 所示的"删除对象"窗口中，单击"确定"按钮，即可完成删除。

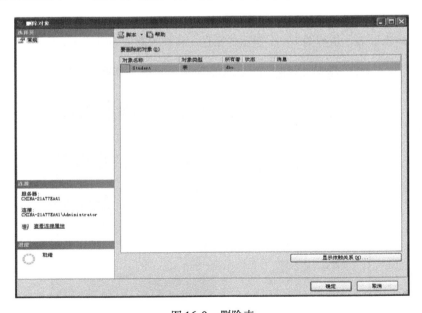

图 16-9 删除表

2. 使用 T-SQL 语句删除表

T-SQL 中对表进行删除的语句是 DROP TABLE，该语句的语法格式为：

```
DROP TABLE table_name
```

【例16.11】 删除表 Teacher，使用的 T-SQL 语句为：

```
DROP TABLE Teacher
```

16.2 SQL Server 2008 中的数据查询语句

数据查询可通过 SQL Server Management Studio 及 T-SQL 两种方式完成。

1. 用 SQL Server Management Studio 执行查询语句

1）启动 SQL Server Management Studio，打开对象资源管理器中的"数据库"→"S-C-T"→"表"结点，可以看到如图 16-10 所示的资源管理器平台界面。其中"S-C-T"数据库中主要包含 Course、SC、Student、Teacher 表。

图 16-10　资源管理器

2）选中 Student 表，执行图 16-11 所示的操作，将显示查询编辑器窗口。

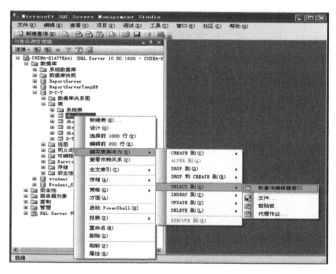

图 16-11　打开查询编辑器

3）通过查询编辑器窗口可以新建查询、连接数据库、执行 SQL 语句。结果可以以窗格或文本格式显示，如图 16-12 所示。单击"执行"按钮，窗体中以窗格形式显示 Student 表中的数据。

图 16-12　查询编辑器窗口

4）在 SQL 窗格右击，在弹出的快捷菜单中选择"在编辑中设计查询修改"命令，将显示图 16-13 所示的查询设计器窗口。它有 3 个窗格，依次为关系图窗格、网格窗格及 SQL 窗格。在关系图窗格中所出现的图表示了三个表间的连接关系。

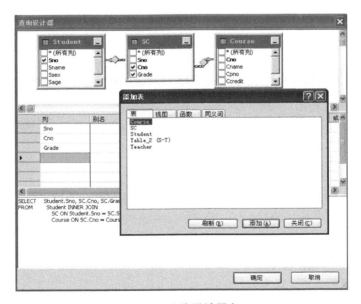

图 16-13　查询设计器窗口

5）在查询设计器中用图形化方式设计查询，可以通过右键快捷菜单添加和删除表，单击"确定"按钮，将 SELECT 语句结果插入到查询编辑器主窗口中，并可在其中显示。

2. 用 T-SQL 的查询语句

在 SQL Server 2008 中可以使用 SELECT 语句执行数据查询。

SELECT 语句语法：

```
SELECT select_ list [ INTO new_ table ]
[ FROM table_ source ]
[ WHERE search_ condition ]
[ GROUP BY group_ by_ expression]
[ HAVING search_ condition]
[ ORDER BY order_ expression [ ASC | DESC ] ]
```

SQL Server 2008 中的 SELECT 语句与 ISO SELECT 语句基本一致，在这里仅介绍少量有特色的例子。

（1）简单查询

【例 16.12】 查询所有学生的姓名及其出生年份。

```
SELECT Sname, year(getdate()) - Sage AS birthday
FROM Student
```

说明：该语句中使用了计算列表达式。getdate()函数用于获取系统当前日期，year()函数用于获取指定日期的年份。

【例 16.13】 查询所有不姓王的学生姓名和学号。

```
SELECT Sno,Sname
FROM Student
WHERESname NOT LIKE '王% '
```

【例 16.14】 查询选修了课程号为 C154 的学生学号及其成绩，并按分数降序输出结果。

```
SELECT Sno, Grade
FROM SC
WHERE Cno = 'C154'
ORDER BY Grade DESC
```

（2）复合查询

【例 16.15】 查询教师号为 T23169011 的教师所教授的所有学生姓名。

```
SELECT Sname
FROM Student
WHERE Sno IN
        (SELECT Sno
         FROM SC
         WHERE Tno = 'T23169011')
```

【例 16.16】 找出每个学生超过他选修课程平均成绩的课程号。

```
SELECT Sno, Cno
FROM SC x
WHERE Grade > =
        ( SELECT AVG (Grade)
         FROM SC y
         WHERE y. Sno = x. Sno )
```

x 是表 SC 的别名，又称为元组变量，可以用来表示 SC 的一个元组。内层查询是求一个学生所有选修课程平均成绩的，至于是哪个学生的平均成绩要看参数 x. Sno 的值，而该值是与父查询相关的，因此这类查询称为相关子查询。

（3）聚合函数

在 SELECT 语句中可插入聚合函数。在 SQL Server 2008 中提供的聚合函数有 COUNT、

SUM、AYG、MAC 及 MIN 等。

【例 16.17】 查询选修了课程的学生人数。

```
SELECT COUNT ( DISTINCT Sno)
FROM SC
```

【例 16.18】 计算计算机系(CS)选修 C001 号课程学生的平均成绩。

```
SELECT AVG (Grade)
FROM Student INNER JOIN SC ON (Student. Sno = SC. Sno)
WHERE SC. Cno = 'C001' AND Student. Sdept = 'CS'
```

(4)分类功能

【例 16.19】 查询每门课程的选课平均成绩及选课人数。

```
SELECT Cno, AVG (Grade) AS 平均成绩,COUNT (Sno) AS 选课人数
FROM SC
GROUP BY Cno
```

【例 16.20】 查询选修了 3 门课程的学生学号。

```
SELECT Sno
FROM SC
GROUP BY Sno
HAVING COUNT (*) = 3
```

(5)用 T-SQL 标准操作方式完成查询

【例 16.21】 在 T-SQL 方式中，SQL 查询操作一般用标准操作方式完成，下面的查询就是一个操作实例，其他所有例于的操作实现与此例相同。此查询是：

```
SELECT  *
FROM   Student
```

1)启动 SQL Server Management Studio。

2)点击工具栏上的"新建查询"按钮 ，展开数据库节点并右击，在弹出的快捷菜单中选择"新建查询"命令，如图 16-14 所示。

3)打开的查询编辑器窗口如图 16-15 所示，输入 SELECT 查询命令。

4)点击"执行"按钮即可完成查询。

图16-14 选择"新建查询"命令

图 16-15 查询编辑器窗口

5）查询结果显示在右下角的窗口中，如图 16-16 所示。

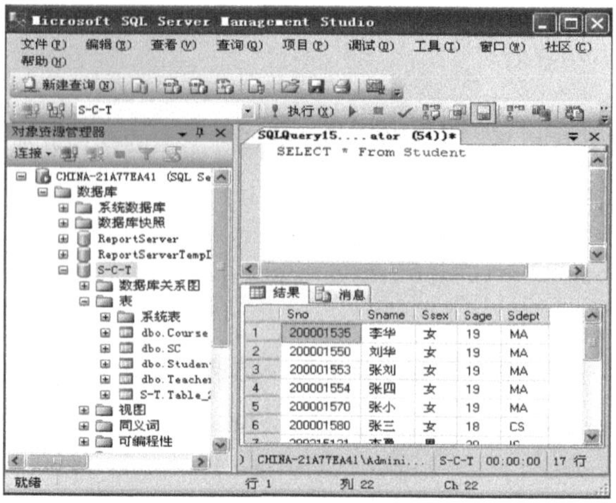

图 16-16　查询结果窗口

16.3　SQL Server 2008 数据更改操作

数据更改操作包括数据添加、修改或删除等。数据更改操作也可以通过 SQL Server Management Studio 及 T-SQL 两种方式完成。

16.3.1　使用 SQL Server Management Studio 进行数据更改操作

1. 添加数据

1）在对象资源管理器中选中需要添加记录的表（如 Student 表），右击，在弹出的快捷菜单中选择"编辑前 200 行"命令，如图 16-17 所示。打开查询设计器，并返回前 200 行记录。

图 16-17　选择"编辑前 200 行"命令

2）插入数据时，将光标定位在空白行某个字段的编辑框中，输入数据，单击其他某行，即可提交新数据，如图 16-18 所示。单击工具栏上的"保存"按钮可保存输入的数据。

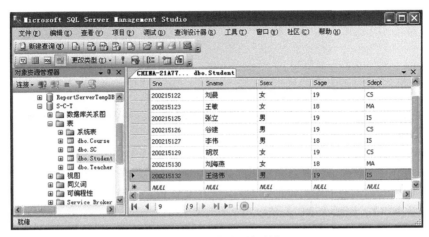

图 16-18　在表中添加数据

2. 删除和修改数据

删除和修改数据也可以通过查询设计器完成。修改时选中需要修改的属性直接修改即可。删除记录行时，选中需要删除的数据行，单击右键，在弹出的快捷菜单中选择"删除"即可，如图 16-19 所示。

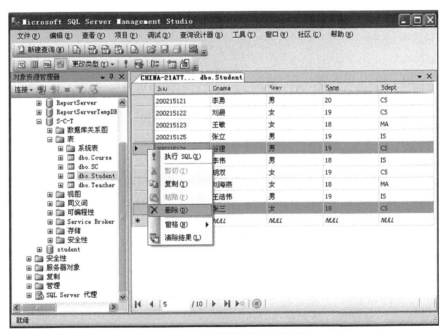

图 16-19　删除数据表中的数据

16.3.2　使用 T-SQL 进行数据更改操作

1. 用 INSERT 语句插入数据

```
INSERT [ INTO ]table_name [ ( column_list ) ]

{

    { VALUES ( ( { DEFAULT |NULL |}[ ,...n ] ) [ ,...n ] )
```

```
 | DEFAULT VALUES
   }
}
```

参数说明：

- table_name：要接收数据的表或视图的名称。
- column_list：要在其中插入数据的一列或多列的列表。必须用括号将其括起来，并且用逗号进行分隔。
- VALUES：引入要插入的数据值的列表。对于 column_list（如果已指定）或表中的每个列，都必须有一个数据值，并且必须用圆括号将值列表括起来。
- DEFAULT：强制数据库引擎加载为列定义的默认值。如果某列并不存在默认值，并且该列允许 NULL，则插入 NULL 值。
- DEFAULT VALUES：强制新行包含为每个列定义的默认值。

【例 16. 22】　在 Student 表中插入一条新的学生信息：学号为 200215132，姓名为王浩伟，年龄为 19，系别为 IS。

```
INSERT INTO Student (Sno, Sname, Sage, Sdept)
VALUES ('200215132 ','王浩伟','19','IS')
```

【例 16. 23】　将学生基本信息（学号、姓名、性别）插入学生名册表 stu1 中。

```
INSERT INTO stu1
SELECT Sno ,Sname,Ssex FROM Student
```

说明：

使用 INSERT INTO 形式插入多行数据时，需要注意下面两点：

- 要插入的数据表必须已经存在。
- 要插入数据的表结构必须和 SELECT 语句的结果集兼容，也就是说，二者列的数量和顺序必须相同，列的数据类型必须兼容等。

2. 用 UPDATE 语句修改数据

可以使用 UPDATE 语句修改表中已经存在的数据，该语句既可以一次更新一行数据，也可以一次更新多行数据。

```
UPDATE [TOP(n)[PERCENT]] table_name
SET {column_name = {expression |DEFAULT |NULL}}
[WHERE <search_condition>]
```

参数说明：

- TOP(n)[PERCENT]：指定将要更新的行数或行百分比。
- table_name：要更新行的表名。
- SET：指定要更新的列或变量名称的列表。
- WHERE：指定条件来限定所更新的行。
- <search_condition>：为要更新的行指定需满足的条件。

【例 16. 24】　将学生表 Student 中"胡双"所属的学院由"IS"改为"MA"。

```
UPDATE Student SET Sdept = 'MA '
WHERE Student. Name = '胡双'
```

3. 用 DELETE 语句删除数据

使用 DELETE 语句可删除表中数据，其基本语法形式如下：

```
DELETE [FROM] table_ name
[ WHERE search_ condition ]
```

【例 16.25】 删除 Student 表中姓名为"李林"的数据记录。

```
DELETE FROM Student
WHERE Sname = '李林'
```

16.4 SQL Server 2008 的视图

SQL Server 2008 的视图操作通过 SQL Server Management Studio 及 T-SQL 两种方式完成。

1. 创建视图

(1)使用 SQL Server Management Studio 方式创建视图

1)在对象资源管理器中打开"数据库"结点,右击"视图",在弹击的快捷菜单中选择"新建视图"命令,如图 16-20 所示。

2)在新建视图中选中需要添加的表,单击"添加表"对话框中的"添加"按钮以添加表,如图 16-21 所示。此后,关闭"添加表"对话框。

3)在关系图窗口中将相关字段拖动到需连接的字段上建立表间的联系(即 INNER JOIN)。选择表列名前的复选框设置视图需输出的字段,在条件窗格设置需过滤的查询条件。如图 16-22 所示。

图 16-20 选择"新建视图"命令

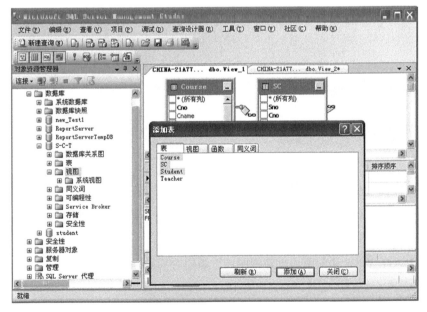

图 16-21 添加表

4)单击"执行"按钮以查看运行结果,如图 16-23 所示。

5)单击工具栏上的"保存"按钮,在弹出的"选择名称"对话框的"输入视图名称"文本框中输入"Stu_IS_C1",完成视图的创建。在对象资源管理器中可以看到创建好的视图,如图 16-24

所示。

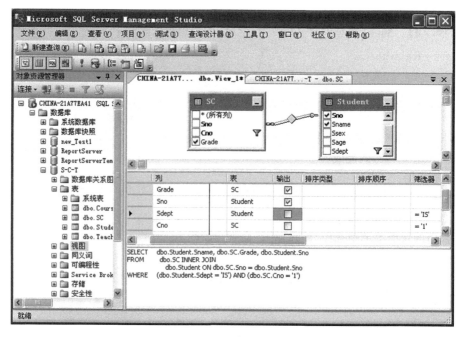

图16-22　条件设置

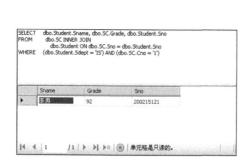

图16-23　视图查询结果图

图16-24　创建好的视图

(2)用 T-SQL 创建视图

利用 CREATE VIEW 语句可以创建视图，该语句的基本语法如下：

```
CREATE VIEW [ schema_name . ] view_name
    [ (column [,...n ] ) ]
AS SELECT_statement
[WITH CHECK OPTION]
```

参数说明：

- schema_name：视图所属架构名。
- view_name：视图名。

- column：视图中所使用的列名。
- WITH CHECK OPTION：指出在视图上所进行的修改都要符合查询语句所指定的限制条件，这样可以确保数据修改后仍可通过视图看到修改的数据。

注意： 用于创建视图的 SELECT 语句有以下限制：

1）定义视图的用户必须对所参照的表或视图有查询权限，即可执行 SELECT 语句。

2）不能使用 ORDER BY 子句。

3）不能使用 INTO 子句。

4）不能在临时表或表变量上创建视图。

【例 16.26】 创建计算机系学生基本信息视图 Stu_CS，用于查看学生学号、姓名、年龄、性别信息，并修改其字段名。

```
CREATE VIEW Stu_CS(CS_ Sno, CS_ Sname, CS _ Sage, CS _ Ssex)
AS
SELECT Sno,Sname,Sage,Ssex
FROM Student
WHERE Sdept = 'CS'
```

【例 16.27】 创建信息系男学生基本信息视图 Stu_IS，包括学生的学号、姓名及年龄，并要求进行修改和插入操作时仍需保证该视图只有信息系的学生。

```
CREATE VIEW Stu_IS(IS_Sno, IS_Sname, IS_Sage)
AS
SELECT Sno,Sname, Sage
FROM Student
WHERE Sdept = 'IS' and Ssex = '男'
```

2. 删除视图

删除视图的语法格式如下：

```
DROP VIEW view_name [,...n ]
```

3. 利用视图查询数据

【例 16.28】 查询信息系学生学号为 S20770101 的"计算机基础"课程成绩。

```
SELECT IS Grade
FROM Stu_IS
WHERE IS Sno = 'S20770101' AND IS Cname = '计算机基础'
```

16.5 SQL Server 2008 的触发器

触发器是一种特殊类型的存储过程，它在执行特定的 T-SQL 语句或程序时可以自动激活执行。SQL Server 2008 触发器的触发事件包括 DML 与 DDL 两种，其操作包括创建触发器与删除触发器。一般使用 T-SQL 方式，有时也可用 SQL Server Management Studio 方式。

16.5.1 触发器类型

1. DML 触发器

DML 触发器是当数据库发生 INSERT、UPDATE、DELETE 操作时所产生的事件。

DML 触发器又分为两种：

- AFTER 触发器：这类触发器是在记录已经改变完之后被激活执行，它用于记录变更后的处理或检查。

- INSTEAD OF 触发器：这类触发器用于取代原本要进行的操作，在记录变更之前它并不去执行原来的 SQL 语句（INSERT、UPDATE、DELETE），而去执行触发器本身所定义的操作。

2. DDL 触发器

DDL 触发器是响应数据定义事件时执行的存储过程。DDL 触发器激发存储过程以响应使用 CREATE、ALTER 和 DROP 等数据定义语句时的以下几种情况：

1）防止数据库、架构进行某些修改。

2）防止数据库或数据表被误操作删除。

3）用于记录数据库、架构中的更改事件。

16.5.2 创建触发器

1. 创建 DML 触发器

（1）创建 AFTER 触发器

创建 AFTER 触发器的语法如下：

```
CREATE TRIGGER trigger_name
ON{ table |view }
{AFTER}
{[INSERT][,][UPDATE][,][DELETE]}
AS
<T-SQL statements >
```

参数说明：

- trigger_name：触发器名。
- table | view：在其上执行触发器的表或视图，称为触发器表或触发器视图。
- AFTER：指定触发器只有在触发 SQL 语句中指定的所有操作都已成功执行后才激发。
- T-SQL statements：T-SQL 程序。

【例 16.29】 创建一个触发器，在 Student 表中插入一条记录后，发出"你已经成功添加了一个学生信息！"的提示信息。

1）启动 SQL Server Management Studio。在对象资源管理器下展开"数据库"树形目录，定位到"S-C-T"，在其下的"表"树形目录中找到"dbo.Student"，选中"触发器"项，右击，在弹出的快捷菜单中选择"新建触发器"选项，如图 16-25 所示。

2）在"查询编辑器"的编辑区里修改代码，如图 16-26 所示。将从 CREATE 开始到 GO 结束的代码改为以下代码：

```
CREATE TRIGGER dbo.Student_insert
  ON Student
  AFTER INSERT
AS
BEGIN
    print '你已经成功添加了一个学生信息！'
END
GO
```

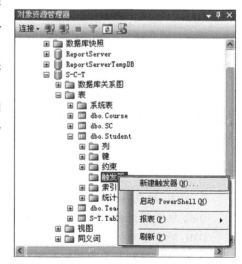

图 16-25 选择"新建触发器"选项

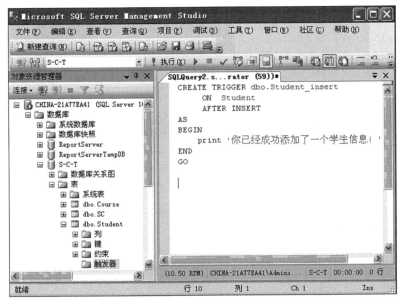

图16-26 修改触发器代码

3) 单击工具栏中的"分析"按钮 ✓，检查语法。如果在下面的"结果"对话框中出现"命令已成功完成"，则表示语法没有错误。单击"执行"按钮，生成触发器。

4) 单击"刷新"按钮 ⟳，展开"触发器"，可以看到刚才建立的"Student_insert"触发器，如图16-27所示。

(2) 创建 INSTEAD OF 触发器

INSTEAD OF 触发器与 AFTER 触发器的工作流程是不一样的。AFTER 触发器是在 SQL Server 服务器接到执行 SQL 语句请求之后，先建立临时的 INSERTED 表和 DELETED 表，然后实际更改数据，最后才激活触发器。而 IN-STEAD OF 触发器是在 SQL Server 服务器接到执行 SQL 语句请求后，先建立临时的 INSERTED 表和 DELETED 表，然后激活触发器。

创建 INSTEAD OF 触发器的语法如下：

图16-27 触发器"Student_insert"
创建完成

```
CREATE TRIGGER [schema_name.]trigger_name
ON { table | view }
{INSTEAD OF}
{[INSERT][,][UPDATE][,][DELETE]}
[WITH APPEND]
AS
< T - SQL statements >
```

参数中，INSTEAD OF 指定执行触发器而不是执行触发 SQL 语句，从而替代触发语句的操作。

分析上述语法可以发现，创建 INSTEAD OF 触发器与创建 AFTER 触发器的语法几乎一样，只是简单地把 AFTER 改为 INSTEAD OF。

【例16.30】 修改 Student(学生)表中的数据时，利用触发器跳过修改数据的 SQL 语句(防止数据被修改），并向客户端显示一条消息。

```
CREATE TRIGGER teacher_update
    ON Student
    INSTEAD OF UPDATE
AS
BEGIN
    RAISERROR ('警告:你无修改教师表数据的权限!',16,10)
END
GO
```

2. 创建 DDL 触发器

创建 DDL 触发器的语法如下：

```
CREATE TRIGGER trigger_name
ON { ALL SERVER |DATABASE }
[ WITH ENCRYPTION ]
FOR { event_type |event_group } [ ,...n ]
AS {SQL_statement[ ; ] }
```

参数说明：

- trigger_name:触发器名。

- DATABASE：将 DDL 触发器的作用域应用于当前数据库。

- ALL SERVER：将 DDL 触发器的作用域应用于当前服务器。

- WITH ENCRYPTION：对 CREATE TRIGGER 语句的文本进行加密。

- event_type:执行之后将导致激发 DDL 触发器的 T-SQL 程序事件的名称。

- event_group:预定义的 T-SQL 语言事件分组的名称。

- SQL_statement:指定触发器所执行的 T-SQL 程序。

【例 16.31】　建立用于保护"S-C-T"数据库中的数据表不被删除的触发器。

1）启动 SQL Server Management Studio。

2）在对象资源管理器下选择"数据库"，定位到"S-C-T"数据库。

3）单击"新建查询"按钮，在弹出的查询编辑器的编辑区中输入以下代码：

```
CREATE TRIGGER disable_droptable
ON DATABASE
FOR DROP_TABLE
AS
BEGIN
RAISERROR ('对不起,不能删除 CJGL 数据库中的数据表',16,10)
ROLLBACK
END
GO
```

4）单击"执行"按钮 <u>■ 执行(X)</u>，生成触发器。如图 16-28 所示。在资源管理器中可以看到刚刚创建的触发器 disable_droptable。

16.5.3　删除触发器

触发器可以删除，一般用 SQL Server Management Studio 方式实现。

依次展开"数据库"→"S-C-T"→"表"→"Student"→"触发器"结点。右击需要修改的触发器，在弹出的快捷菜单中选择"删除"命令，如图 16-29 所示。在弹出的"删除"窗口中单击"确定"按钮即可完成删除操作。

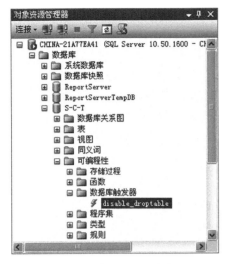

图 16-28 创建完成数据库触发器

图 16-29 删除触发器

 本章小结

本章主要介绍 SQL Server 2008 中的数据库对象管理。

1. 本章数据库对象管理内容包括：
   - 表管理。
   - 索引管理。
   - 视图管理。
   - 触发器管理。

2. 数据库对象管理操作方式
   - 使用 SQL Server Management Studio 人机交互方式。
   - 使用 SQL Server Management Studio 平台下的 T-SQL 语句或程序。

3. 本章重点内容
   - SQL Server 2008 数据库对象管理的操作。

 习 题 16

选择题

16.1 对视图的描述错误的是(   )。
   A. 是一张虚拟的表   B. 在存储视图时存储的是视图的定义
   C. 在存储视图时存储的是视图中的数据   D. 可以像查询表一样来查询视图

16.2 在 SQL 语言中，若要修改某张表的结构，应该使用(   )操作。
   A. ALTER   B. UPDATE
   C. UPDAET   D. ALLTER

16.3 要查询 book 表中所有书名中以"计算机"开头的书籍的价格，可用(   )语句。
   A. SELECT price FROM book WHERE book_name = '计算机＊'
   B. SELECT price FROM book WHERE book_name LIKE'计算机＊'

C. SELECT price FROM book WHERE book_name = '计算机%'

D. SELECT price FROM book WHERE book_name LIKE '计算机%'

16.4　为数据表创建索引的目的是(　　)

A. 提高查询的检索性能　　　　　　B. 创建唯一索引

C. 创建主键　　　　　　　　　　　D. 归类

16.5　在 SQL 语法中，用于插入数据的语句是(　　)，用于更新数据的语句是(　　)。

A. INSERT，UPDATE　　　　　　　B. UPDATE，INSERT

C. DELETE，UPDATE　　　　　　　D. CREATE，INSERT INTO

16.6　SQL 中有 student(学生)表，包含字段：SID(学号)，SName(姓名)，Grade(成绩)。现查找成绩最高的前 5 名学生，下列 SQL 语句正确的是(　　)。

A. SELECT TOP 5 FROM student ORDER BY Grade DESC

B. SELECT TOP 5 FROM student ORDER BY Grade

C. SELECT TOP 5 ＊ FROM student ORDER BY Grade ASC

D. SELECT TOP 5 ＊ FROM student ORDER BY Grade DESC

应用题

16.7　利用 T-SQL 语句完成"S-C-T"数据库及相应表的创建。

16.8　在上题定义的"S-C-T"数据库基础上，用 T-SQL 语句求解以下问题：

(1)把 Course 表中课程号为 03 的课程的学分修改为 2。

(2)在 Student 表中查询年龄大于 18 的学生的所有信息，并按学号降序排列。

(3)为 Student 表创建一个名称为 my_trig 的触发器，当用户成功删除该表中的一条或多条记录时，触发器自动删除 SC 表中与之有关的记录。(注：在创建触发器之前要判断是否有同名的触发器存在，若存在则删除之。)

第17章 SQL Server 2008 数据交换及 T-SQL 语言

SQL Server 2008 数据交换方式一共有四种，它们分别是：
- 人机交互方式。
- 自含式方式(自含式语言 T-SQL 内部的数据交换方式)，同时也包括对 T-SQL 的介绍。
- 调用层接口方式。
- Web 方式。

下面分别用四节介绍之。

17.1 SQL Server 2008 人机交互方式

SQL Server 2008 中的人机交互方式出现于其几乎所有操作中，其表示形式一般有两种，分别是可视化图形界面形式及命令行形式。其中常用的是可视化图形界面形式，此种形式是微软公司产品及 SQL Server 2008 的特色。

1)在数据库管理中都有人机交互方式，其使用的工具为 Server Management Studio(可视化图形界面形式)及命令行 sqlcommand。

2)在数据服务中一般都以人机交互方式的形式出现，如可视化图形界面形式 Business Intelligence Development Studio、SQL Server Profiler、SQL Server Configuration Manager、Database Engine Tuning Advisor 等。此外，还包括命令行形式等。

17.2 SQL Server 2008 自含式方式及自含式语言——T-SQL

SQL Server 2008 自含式方式主要表现在自含式语言 Transact-SQL(可简写为 T-SQL)中，T-SQL 将 SQL 与程序设计语言中的主要成分结合在一起并通过游标建立无缝接口，构成一个跨越数据操作与程序设计的完整的语言，它包括如下内容：
- 核心 SQL 操作。
- 程序设计语言基本内容。
- 数据交换操作。
- 存储过程(包括触发器)。
- 函数。

T-SQL 程序是一种后台程序，它与数据库都位于同一 SQL 服务器内，主要用于函数、存储过程及触发器的编写，也可编写服务器后台程序并在服务器内生成目标代码并执行。

17.2.1 T-SQL 数据类型、变量及表达式

1. 数据类型

T-SQL 的常用数据类型如表 17-1 所示。

表 17-1　SQL Server 2008 中的基本数据类型

分　类	数　据　类　型
二进制数据	Binary，Varbinary，Image
字符数据类型	Char，Varchar，Text
Unicode 数据类型	Nchar，Nvarchar，Ntext
日期和时间数据类型	Datetime，Smalldatetime
数值数据类型	整数型数据类型：bit，Tinyint，Int，Smallint，bigint 小数型数据类型：Float ，Real，Decimal，Numeric
货币数据	Money，Smallmoney
特殊数据类型	Timestamp，Uniqueidentifier，Cursor，table，sql_ variant
用户自定义数据类型	Sysname

2. 变量

T-SQL 允许使用局部变量和全局变量。

(1)局部变量

局部变量必须用@ 开头，而且必须先用 DECLARE 语句说明后才可使用，其语法如下：

```
DECLARE
{ @ local_variable [AS] data_type}
  [,...n]
```

局部变量的赋值有两种方法：

```
SET @ 变量名 =值 (普通赋值)
SELECT @ 变量名 = 值[,...](查询赋值)
```

(3)全局变量

全局变量是用两个@ 作为前缀，即@ @ 。全局变量主要用于记录 SQL Server 2008 的运行状态和有关信息，如表 17-2 所示。

表 17-2　全局变量说明

变　量	说　明
@ @ error	上一条 SQL 语句报告的错误号
@ @ rowcount	上一条 SQL 语句处理的行数
@ @ identity	最后插入的标识值
@ @ fetch_ status	上一条游标 Fetch 语句的状态
@ @ nestlevel	当前存储过程或触发器的嵌套级别
@ @ servername	本地服务器的名称
@ @ spid	当前用户进程的会话 id
@ @ cpu_ busy	SQL Server 自上次启动后的工作时间

3. 运算符

T-SQL 中的运算符有算术运算符、比较运算符、逻辑运算符、字符串运算符四种。

4. 表达式

表达式由常量、变量、属性名或函数通过与运算符的结合组成。常用的表达式如下：

1)数值型表达式，例如 $x + 2 * y + 6$ 。

2)字符型表达式，例如'中国首都 –'+'北京'。

3)日期型表达式，例如#2002 – 07 – 01# – #1997 – 07 – 01#。

4)逻辑关系表达式，例如工资 > =1200 AND 工资 <1800。

5. 注释符

在 T-SQL 中可使用两类注释符：

1）ANSI 标准的注释符"－－"用于单行注释。

2）与 C 语言相同的程序注释符号，即"/＊……＊/"。

6. 批处理

批处理是 T-SQL 语句行的逻辑单元，它一次性地发送到 SQL Server 执行。T-SQL 将批处理语句编译成一个可执行单元，此单元称为执行计划。

在批处理程序中通过 GO 语句以分隔之。此外，T-SQL 还规定：对于定义数据库、表以及存储过程和视图等语句，必须在语句末尾添加 GO 批处理标志。在批处理前必须用 USE ＜数据库名＞语句以指明该批处理所用的数据库并打开之。

【例 17.1】 注释、批处理语句的例子。

```
－－第一个批处理完成打开数据库的操作
USE S－C－T
GO
/* GO 是批处理结束标志* /
－－第二个批处理查询 t_student 表中的数据
Select *  from t_student
GO
－－第三个批处理查询姓王的女同学的姓名
elect sname from t_student where sname like'王% 'and  ssex ='女'
GO
```

17.2.2 T-SQL 中的 SQL 语句操作

T-SQL 包括核心 SQL 语句操作的以下部分。

1. 数据定义

定义和管理数据库（数据架构）及各种数据库对象，包括表、视图、触发器、存储过程及函数等，对它们可进行创建、删除、修改等操作。

2. 数据查询及操纵

数据库对象中的操作，即数据的增加、删除、修改、查询等功能。

3. 数据控制

数据安全管理和权限管理等操作，此外还包括完整性约束等操作。

4. 事务

事务是一种数据控制，它在 T-SQL 编程中特别重要。在 T-SQL 中有三种不同的事务模式：

（1）显式事务

显式事务是指由用户定义的事务语句，这类事务又称用户定义事务，包括：

1）BEGIN TRANSACTION：标识一个事务的开始，即启动事务。其语法如下：

```
BEGINTRAN [ SACTION ] [transaction_name |@ tran_name_variable]
```

2）COMMIT TRANSACTION：标识一个事务的正常结束，其语法如下：

```
COMMIT [TRAN [ SACTION ] [ transaction_name |@ tran_name_variable]]
```

3）ROLLBACK TRANSACTION：标识一个事务的结束，说明事务执行遇到错误，事务内所修改的数据被回滚到事务执行前的状态，事务占用的资源将被释放。其语法如下：

```
ROLLBACK [ TRAN |TRANSACTION ]
[transaction_name |@ tran_name_variable |savepoint_name |@ savepoint_variable]
```

参数说明：

- BEGIN TRANSACTION：可以缩写为 BGEIN TRAN。
- COMMIT TRANSACTION：可以缩写为 COMMITT。
- ROLLBACK TRANSACTION：可以缩写为 ROLLBACK。
- transaction_name：指定事务的名称，有时还可用@ tran_name_variable 表示用变量指定事务名称。
- savepoint_name：保存点名称，当条件回滚只影响事务的一部分时可使用之。
- @ savepoint_variable：指用户定义的、包含有效保存点名称的变量。

（2）隐式事务

在隐式事务中，在当前事务提交或回滚后，T-SQL 自动开始下一个事务。所以，隐式事务不需要使用 BEGIN TRANSACTION 语句启动事务，而只需要 ROLLBACK TRANSACTION 及 COMMIT TRANSACTION 两个语句。

执行 SET IMPLICIT_TRANSACTIONS ON 语句可使 T-SQL 进入隐式事务模式。需要关闭隐式事务模式时，可用 SET IMPLICIT_TRANSACTIONS OFF 语句关闭之。

【例 17.2】 插入表信息。

```
SET IMPLICIT_TRANSACTIONS ON
USE S - C - T
GO
UPDATE Student SET Sage = Sage +1
COMMIT TRANSACTION
SET IMPLICIT_TRANSACTIONS OFF
GO
```

（3）自动事务

在自动事务中，事务是以一个 SQL 语句为单位自动执行。当一个 SQL 语句开始执行时即自动启动一个事务，在它被成功执行后，即自动提交，而当执行过程中产生错误时会自动回滚。

自动事务模式是 T-SQL 的默认事务管理模式。当与 SQL Server 建立连接后，直接进入自动事务模式，直到使用 BEGIN TRANSACTION 语句开始一个显式事务，或者打开 IMPLICIT_TRANSACTIONS 连接选项进入隐式事务模式为止。而当显式事务被提交或 IMPLICIT_TRANS-ACTIONS 被关闭后，SQL Server 又进入自动事务管理模式。

17.2.3 T-SQL 中的流程控制语句

流程控制语句是指那些用来控制 T-SQL 程序执行的语句，如表 17-3 所示。

表 17-3 主要流程控制语句

语 句	功 能 说 明
BEGIN…END	定义语句块
IF…ELSE	条件语句
CASE	选择执行语句

（续）

语　句	功 能 说 明
GOTO	无条件跳转语句
WHILE	循环语句
BREAK	推出循环语句
CONTINUE	重新开始循环语句
RETURN	返回语句
WAITFOR	延迟语句

1. BEGIN…END 语句

BEGIN…END 语句能够将多个 T-SQL 语句组合成一个语句块，并将它们视为一个单元处理。其语法为：

```
BEGIN
< T-SQL 语句或语句块 >
END
```

2. IF…ELSE 语句

IF…ELSE 语法为：

```
IF   <条件表达式 >
    < T - SQL 语句或语句块 1 >
ELSE
    < T - SQL 语句或语句块 2 >
```

3. CASE 语句

CASE 语句允许按列显示可选值，用于计算多个条件并为每个条件返回单个值，通常用于将含有多重嵌套的语句替换为可读性更强的代码。

CASE 语句有两种形式。

（1）简单格式形式

```
CASE < input 表达式 >
WHEN < when 表达式 > THEN < result 表达式 >
[...n]
[ELSE < else result 表达式 >]
```

其含义是当 input 表达式 = when 表达式取值为真时则执行 < result 表达式 >，否则执行 < else result 表达式 >，如无 else 子句则返回 NULL。

（2）搜索格式形式

```
CASE < WHEN 表达式 > THEN < result 表达式 >
[...n]
[ELSE < else result 表达式 >]
```

其含义是当 < WHEN 表达式 > 为真时则执行 < result 表达式 >，为假时则执行 < else result 表达式 >，如无 else 子句则返回 NULL。

4. GOTO 语句

GOTO 语句是 SQL 程序中的无条件跳转语句。该语句虽然能增加程序灵活性，但破坏结构化特点，应该尽量避免使用。

5. WHILE…CONTINUE…BREAK 语句

WHILE…CONTINUE…BREAK 语句用于设置重复执行 SQL 语句或语句块的条件。只要指定的条件为真,就重复执行语句。其中,CONTINUE 语句可以使程序跳过 CONTINUE 语句后面的语句,回到 WHILE 循环的第一行命令。BREAK 语句则使程序完全跳出循环,结束 WHILE 语句的执行。

WHILE 循环语句语法为:

```
WHILE <布尔表达式>
BEGIN
    <SQL 语句或程序块>
    [break]
    [continue]
    [SQL 语句或程序块]
END
```

6. RETURN 语句

RETURN 语句用于无条件地终止一个查询、存储过程或者批处理,此时位于 RETURN 语句之后的程序将不会被执行并返回至原调用处。

RETURN 语句的语法形式为:

```
RETURN [ integer_expression ]
```

其中,参数 integer_expression 为返回的整型值。存储过程可以给调用过程或应用程序返回整型值。

7. WAITFOR 语句

WAITFOR 语句用于暂时停止执行 SQL 语句、语句块或者存储过程等,直到所设定的时间已过或者所设定的时间已到才继续执行。WAITFOR 语句的语法形式为:

```
WAITFOR { DELAY 'time' |TIME 'time' }
```

其中,DELAY 用于指定时间间隔,TIME 用于指定某一时刻,其数据类型为 datetime,格式为'hh:mm:ss'。

8. PRINT 语句

在程序运行过程中或程序调试时,经常需要显示一些中间结果。PRINT 语句用于向屏幕输出信息,其语法格式为:

```
Print msg_str |@ local_variable |string_expr
```

参数说明:

- msg_str:字符串或 Unicode 字符串常量。
- @ local_variable:任何有效的字符数据类型的局部变量。@ local_variable 的数据类型必须为 char 或 varchar,或者必须能够隐式转换为这些数据类型。
- string_expr:输出的字符串的表达式。

17.2.4 T-SQL 中的数据交换操作

在 T-SQL 中的数据交换操作主要是游标操作与诊断操作,它主要用于数据库数据与程序数据间的交互。

1. 游标

T-SQL 中的游标共有五条语句,它们是:

(1)声明一个游标

用 DECLARE 语句以声明一个游标。DECLARE 语法格式如下:

```
DECLARE Cursor_name CURSOR[LOCAL |GLOBAL]
[FORWARD_ONLY |SCROLL]
[READ_ONLY]
FOR SELECT_statement
[FOR UPDATE [OF column_name [,...n ]]][;]
```

参数说明：

- Cursor_name：所定义游标名。
- LOCAL：指明游标是局部的，它只能在所声明的过程中使用。
- GLOBAL：游标对于整个连接全局可见。
- FORWARD_ONLY：指定游标只能向前滚动。
- READ_ONLY：只读 。
- SCROLL：指定游标读取数据集数据时可根据需求向任何方向或位置移动。
- SELECT_statement：定义游标结果集的 SELECT 语句。
- FOR UPDATE [OF column_name [,... n]]：定义游标中可更新的列。

（2）打开游标

打开游标用 OPEN 语句，其语法格式如下：

```
OPEN {{[GLOBAL] Cursor_name}|Cursor_variable_name}
```

参数说明：

- GLOBAL ：指定 Cursor_name 是全局游标。
- Cursor_name：已声明的游标名。如果全局游标和局部游标都使用 Cursor_name 作为其名称，那么如果指定了 GLOBAL，则 Cursor_name 指的是全局游标，否则是局部游标。
- Cursor_variable_name：游标变量的名称，该变量引用一个游标。

（3）读取游标

读取游标用 FETCH 语句，它的语法如下：

```
FETCH [ [NEXT |PRIOR |FIRST |LAST |ABSOLUTE{n |@ nvar}|RELATIVE{n |@ nvar}]
FROM]
{{[GLOBAL]Cursor_name}|@ Cursor_variable_name}
[INTO @ variable_name [,...n]]
```

参数说明：

- NEXT：紧跟当前行返回结果行，并且当前行递增为返回行。如果 FETCH NEXT 为对游标的第一次提取操作，则返回结果集中的第一行。NEXT 为默认的游标提取选项。
- PRIOR：返回紧邻当前行前面的结果行。
- FIRST：返回游标中的第一行并将其作为当前行。
- LAST：返回游标中的最后一行并将其作为当前行。
- ABSOLUTE {n|@ nvar}：绝对行定位。
- RELATIVE {n|@ nvar}：相对行定位。
- GLOBAL：指定 Cursor_name 是全局游标。
- Cursor_name：游标名。
- INTO @ variable_name[,... n]：将提取到的列数据放到局部变量中。

（4）关闭游标

关闭游标用 CLOSE 语句，其语法格式如下：

```
CLOSE {{[GLOBAL] Cursor_name}|Cursor_variable_name}
```

（5）删除游标

删除游标用 DEALLOCATE 语句，释放游标的存储空间。它的语法格式如下：

```
DEALLOCATE {{[GLOBAL] Cursor_name}
    |@ Cursor_variable_name}
```

2. 诊断

在 T-SQL 中提供四个诊断变量，它们都是全局变量，其中最常用的是 fetch-status，可用它获得诊断结果。当它为 0 时表示 FETCH 执行成功，为 −1 或 −2 表示不成功。

游标与诊断的配合使用可以有效建立应用与数据库间的数据接口。

【例 17.3】 用游标取出 Student 表中年龄小于 19 岁的学生姓名，并打印显示结果。

```
USE   S-C-T                          --打开数据库
GO
DECLARE c_name CURSOR FOR            --声明游标
SELECT Sname FROM Student WHERE Sage <19
OPEN c_name                          --打开游标
FETCH NEXT FROM c_name
WHILE @ @ FETCH_STATUS =0            --循环
BEGIN
    FETCH NEXT FROM c_nameINTO @ name  --取数据
    PRINT@ name                      --打印显示结果
END
CLOSE c_name                         --关闭游标
DEALLOCATE c_name                    --释放游标
GO
```

17.2.5　T-SQL 中的存储过程

存储过程是 SQL Server 2008 中的一个数据对象，常用存储过程分为两类，它们分别是：

- 用户定义的存储过程。用户定义的 T-SQL 存储过程中包含一个 T-SQL 程序，可以接受和返回用户提供的参数。
- 系统存储过程。由系统提供的存储过程，可以作为命令执行各种操作。系统存储过程定义在系统数据库 Master 中，其前缀是"sp_"，例如常用的显示系统信息的 sp_help 存储过程。

这里我们主要介绍用户定义的存储过程，包括存储过程的创建、使用和删除。其所使用的方法有两种——SQL Server Management Studio 方式与 T-SQL 语句两种方式。

1. T-SQL 语句方式

（1）使用 CREATE PROCEDURE 语句创建存储过程

```
CREATE PROC[EDURE] procedure_name
[{@ parameter  data_type}[=default]
    [OUTPUT][READONLY][,...n ]]
AS {<SQL_statement >[;][...n ]}[;]
```

参数说明：

- procedure_name：存储过程的名称。
- @ parameter：存储过程中的参数。
- data_type：数据类型。
- Default：默认值。

- OUTPUT：指示该参数是输出参数。
- READONLY：指示该参数是只读的。
- SQL_statement：包含在过程中的 T-SQL 程序。

在存储过程中可以使用 RETURN 语句向调用程序返回一个整数（称为返回代码），指示存储过程的执行状态。

【例 17.4】 带 RETURN 语句的存储过程。

```
USE S-C-T
GO
CREATE PROCEDURE pr_count2
    (@ Sdept varchar(8)='',
    @ num int output)
    AS
    if @ Sdept=''
    begin
    print'请输入系名!'
    return 1
    end
    select @ num=count(*)
    from Student
    where Sdept=@ Sdept
    if @ num=0
    begin
    print'系名错误!'
    return 2
    end
    return 0
GO
```

一个存储过程可以带一个或多个参数，输入参数是指由调用程序向存储过程传递的参数，它们在创建存储过程语句中被定义，在执行存储过程中给出相应的参数值。

【例 17.5】 编写带参数的存储过程，根据给出的学号、课程名查询该学生的成绩。

```
USE S-C-T
GO
CREATE PROCEDURE pr_grade
    (@ Sno char(9),
    @ Cname char(8),
    @ grade int output)
    AS
    SELECT @ grade=grade
    FROM SC,Course
    WHERE SC.Cno=Course.Cno AND SC.Sno=@ Sno AND Course.Cname=@ Cname
GO
```

(2)存储过程的调用

存储过程的调用执行可以用 exec 命令，其语法形式为：

```
Exec |Execute
{[@ return_status=]
{module_name |@ module_name_var }
[[@ parameter=]{value |@ variable [Output]|[Default]}]
```

```
[,...n]
[With Recompile]}
```

参数说明:

- @ return_statuts: 可选的整型变量,存储模块的返回状态。这个变量在用于 EXECUTE 语句前,必须在批处理、存储过程或函数中声明过。
- module_name: 所调用的过程(模块)名。
- @ module_name_var: 过程(模块)名变量。
- @ parameter: 参数名。
- value: 参数值。
- @ variable: 用来存储参数或返回参数的变量。
- Output: 指定模块或命令字符串返回一个参数。该模块或命令字符串中的匹配参数也必须已使用 Output 创建。使用游标变量作为参数时使用该关键字。
- Default: 根据模块的定义,提供参数的默认值。
- With Recompile: 每次执行此存储过程时,都要重新编译。

【例 17.6】 例 17.4 中存储过程的调用执行可以用:

```
Exec pr_count2
```

在执行存储过程的语句中,有两种方式传递参数值,分别是使用参数名传递参数值和按参数位置传递参数值。如例 17.5 可以采用如下两种方式传递参数:

1)按参数位置传递参数值:

```
declare @ score int
exec pr_grade '200515002','操作系统',@ score output
select @ score
```

2)按参数名传递参数值:

```
declare @ score int
exec pr_grade @ sno ='200515002',@ cname ='操作系统',@ grade =@ score output
select @ score
```

参数说明:

- 使用参数名传递参数值,当存储过程含有多个输入参数时,对数值可以按任意顺序给出,对于允许空值和具有默认值的输入参数可以不给参数值。
- 按参数位置传递参数值,也可以忽略允许为空值和有默认值的参数,但不能因此破坏输入参数的指定顺序。必要时使用关键字"DEFAULT"作为参数值的占位。

(3)使用 Drop Procedure 语句删除存储过程

Drop Procedure 语句可从当前数据库中删除一个或多个存储过程,语法形式如下。

```
Drop {Proc |Procedure}{procedure name}[,...n]
```

【例 17.7】 用 T-SQL 语句创建存储过程在 SQL Server 2008 中的操作方式是在 SQL Server Management Studio 平台下实现的,其步骤如下:

1)启动 SQL Server Management Studio。

2)在工具栏上选择"新建查询"按钮 。

3)弹出"新建查询"窗口,在"新建查询"窗口中输入 T-SQL 语句,如图 17-1 所示。

4）单击窗体上的"执行"按钮即可完成存储过程的创建，如图 17-2 所示。

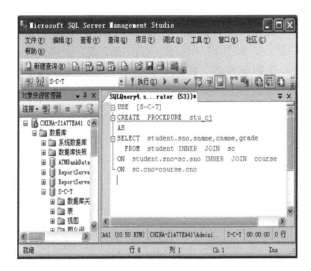 

　　图 17-1　"新建查询"命令创建存储过程　　　　　　图 17-2　存储过程 stu_cj 创建完成

【例 17.8】　用 T-SQL 语句调用存储过程在 SQL Server 2008 中的操作方式是在 SQL Server Management Studio 平台下实现的，其步骤如下：

1）启动 SQL Server Management Studio。

2）在工具栏上选择"新建查询"按钮 新建查询(N)。

3）在"新建查询"窗口中中输入存储过程"pr_count2"调用语句：

```
DECLARE @ result int
DECLARE @ num int
EXEC @ result = pr_count2 @ Sdept =CS , @ num = @ num OUTPUT
/* 利用@ result 和@ num 分别获取存储过程 return 值及"CS"系的总人数* /
SELECT@ result 返回值 ,@ num 个数.
```

4）单击窗体上的"执行"按钮即可完成存储过程的调用，如图 17-3 所示。

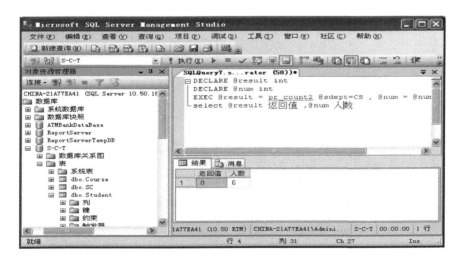

图 17-3　存储过程 pr_count2 的执行结果

2. SQL Server Management Studio 方式

（1）存储过程的创建

1）打开 SQL Server Management Studio，在"对象资源管理器"中展开"数据库"目录，选择 "S-C-T"数据库，选择"可编程性→存储过程"结点，如图17-4所示。右击该结点，在弹出快捷菜单中选择"新建存储过程"命令，系统将打开代码编辑器，按照存储过程的格式显示编码模板，如图17-5所示。

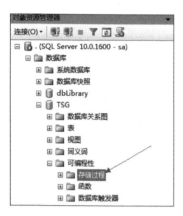

图 17-4 存储过程创建结点图

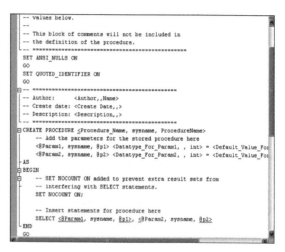

图 17-5 新建存储编码模板

2）在代码编辑器中，用户根据需要更改存储过程名，修改参数及存储过程代码段完成存储过程的编写。单击窗口上"执行"按钮，在出现"命令已成功完成"后，即完成创建。

（2）存储过程的调用

1）展开如图17-1所示的存储过程结点，选中需要执行的存储过程，这里以 pr_count2 为例，点击右键在弹出的快捷菜单中选择"执行存储过程"，如图17-6所示。

2）输入相应参数值如图17-7所示；单击"确定"按钮即执行，结果如图17-8所示。

图 17-6 执行存储过程

图 17-7 输入存储过程参数

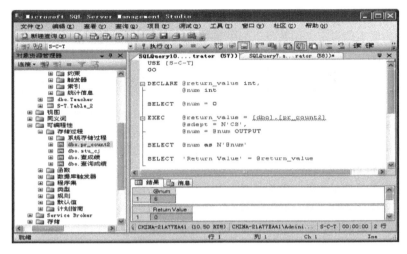

图 17-8　pr_count2 的执行结果

（3）删除存储过程

1）打开 SQL Server Management Studio，在对象资源管理器中找到需要删除的存储过程节点，在其上单击右键，弹出快捷菜单，如图 17-4 所示。

2）在快捷菜单中，单击"删除"菜单，弹出确认删除窗口，选择"确定"即行删除。

17.2.6　T-SQL 中的函数

SQL Server 2008 提供了丰富的系统内置函数。此外，用户还可以创建自定义函数。在 SQL Server 2008 中，使用 CREATE FUNCTION 语句来创建自定义函数，根据函数返回值形式的不同，可以创建三类自定义函数，分别是标量值自定义函数、内联表值自定义函数和多语句表值自定义函数。

1. 标量值自定义函数

标量值自定义函数返回一个确定类型的标量值，其语法结构如下所示：

```
CREATE FUNCTION function_name
([{@ parameter_name scalar_parameter_data_type [ = default ]}[,..n]])
RETURNS scalar_return_data_type
[AS]
BEGIN
    function_body
    RETURN scalar_expression
END
```

参数说明：

- function_name：自定义函数的名称。
- @ parameter_name：输入参数名。
- scalar_parameter_data_type：输入参数的数据类型。
- RETURNS scalar_return_data_type：该子句定义了函数返回值的数据类型。
- BEGIN…END：该语句块内定义了函数体（function_body）并包含 RETURN 语句，用于返回值。

2. 内联表值自定义函数

内联表值自定义函数是以表的形式返回，即返回的是一个表。该函数没有由语句块包含的函数体，而是直接使用 RETURN 子句，其中包含的 SELECT 语句将数据从数据库中选出来形成一个表。使用内联表值自定义函数可以提供参数化的视图功能。该函数的语法结构如下：

```
CREATE FUNCTION function_name
([{@ parameter_name scalar_parameter_data_type [ = default ]}[,...n]])
RETURN TABLE
  [AS]
RETURN (select_statement)
```

该语法结构中各参数的含义与标量值函数语法结构中的参数含义相似。

3. 多语句表值自定义函数

多语句表值自定义函数可以看作标量型和内联表值型函数的结合体。该类函数的返回值是一个表，但它和标量值自定义函数一样，有一个用 BEGIN…END 语句块包含起来的函数体，返回值的表中的数据是由函数体中的语句插入的。由此可见，它可以进行多次查询，对数据进行多次筛选与合并，弥补了内联表值自定义函数的不足。

17.2.7 T-SQL 编程

T-SQL 语言由上面介绍的六部分组成，它既能对数据库进行操作也能进行程序设计，同时通过游标（及诊断）对两者的数据进行交互，还能调用存储过程与函数。它们组成了一种新的程序设计语言，并且能在数据库应用中发挥重要作用。

T-SQL 语言主要应用于存储过程、触发器与函数的编程以及服务器后台编程中。下面我们对前面三个方面的应用进行介绍。

1. 存储过程的编程

【例 17.9】 编制一个存储过程，该存储过程根据 S-C-T 数据库输入系别，输出该系所有学生的平均分情况。

```
USE S-C-T
GO
CREATE PROCEDURE printscore @ dept - varchar(2)
/* printscore 是存储过程名,@ dept 为输入参数,是需要查询的系名* /
AS
    /*  AS 表示存储过程体的开始 */
BEGIN TRANSACTION
DECLARE @ s_name varchar(20), @ s_no varchar(9), @ grade - int
/* 声明存储过程中将用到的局部变量 */
PRINT ' - - - - - - - - Student Grade Report - - - - - - - - '- - 打印提示内容
DECLARE my_cursor CURSOR READ_ONLY
/* 声明游标,read_only 表示游标为只读 */
FOR
SELECT Student. Sno,Student. Sname,avg(CS. grade)
FROM Student,SC
WHERE Student. Sdept = @ dept AND Student. Sno = CS. Sno
GROUP BY SC. Sno, Student. Sname
OPEN my_cursor
FETCH next FROM my_cursor INTO @ s_no,@ s_name,@ grade
WHILE(@ @ fetch_status =0) - - @ @ fetch_status =0 表示取值成功
  BEGIN
  /* 打印学生学号、姓名及成绩 * /
    PRINT '学号: ' + @ s_no
```

```
    PRINT '姓名：' + @ s_name
    PRINT '成绩等级：'
    IF @ grade < 60 AND @ grade > =0
    PRINT '不及格.'
    IF @ grade > 90
    PRINT '优秀!'
    IF @ grade < = 90 AND @ grade > = 60
    PRINT '通过.'
    FETCH next FROM my_cursor INTO @ s_no,@ s_name,@ grade
END
/* 关闭游标* /
    CLOSE my_cursor
    /* 释放游标* /
    DEALLOCATE my_cursor
    COMMIT TRANSACTION
GO
```

2. 触发器编程

【例 17.10】　为 SC 表编写触发器 SC_insert，实现当 SC 中插入数据时检查 Grade 字段，若大于 0 且小于 100，则允许插入，否则不允许插入。

```
    USE S - C - T
    GO
    CREATE TIGGER SC_inserte
    ON SC
    AFTER INSERT
AS
  BEGIN
    DECLARE @ score int
    SELECT @ score = Grade FROM inserted
       IF (@ score >100 or @ score <0)
     BEGIN
       PRINT '成绩超出范围!'
     ROLLBACK
     END

END
```

说明：inserted 为插入数据时的系统临时表。

3. 函数的编程

【例 17.11】　定义一个函数，能查询到成绩大于@ stuscroe 的学生名单。

```
USE S - C - T
GO
  CREATE FUNCTION Student list(@ stuscroe numeric(5,1))
    RETURN @ scoreinfomation TABLE
    (Sno CHAR(9),
      Sn CHAR(20),
      Cno CHAR(4),
      Student list numeric(5,1))
AS
BEGIN
```

```
        INSERT @ scoreinfomation
          ( SELECT Student. Sno,Student. Sname,SC. Cno,SC. Grade
          FROM Student ,SC
          WHERE Student. Sno = SC. Sno AND SC. Grade > @ stuscroe)
    RETURN
    END
    GO
```

17.3   SQL Server 2008 调用层接口方式——ADO

17.3.1   ADO 概述

1. ADO 的面向对象方法

ADO (ActiveX Data Objects)是在 ODBC 之上由微软公司开发的调用层接口工具。它是在网络环境下两个不同节点(服务器与客户机)间的数据接口工具。

ADO 采用面向对象方法及组件技术,为用户使用调用层接口提供了简单、方便与有效的方法。目前,它已取代 ODBC 及 SQL/CLI 成为最常用的调用层接口工具之一。

我们知道,不管是 SQL/CLI 还是 ODBC 或 JDBC,它们都是由 40 ~ 60 个不同函数或过程组成的,在进行操作处理时并需有大量数据参与其中,它们繁琐、复杂、使用不便。为解决此问题,微软公司引入了面向对象的方法,将复杂问题进行简单化处理,其思想的核心内容是:

1)调用层接口虽然处理过程复杂、数据很多、接口也很多,但总体来说可以数据为核心将其分为四类数据,它们是:与连接(Connection,即客户端与服务器端的连接与断开)有关的数据、与命令(Command,即 SQL 命令的发送与执行)有关的数据、与记录集(RecordSet,即命令执行后所得结果集的处理)有关的数据以及与错误(Errors,即所有这些事情处理中所产生错误的处理)有关的数据。此外还包括围绕这些数据的一些操作,它们组成了四类事物,可称为四个类,而每个事物可称为对象(也称为类中的实例)。它们构成了如图 17-9 所示的面向对象结构图。

图 17-9   ADO 接口示意图

2)每个对象由两部分内容组成,它们就是数据(或称参数)以及基于这些数据的操作。在面向对象方法中它们分别称为属性与方法。

按照此种思想,可以将调用层接口归结成为四个类以及类中的若干个对象(包括属性与方法)。下面我们对其中三个主要类进行介绍。

(1)Connection 对象

Connection 对象是用于建立或断开客户端应用程序与服务器端数据库间的连接。常用的有三个属性及三个方法,分别是:

属性 1:ConnectionString。该属性给出了连接中的主要参数,包括:

● Driver:它指出驱动程序类别,如 Oracle、SQL Server 2008 及 DB2 等。

● Server:它指出数据库所在服务器的 IP 地址。

- UID：它给出应用程序所对应的用户名。
- Database：它给出数据库名。
- PWD：它给出用户使用数据库的口令。

它们都包含于一个长字符串内，因此称连接串。

属性 2：DefaultDatabase。该属性指出了 Connecion 中的默认数据库名。由于在应用中数据库名经常是固定的，因此可用此属性以简化表示。

属性 3：State。该属性给出了 Connection 的连接状态，即连接或断开。

方法 1：Open。打开连接。

方法 2：Close。关闭连接。

方法 3：Cancel。中止当前数据库操作的执行。

（2）Command 对象

Command 对象用于 SQL 查询、操纵等命令的发送与执行，它还可用于对调用存储过程的发送与执行。它常用的有四个属性及两个方法：

属性 1：CommandText。该属性给出了 Command 对象的命令形式，如 SQL 查询语句、存储过程调用语句、表名等，它们以文本形式表示，因此称为命令文本。这是 Command 对象的主要属性。

属性 2：Command Type。该属性给出了命令文本类型，如 SQL 语句、存储过程、表名等。

属性 3：ActiveConnection。指出当前 Command 所属的 Connection 对象。

属性 4：State。该属性给出了当前的运行状态。它包括打开或关闭两种状态。

方法 1：Execute。发送及执行命令。

方法 2：Cancel。取消 Execute 的调用。

（3）RecordSet 对象

RecordSet 对象用于对记录集合的处理，它来自 Command 对象执行后所得到的数据集合（如查询命令结果），也可以来自数据库中的表。这些记录集需分解成逐个数据（称标量数据）供应用程序使用，也包括直接对它的处理。该对象常用的属性及方法是：

属性 1：AbsolutePosition。指出游标当前所在记录集中的绝对位置。

属性 2：Bof。指出游标当前是否指向记录集中的首记录。

属性 3：Eof。指出游标当前是否指向记录集中的末记录。

属性 4：ActivePosition。指出当前 RecordSet 所属的 Connection 对象。

属性 5：Source。返回生成记录集的命令字符串，它可以为 SQL 查询、存储过程名及表名等。

属性 6：Filter。给出记录集的过滤条件。

属性 7：Sort。设置排序字段

方法 1：Open。打开一个记录集。

方法 2：Close。关闭一个记录集。

方法 3：Move。移动游标至记录集中的指定位置。

方法 4：MoveFirst。移动游标至记录集中的首记录。

方法 5：MoveLast。移动游标至记录集中的末记录。

方法 6：MoveNext。移动游标至下一个记录。

方法 7：MovePrevious。移动游标至上一个记录。

方法 8：AddNew。在记录集中增加一个记录。

方法 8：Delete。删除当前游标所指定的记录。

方法 9：GetRows。从记录集中读取一组记录。

方法 10：Update。保存当前记录的更改。

方法 11：Find。在记录集中找到满足条件的记录。

5. ADO 的操作步骤

ADO 的操作主要是三个对象的使用，在使用前首先需要创建类中的对象，接着按一定次序与步骤使用三个对象。一般可分为下面几个步骤：

1）创建类中的对象及相应环境。

2）通过 Connection 对象建立连接。

3）用 Command 对象发送与执行命令。

4）（与应用程序结合）用 RecordSet 对象进行数据分发。

5）用 Connection 对象断开连接。

这五个步骤可用图 17-10 表示。

Create—Connection—Command—RecordSet—Connection

图 17-10　ADO 操作步骤示意图

17.3.2　ADO 对象中主要方法的函数表示

前面所介绍的是 ADO 对象的方法与思想。在操作时，ADO 是以函数形式表示的，并有一定的语法结构，在本节中我们对 ADO 中常用的函数进行介绍。

1. Create

Creat 用于创建类中的实例，常用的函数是创建实例。

CreateInstance 用于创建类中的实例，它用全球唯一标识符 uwid 创建，通过 com 指针实现。例如，用 CreatInstance 指针创建 Connection 实例：

```
m.p Connection. createinstance (unid of (connection))
```

2. Connection 对象

Open 可打开一个到数据源的连接，其语法如下：

```
Connection. open Connectionstring,userID,password,options
```

参数说明：

- Connectionstring：可选。可用于建立到数据源的连接的信息。它是一个包含有关连接的信息的字符串值，该字符串由一系列被分号隔开的 parameter = value 语句组成。如 conn. ConnectionString = " para1 = value；para2 = value；etc；" 。Connectionstring 的属性有 4 个参数，如表 17-4 所示。

表 17-4　connectionstring 属性的 4 个参数

参　数	描　　述
Provider	用于连接服务器的驱动程序提供者的名称，如 Provider = sqloledb. 4. 1
Inifialcatalog	数据库名
Datasource	当打开客户端连接时使用的服务器名称（仅限于远程数据服务，如为本地服务器则写为 local）
Remote Server	当打开客户端连接时使用的服务器的路径名称（仅限于远程数据服务）

- userID：可选。一个字符串值，包含建立连接时的用户名。
- password：可选。一个字符串值，包含建立连接时要使用的密码。

Close 用于关闭 Connection 对象，以释放系统资源，其语法如下：

```
Conn.Close
```

3. Command 对象

Execute 可执行 CommondText 属性中指定的查询、SQL 语句或存储过程，其语法如下：

```
Set rs = command.Execute(ra,parameters)
```

参数说明：

- ra：可选。返回受查询影响的记录的数目。对于以行返回的查询，可使用 RecordSet 对象的 RecordCount 属性来计算该对象中的记录数量。
- parameters：可选。用 SQL 语句传递的参数值。用于查询、更改或向 Parameters 集合插入新的参数值。

4. RecordSet

Open 用于打开游标，其语法如下：

```
recordset.Open Source, ActiveConnection, CursorType, LockType
```

参数说明：

- Source：可选，变体型，计算 Command 对象的变量名、SQL 语句、表名、存储过程调用或持久 RecordSet 文件名。
- ActiveConnection：可选，变体型，计算有效 Connection 对象变量名或字符串，包含 ConnectionString 参数。
- CursorType：可选，CursorTypeEnum 值，确定提供者打开 RecordSet 时应该使用的游标类型。
- LockType：可选，给出锁类型。

Move：可选，即移动 RecordSet 对象中当前记录的位置。其语法如下：

```
recordset.Move NumRecords, Start
```

参数说明：

- NumRecords ：必需，长整型，指定当前记录位置移动的记录数。
- Start：可选，字符串或变体型，指定从哪儿开始移动。也可为下列值之一：
  - AdBookmarkCurrent(0)：默认，从当前记录开始。
  - AdBookmarkFirst(1)：从首记录开始。
  - AdBookmarkLast(2)：从尾记录开始。

Find：搜索 RecordSet 中满足指定标准的记录。如果满足标准，则记录集位置设置在找到的记录上，否则位置将设置在记录集的末尾。其语法如下：

```
Find (criteria, SkipRows, searchDirection, start)
```

参数说明：

- criteria ：必需，字符串，包含指定用于搜索的列名、比较操作符和值的语句。
- SkipRows ：可选，长整型，默认值为零，指定当前行或 start 书签的位移以开始搜索。
- searchDirection：可选的 SearchDirectionEnum 值。指定搜索应从当前行还是下一个有效行开始。其值可为 adSearchForward(1) 或 adSearchBackward(-1)。搜索是在记录集的开始

还是末尾结束由 searchDirection 值决定。

- start：可选，变体型书签，用于搜索的开始位置。

Close 用于关闭记录集，语法如下：

```
recordset.Close
```

此外还可以有 GetCollect、PutCollect 及 Update 等其他各种函数。

*17.4　SQL Server 2008 Web 方式——ASP

Microsoft 公司的动态网页服务器页面(Active Server Page，ASP)是该公司开发的一种程序开发/编辑工具，它可以创建和运行动态的、可交互的 Web 服务器端应用程序。

17.4.1　ASP 工作原理

ASP 的工作原理如下：

1) 用户在客户端浏览器地址栏中输入动态网站的网址，向服务器发出浏览网页的请求。

2) 服务器接收请求后，当遇到任何与 ActiveX Scripting 兼容的脚本(如 VBScript 和 JScript)时，ASP 引擎会调用相应的脚本引擎进行处理。若脚本指令中含有访问数据库的请求，就通过 ADO 访问与后台数据库相连，并由数据库访问组件执行访问操作。

3) 数据库访问结束后，依据访问的结果集自动生成符合 HTML 语言的主页，将结果转化为一个标准的 HTML 文件发送给客户端，所有相关的发布工作由 Web 服务器负责。

图 17-11 所示即为上面原理图形表示。

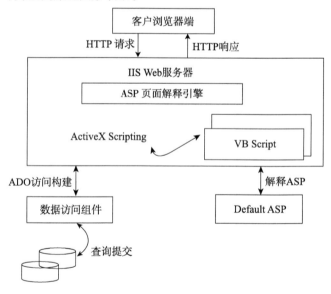

图 17-11　ASP 的工作原理图

1. ASP 文件格式

ASP 文件以 .asp 为扩展名，在 ASP 文件中，可以包含以下内容：

- HTML 标记。
- 脚本命令：位于 <% 和% > 分界符之间的命令。
- 文本。

2. IIS 安装及设置

ASP 作为一种服务器端工具，不能直接通过 IE 访问，需要使用微软公司的 IIS 互联网信息服务，在本机或局域网上访问与调试 ASP 程序。

17.4.2 HTML 与静态网页

在 Web 方式中用 HTML 编写网页，这种网页是"固定不变"的，称静态网页，静态网页的网页文件没有程序，只有 HTML 代码。

17.4.3 脚本语言

ASP 不是一种编程语言，而是一套服务端的对象模型，它需要脚本语言来实现数据处理功能。ASP 具备管理不同语言脚本程序的能力，能够自动调用合适的脚本引擎以解释脚本代码和执行内置函数。脚本语言的作用是在 Web 页面增加脚本程序，在服务器端和客户端实现 HTML 语言无法实现的功能，从而扩展了 HTML 的功能。脚本语言是 Visual Basic、Java 等高级语言的一个子集，可嵌入在 HTML 文件中。ASP 开发环境提供了两种脚本引擎，即 VBScript 和 JScript 脚本语言。

17.4.4 ASP 的内建对象及组件

ASP 组件是建立 Web 应用程序的关键。ASP 的组件提供了用在脚本中执行任务的对象。同时，ASP 也提供了可在脚本中使用的内建对象。

1. ASP 的内建对象

ASP 提供了六个内置对象，这些对象使用户能收集通过浏览器请求发送的信息、响应浏览器以及存储用户信息。在使用这些对象时并不需要经过任何声明或建立的过程。

- Application 对象：能够存储给定应用程序的所有用户共享信息。
- Request 对象：能够获得任何用 HTTP 请求传递的信息。
- Response 对象：能够控制发送给用户的信息。
- Server 对象：提供对服务器上的方法和属性的访问。
- Session 对象：能够存储特定的用户会话所需的信息。
- ObjectContext 对象：可以提交或撤销由 ASP 脚本初始化的事务。

2. ASP 内置组件

ASP 还提供一些内置组件，如表 17-5 所示。

表 17-5 ASP 内置组件

组　　件	功　　能
File Access	帮助实现对文件和文件夹的访问和操作
Ad Rotator	提供广告轮番显示的功能
Content Rotator	轮番显示指定内容
Content Linking	管理链接信息
Browser Capabilities	可以测试浏览器的功能
Counters	实现计数功能
Page Counting	用于记录页面单击次数
Logging Utility	用于管理日志文件
MyInfo	存储管理员信息

17.4.5 用 ASP 连接到 SQL Server 2008

在 Web 方式中用 ASP 连接到 SQL Server 2008 一般采用 ASP + VBScript(JScript) + ADO 方式访问 SQL Server 2008 数据库。

通常情况下,在 ASP 中当网页内需编码时,它与 SQL Server 2008 数据库的数据交换是通过这种方式进行的。在其中 ASP 作为一种开发环境组合 HTML 编写网页、VBScript(JScript)编写代码,再加上用 ADO 与 SQL Server 2008 数据库接口,从而完成 Web 方式中的数据接口。

 本章小结

本章主要介绍四种数据交换方式,T-SQL 语言一共有四个部分。

1. 人机交互方式:SQL Server 2008 的所有操作都有人机互操作,它适合于所有方式。
2. 自含式方式:SQL Server 2008 的自含式方式是通过 T-SQL 实现的,它适用于单机方式。
3. 调用层接口方式:SQL Server 2008 的调用层接口方式是通过 ADO 实现的,它适用于网络方式。
4. Web 方式:SQL Server 2008 的 Web 方式是通过 ASP + 脚本语言 + ADO 实现的,它适用于互联网 Web 方式。
5. 本章重点内容
   - T-SQL。

 **习 题 17**

选择题

17.1 T-SQL 使用局部变量名称前必须以( )开头。
   A. @   B. @@   C. Local   D. ##

17.2 SQL 语句中,BEGIN…END 用于定义一个( )。
   A. 过程块   B. 方法块   C. 语句块   D. 对象块

17.3 下面不属于 SQL Server 2008 中事务模式的是( )。
   A. 显式事务   B. 隐式事务   C. 自动事务   D. 系统事务

17.4 在 SQL Server 服务器上,存储过程是一组预先定义并( )的 T-SQL 语句。
   A. 保存   B. 编译   C. 解释   D. 编写

17.5 利用游标可以实现对查询结果集的逐行操作。下列关于游标的说法中,错误的是( )。
   A. 每个游标都有一个当前行指针,打开游标后当前行指针自动指向结果集的第一行数据
   B. 如果在声明游标时未指定 INSENSITIVE 选项,则已提交的对基表的更新都会反映在后面的提取操作中
   C. 当@@FETCH_STATUS = 0 时,表明游标当前行指针已经移出了结果集范围
   D. 关闭游标之后,可以通过 OPEN 语句再次打开该游标

问答题

17.6 T-SQL 包含哪些内容?

17.7 T-SQL 包含哪些核心 SQL 语句操作?

17.8 什么是事务?如何定义一个显式事务?

17.9 SQL Server 2008 中数据库的数据与应用程序之间是以什么方式实现数据交换的?

17.10 简述游标的定义与使用。

17.11 简述 ADO 对象编程的一般步骤。

17.12 简述 ASP 工作原理。

17.13　简述用 ASP 连接到 SQL Server 2008 的方法。

应用题

17.14　编写一个使用 ADO 对象连接访问"S-C-T"数据库中"SC"表的实例并完成验证。

17.15　创建一个存储过程 myp2，完成的功能是在表 Student、表 Course 和表 SC 中查询以下字段：学号、姓名、课程名称、考试分数，并完成实验验证。

17.16　编制一个存储过程，该存储过程根据 S-C-T 数据库输入学号，输出该学生的姓名和平均分情况，并完成实验验证。

第18章 SQL Server 2008 用户管理及数据安全性管理

数据库系统是一种共享资源的系统，它可为多个用户提供资源服务。但是用户共享数据库资源时应该按一定规则进行，超越规则的、过度的共享则会造成安全危机。因此，用户使用数据库的方式与数据库的安全是紧密关联的。在本章中我们将这两者组合在一起，称为用户管理及数据安全性管理。根据这种思想，在 SQL Server 2008 中不是任何主体（包括人与程序）都能作为用户访向数据库，而是必须按一定规则访问，这称为访向权限，不同用户的访向权限是不同的。因此用户只有被授予一定访问权限后才能成为 SQL Server 2008 的用户。其次，具有一定权限的用户在访向数据库时还必须接受 SQL Server 2008 系统的检验，这可称为系统验证或认证。这两者的结合组成了 SQL Server 2008 的数据安全性管理，同时，它也是作为 SQL Server 2008 用户的必备条件，因此也称为 SQL Server 2008 用户管理。

在本章中我们就讨论用户权限授予及用户权限检验这两个问题，共分为三节：

- SQL Server 2008 用户权限以及用户权限检验的基本概念，也称为数据安全性概述。
- SQL Server 2008 用户及用户权限设置的操作。
- SQL Server 2008 用户权限检验的操作。

18.1 SQL Server 2008 数据安全性概述

SQL Server 2008 的数据安全性是由两种安全体与两种安全层次组成的，并形成一个有效的、完整的、严格的数据防护体系。

18.1.1 两种安全体——安全主体和安全客体

1. 安全主体

安全主体又称主体，它即是用户。它指的是可以申请 SQL Server 2008 中资源的个体、群体或过程。安全主体按覆盖范围分为 Windows 级、SQL Server 级及数据库级三级。

1）Windows 级的主体有 Windows 组登录名、Windows 域登录名及 Windows 本地登录名。

2）SQL Server 级的主体有 SQL Server 登录名。

3）数据库级的主体有数据库用户名。

2. 安全客体

安全客体又称安全对象，是 SQL Server 2008 管理的、可进行保护的实体分层集合，是主体所能访问的数据资源。它包含服务器、数据库（架构）和数据库对象三层。

1）服务器级别的安全对象主要是指定的服务器，包括服务器名及相应固定角色。

2）数据库级别的安全对象主要是指定的数据库、架构等，包括数据库名、架构名、固定数据库角色及应用程序角色等。

3）数据库对象级别的安全对象主要是指定的数据库对象，包括表、视图、函数、存储过程、触发器、约束规则及同义词等。

3. 安全主体访问安全客体

安全主体访问安全客体即是用户访问数据资源，此时的用户必须掌握一定的访问资源的范围以及操作范围，分别称为资源权限（或称客体权限）与操作权限，统称为访问权限。安全主体与安全客体间的关系如图 18-1 所示。

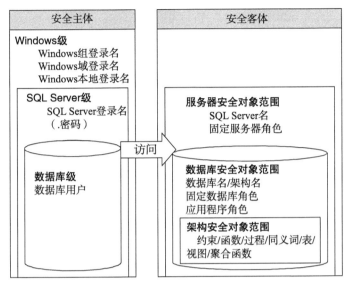

图 18-1 安全主体与安全客体间的关系

18.1.2 安全主体的标识与访问权限

在 SQL Server 2008 中有很多用户，它们即是安全主体。为便于管理，必须对它们进行标识。此外还需对安全主体赋予它所访问的客体权限与操作权限（统称访问权限）。这二者缺一不可。这就是 SQL Server 2008 中用户所应具有的三个基本属性，亦称安全属性。在有了这些属性后用户才能访问数据库。下面对这三个基本属性进行简单介绍：

1）主体标识：主体标识包括主体名与密码等，如 Windows 级的操作系统登录账户名（及密码）、SQL Server 级的服务器登录名及密码、数据库级的数据库用户名等。

2）客体权限：主体所能访问客体的范围，如服务器、数据库、架构、数据库对象等。

3）操作权限：主体对客体所能执行的操作。操作与客体紧密关联，不同客体有不同操作。

主体（即用户）只有有了这三个属性后才具备访问 SQL Server 2008 的条件。因此每个 SQL Server 2008 的用户必须设置这三个属性，这种用户称安全用户（或安全主体）。

需要说明一下，角色是一种主体的代理，也是一种虚拟的安全用户，只有将它与具有标识符的用户建立关联后，该用户才具备角色所持有的访问权限，从而成为安全用户。

18.1.3 两种安全层次与安全检验

安全用户可以访问数据库中的资源，但在访问过程中需通过两种安全层次的检验。

1. SQL Server 2008 的两种安全层次

SQL Server 2008 运行在网络环境中，受 Windows 网络操作系统控制，同时它又以 SQL 服务器为平台，因此它的安全性与这两者紧密相关。同时 SQL Server 2008 中的数据被组织在数据库（架构）中，而数据库又被分解成若干数据库对象，因此，SQL Server 2008 的安全性又与数据库、数据库对象有关。这样，SQL Server 2008 的安全性与 Windows 操作系统、SQL 服务器、数据库及数据库对象四个部分紧密相关，如图 18-2 所示。

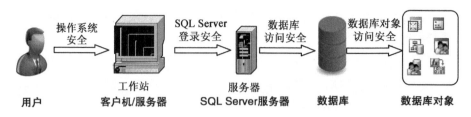

图 18-2   SQL Server 2008 安全层次间的关系图

由于操作系统安全往往与 SQL 服务器安全紧密相联，因此这两者合并成一类，再加上数据库及数据库对象又组成一个类别，这样就分为两种安全层次：

第一层：Windows 操作系统与 SQL Server 服务器的安全性。这一级别的安全性建立在 Windows 操作系统与服务器登录账号和密码的基础上，即必须具有正确的 Windows 操作系统或服务器登录账号和密码才能连接到 SQL Server 服务器。

第二层：数据库的安全性。用户在通过第一层之后，即进入数据库，此时需有数据库用户名才能连接到相应的数据库并访问相应的数据库及数据库对象。

2. SQL Server 2008 安全检验

在 SQL Server 2008 中，安全主体访问客体时系统必须经两个层次的权限检验，只有权限通过后访问才得以进行。此称为访问控制。

在检验中，第一层是操作系统 Windows 与 SQL 服务器层，它们紧密结合提供两种检验模式（或称认证模式），一种是 Windows 模式，另一种是混合模式。Windows 模式是将操作系统的用户检验与数据库服务器的用户检验合二为一，只要通过操作系统用户检验即能进入 SQL Server。在混合模式中 Windows 及 SQL Server 所建立的用户检验都可以使用。

在经过这层检验后，主体即能进入服务器，根据权限执行 SQL 服务器相关操作。接着是第二层数据库用户检验，通过后主体即能进入数据库及数据库对象并根据访问权限执行相关操作。其检验流程如图 18-3 所示。

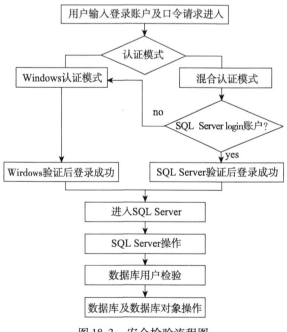

图 18-3   安全检验流程图

18.1.4　SQL Server 2008 安全性管理操作

从上面介绍可以看出，SQL Server 2008 安全性管理实际上有两个部分，它们是：

1）安全主体三个基本属性的设置与维护。即对安全主体的标识及其客体权限与操作权限的设置与维护。它可以通过 SQL Server Management Studio 及 T-SQL 这两种方式实现。

2）安全性检验。安全性检验即按两个层次实现安全主体对客体的各种访问权限检验。

18.2　SQL Server 2008 中安全主体的安全属性设置与维护操作

安全主体有服务器与数据库两个级别。其中服务器级别的三个安全属性是服务器登录名（及密码）、服务器名及相应操作；数据库级别的安全属性较为复杂，其访问权限可分为数据库名（及相应操作）、架构名以及数据库对象名（及相应操作）三个层次。

18.2.1　SQL Server 2008 服务器安全属性设置与维护操作

SQL Server 2008 中服务器级别的安全属性是服务器登录名（及密码）及它的权限：固定服务器角色。在本节中通过创建服务器登录名（及密码）及固定服务器角色等操作以实现对服务器安全性管理。

1. 系统级别安全操作的主体 – sa

服务器的安全属性设置与维护需要有最高级别的安全主体实施，它即是系统管理员 sa（system administrator）。sa 是 Windows 系统级的管理员，具有最高操作权限。它是安装 SQLServer 2008 时默认生成的一个登录名，该登录名不能被删除。当采用混合模式安装 SQL Server 系统之后，应该为 sa 指定一个密码。sa 还可以对其他安全主体授予多种权限。下面的服务器及数据库级安全属性设置与维护都可由 sa 操作完成。

2. 服务器登录名创建

在 SQL Server 2008 中用户必须通过登录账户建立自己的连接能力，以获得对 SQL Server 实例的访问权限。该登录账户必须映射到用于控制在数据库中所执行活动的 SQL Server 名，以控制用户拥有的权限。在创建登录名时，既可以通过将 Windows 登录名映射到 SQL Server 中，也可以创建 SQL Server 登录名。

（1）创建 Windows 登录账户

在 SQL Server 2008 安装时即选择了验证模式，若为 Windows 验证方式就采用此种方式创建登录账户。它增加一个 Windows 的新用户并授权，使其能通过信任连接访问 SQL Server，创建 Windows 账户并将其加入 SQL Server 中。其操作工具为 SQL Server Management Studio。

1）创建 Windows 用户。以系统管理员身份登录 Windows，选择"开始"→"控制面板"→"性能和维护"→选择"管理工具"→双击"计算机管理"进入"计算机管理"窗口。

2）在"计算机管理"窗口中选择"本地用户和组"中的"用户"图标并右击，在弹出的快捷菜单中选择"新用户"菜单项，打开"新用户"窗口。在该窗口中输入用户名、密码，单击"创建"按钮，如图 18-4 所示。

3）以系统管理员身份登录到 SQL Server Management Studio，在"对象资源管理器"中，找到并选择如图 18-5 所示的"登录名"项。右击，在弹出的快捷菜单中选择"新建登录名"，打开"登录名－新建"窗口，如图 18-6 所示。

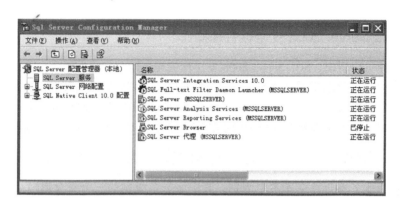

图 18-4 创建新用户的界面

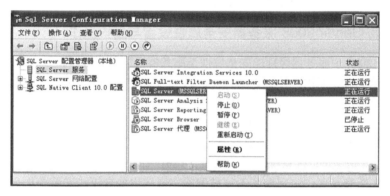

图 18-5 选择"新建登录名"命令

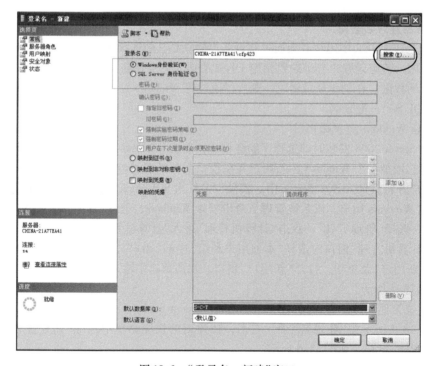

图 18-6 "登录名－新建"窗口

4)在"登录名–新建"窗口中，单击"常规"选项卡的"搜索"按钮，在"选择用户或组"对话框中单击"高级"按钮，选择相应的用户名添加到 SQL Server 2008 登录用户列表中。例如，本例的用户名为 CHINA-21A77EA41\cfp423（CHINA-21A77EA41 为本地计算机名）。

5)在"登录名–新建"窗口中设置当前登录用户的默认数据库，本例使用 S-C-T 数据库。

6)单击"确定"按钮完成 Windows 登录名的创建，如图 18-7 所示。创建完成后，即可使用 cfp423 账户登录到当前 SQL Server 服务器。

图 18-7　登录名创建完毕

（2）创建 SQL Server 登录账户

当需要创建 SQL Server 登录名时，首先在安装时应将验证模式设置为混合模式。然后用 SQL Server Management Studio 按下面步骤操作：

1)创建 SQL Server 登录名。在如图 18-8 所示的界面中输入登录名，如 cfp123，选中"SQL Server 身份验证"选项，输入密码，并将"强制密码过期"复选框中的钩去掉。

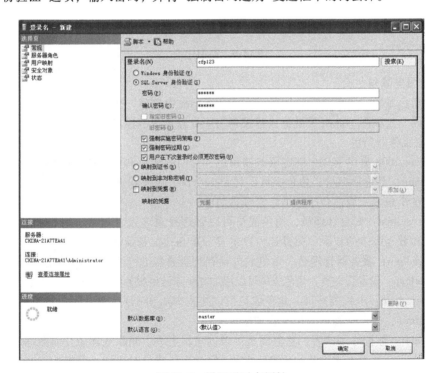

图 18-8　设置登录名属性

2)在"选择页"列表中单击"用户映射"选项，打开之。在"映射到此登录名的用户"列表中勾选"S-C-T"数据库前面的复选框，系统自动创建与登录名同名的数据库用户并进行映射。还可在"数据库角色成员"列表中为未登录账户设置权限（默认为 public），如图 18-9 所示。

3)单击"确定"按钮，完成 SQL Server 登录账户的创建。

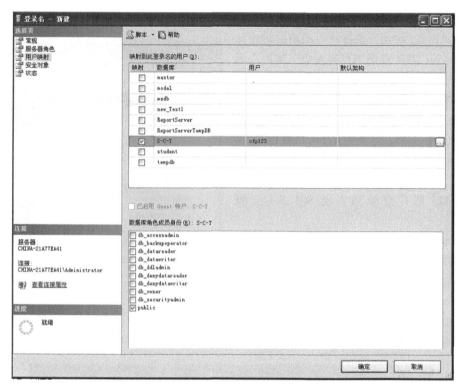

图 18-9　映射用户

3. 固定服务器角色

服务器角色是独立于各个数据库的。在 SQL Server 中创建一个登录名后，需赋予该登录者管理服务器的一定权限，此时可设置该登录名为服务器角色的成员。

（1）固定服务器角色

SQL Server 2008 提供了 9 个固定服务器角色，它们的清单和功能如下：

1）sysadmin：系统管理员，角色成员可对 SQL Server 服务器进行所有的管理工作，为最高管理角色。这个角色一般适合于数据库管理员（DBA）。

2）securityadmin：安全管理员，角色成员可以管理登录名及其属性，可以授予、拒绝、撤销服务器级和数据库级的权限，另外还可以重置 SQL Server 登录名的密码。

3）serveradmin：服务器管理员，角色成员具有对服务器进行设置及关闭服务器的权限。

4）setupadmin：设置管理员，角色成员可以添加和删除链接服务器，并执行某些系统存储过程。

5）processadmin：进程管理员，角色成员可以终止 SQL Server 实例中运行的进程。

6）diskadmin：磁盘管理员，用于管理磁盘文件。

7）dbcreator：数据库创建者，角色成员可以创建、更改、删除或还原任何数据库。

8）bulkadmin：可执行 BULK INSERT 语句，但是这些成员对要插入数据的表必须有 INSERT 权限。BULK INSERT 语句的功能是以用户指定的格式复制一个数据文件至数据库表或视图。

9）public：其角色成员可以查看任何数据库。

（2）使用 SQL Server Management Studio 添加服务器角色成员

1）以系统管理员身份登录到 SQL Server 服务器，在"对象资源管理器"中展开"安全性"→"登录名"→选择需要的登录名，例如"CHINA-21A77EA41\cfp423"，双击或右击选择"属性"菜单项，打开"登录属性"窗口。

2）在打开的"登录属性"窗口中选择"服务器角色"选项卡。如图 18-10 所示，在"登录属性"窗口右边列出了所有的固定服务器角色，可以根据需要在服务器角色前的复选框中打钩，来为登录名添加相应的服务器角色，此处默认已经选择了"public"服务器角色。单击"确定"按钮完成添加。

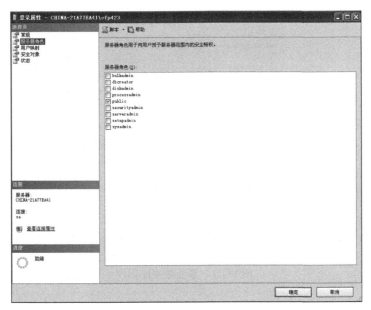

图 18-10   SQL Server 服务器角色设置窗口

18.2.2   SQL Server 2008 数据库安全属性设置与维护操作之一——数据库用户管理

数据库级别的安全主体是数据库用户，它是服务器登录名在数据库中的映射。它的安全客体是数据库名，其操作则是与数据库相关的操作。操作权限授予是通过数据库角色实现的。本节通过创建数据库用户名及数据库角色以及删除、查看及修改等操作实现对数据库的安全性管理。对数据库安全属性的设置一般由 sa 操作完成。

1. 数据库用户管理操作

在 SQL Server 2008 中，服务器登录名是让用户登录到 SQL Server 中，它并不能让用户访问服务器中数据库。若要访问数据库，还需在服务器内创建数据库用户名并关联一个登录名。

（1）使用 SQL Server Management Studio 创建与维护数据库用户

1）以系统管理员身份登录到 SQL Server Management Studio 的"对象资源管理器"中，展开"服务器"下的"数据库"结点。

2）点击需在其中创建新数据库用户的数据库。

3）右击"安全性"结点，从弹出的快捷菜单中选择"新建"下的"用户"选项，弹出"数据库用户 - 新建"对话框，如图 18-11 所示。

4）在"常规"选择页的"用户名"框中输入新用户的名称，这里输入"cfp"。在"登录名"框中输入或选择要映射到数据库用户的 Windows 或 SQL Server 登录名的名称，这里选择"CHINA-21A77EA41 \ cfp423"（已经创建）。

5）如果不设置"默认构架"，系统会自动设置 dbo 为此数据库用户的默认构架。

6）单击"确定"按钮，完成数据库用户的创建。

图 18-11　新建数据库用户

（2）使用 T-SQL 中的 SQL 语句创建与维护数据库用户

语法格式：

```
CREATE USER user_name
[{ FOR  | FROM }
     LOGIN login_name
     | WITHOUT LOGIN
]
     [ WITH DEFAULT_SCHEMA = schema_name ]
```

参数说明：

- user_name：指定数据库用户名。
- FOR 或 FROM：用于指定相关联的登录名。
- LOGIN login_name：指定创建数据库用户的 SQL Server 登录名。login_name 必须是服务器中有效的登录名。当此登录名进入数据库时，它将获取创建的数据库用户的名称和 ID。
- WITHOUT LOGIN：指定不将用户映像到现有登录名。
- WITH DEFAULT_SCHEMA：指定服务器为此数据库用户解析对象名称时将搜索的第一个架构，默认为 dbo。

【例 18.1】　使用 SQL Server 登录名 CHINA-21A77EA41\cfp423（假设已经创建）在 S-C-T 数据库中创建数据库用户 cfp，默认架构名使用 dbo。

```
USE [S-C-T]
GO
CREATE USER cfp
    FOR LOGIN [CHINA-21A77EA41\cfp423]
    WITH DEFAULT_SCHEMA=dbo.
```

显示结果如图 18-12 所示。

2. 数据库角色管理

SQL Server 2008 在数据库级的安全级别上也设置了角色,并允许用户在数据库上建立新的角色,然后为该角色授予多个权限,最后再通过角色将权限赋予数据库的用户,使用户获得数据库的访问权限。数据库角色共有三种类型:

●固定数据库角色:SQL Server 2008 提供的作为系统一部分的角色。

●用户自定义数据库角色:数据库用户自己定义的角色。

●应用程序角色:用于授予应用程序专门的权限,而非授予用户组或者单独用户。

(1)固定数据库角色

SQL Server 2008 提供了 10 种常用的固定数据库角色,用于授予数据库用户,它们是:

图 18-12 创建数据库用户"cfp"

- public:一个特殊的数据库角色,数据库中的每个用户都是其成员,且不能删除这个角色。它能查看数据库中的所有数据。
- db_owner:拥有数据库中的全部权限。
- db_accessadmin:可以添加或删除用户 ID。
- db_ddladmin:具备所有 DDL 操作的权限。
- db_securityadmin:可以管理全部权限、对象所有权、角色和角色成员资格。
- db_backupoperator:可以使用 DBCC 操作集,用于检查数据库的逻辑一致性及物理一致性等操作,如 CHECKPOINT(检查点)和 BACKUP(备份)操作。
- db_datareader:可以查询数据库内任何用户表中的所有数据。
- db_datawriter:可以更改数据库内任何用户表中的所有数据。
- db_denydatareader:不能查询数据库内任何用户表中的任何数据。
- db_denydatawriter:不能更改数据库内任何用户表中的任何数据。

1)使用 SQL Server Management Studio 添加固定数据库角色成员

① 以系统管理员身份登录到 SQL Server 服务器,在"对象资源管理器"中展开"数据库"→"S-C-T"→"安全性"→"用户"→选择一个数据库用户,例如"cfp",双击或单击右键选择"属性"菜单项,打开"数据库用户"窗口。

② 在打开的窗口中,在"常规"选项卡中的"数据库角色成员身份"栏,用户可以根据需要在数据库角色前的复选框中打钩,从而为数据库用户添加相应的数据库角色,如图 18-13 所示,单击"确定"按钮完成添加。

③ 查看固定数据库角色的成员。在"对象资源管理器"窗口中,在"S-C-T"数据库下的"安全性"→"角色"→"数据库角色"目录下,选择数据库角色,如 db_owner,右击选择"属性"菜单项,在"角色成员"栏下可以看到该数据库角色的成员列表,如图 18-14 所示。

2)使用系统存储过程添加固定数据库角色成员

利用系统存储过程 sp_addrolemember 可以将一个数据库用户添加到某一固定数据库角色中,使其成为该固定数据库角色的成员。该系统存储过程语法格式如下:

```
sp_addrolemember [ @ rolename = ] 'role', [ @ membername = ] 'security_account'
```

图 18-13　添加固定数据库角色成员

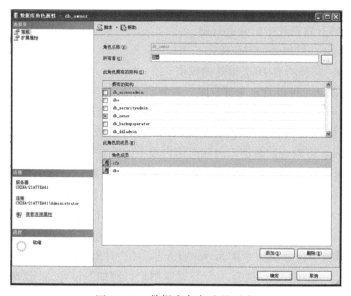

图 18-14　数据库角色成员列表

参数说明：

- role：当前数据库中的数据库角色的名称。
- security_account：添加到该角色的安全账户，可以是数据库用户或当前数据库角色。

该系统存储过程的说明如下：

- 当使用 sp_addrolemember 将用户添加到角色时，新成员将继承所有应用到角色的权限。
- 不能将固定数据库、固定服务器角色或者 dbo 添加到其他角色。例如，不能将 db_owner 固定数据库角色添加成为用户定义的数据库角色的成员。
- 在用户定义的事务中不能使用 sp_addrolemember。
- 只有 sysadmin 和 db_owner 固定服务器角色中的成员可以执行 sp_addrolemember，以将成员添加到数据库角色。

● db_securityadmin 固定数据库角色的成员可以将用户添加到任何用户定义的角色。

【例 18.2】 将 S-C-T 数据库上的数据库用户"cfp"添加为固定数据库角色 db_ owner 成员。

```
USES - C - T
GO
EXEC sp_addrolemember 'db_owner', ' cfp '
```

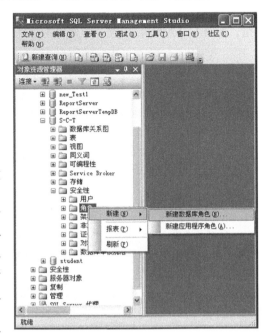

(2)用户自定义数据库角色

在实际应用中，当固定数据库角色不能满足用户的需求时，可创建自定义数据库角色。

1)使用 SQL Server Management Studio 创建数据库角色

①以系统管理员身份连接 SQL Server，在"对象资源管理器"展开"数据库"→选择数据库 S-C-T→"安全性"→"角色"，右击，在弹出快捷菜单中选择"新建"菜单项→在弹出子菜单中选择"新建数据库角色"菜单项，如图 18-15 所示。进入"数据库角色 – 新建"窗口。

②在"数据库角色 – 新建"窗口中，打开"常规"选项卡，在"角色名称"文本框中输入创建的

图 18-15　新建数据库角色

角色名，这里是"cfpzd"，单击"添加"按钮将数据库用户加入数据库角色，这里是 S-C-T 数据库用户"cfp"加入角色"cfpzd"，如图 18-16 所示。当数据库用户成为某一数据库角色的成员之后，该数据库用户就获得该数据库角色所拥有的对数据库操作的权限。

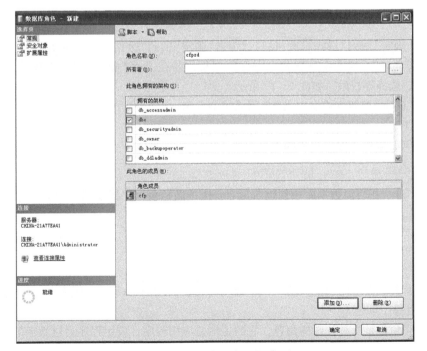

图 18-16　"数据库角色 – 新建"窗口

③选择"安全对象"选项卡，查看或设置数据库安全对象的权限。在"安全对象"选项页中单击"安全对象"条目后面的"搜索"按钮，打开"添加对象"窗口，这里点选"特定对象"单选按钮，如图18-17所示。

图18-17　"添加对象"窗口

④单击"确定"按钮回到"选择对象"窗口。在该窗口中单击"浏览"按钮，打开"查找对象窗口"，它列出了数据库中所有的表名，这里选择所有的表，如图18-18所示。

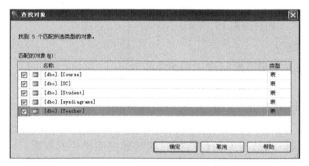

图18-18　"查找对象"窗口

⑤单击"确定"回到"选择对象"窗口，单击"确定"回到"数据库角色－新建"窗口。

⑥在"安全对象"列表中分别选中每个数据行，并在下面"显式"列表中选中插入、更新、更改、删除、选择等权限，如图18-19所示。

⑦单击"确定"按钮完成自定义数据库角色的创建。

2）通过 T-SQL 创建数据库角色

通过 T-SQL 创建数据库角色的语法为：

```
CREATE ROLE role_name [ AUTHORIZATION owner_name ]
```

【例18.3】　在当前数据库中创建名为 cfpzd1 的新角色，并指定 dbo 为该角色的所有者。

```
USE S-C-T
GO
CREATE ROLE cfpzd1
AUTHORIZATION dbo
```

注意，有关数据库角色授权的 T-SQL 语句将在后面的 Grant 语句中介绍。

（3）应用程序角色

应用程序角色是一种特殊的角色，它的主体是应用程序，应用程序通过激活的方式能够获取使用应用程序角色所具有的权限。创建应用程序角色与创建数据库角色类似，一般采用 SQL Server Management Studio 方式。

1)以系统管理员身份连接 SQL Server，在"对象资源管理器"中展开"数据库"→选择数据库 S-C-T→"安全性"→"角色"，右击，在弹出快捷菜单中选择"新建"菜单项→在弹出子菜单中选择"新建应用程序角色"，进入"应用程序角色 – 新建"窗口，如图 18-20 所示。

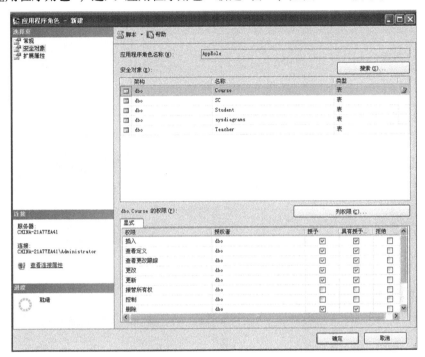

图 18-19 配置角色权限

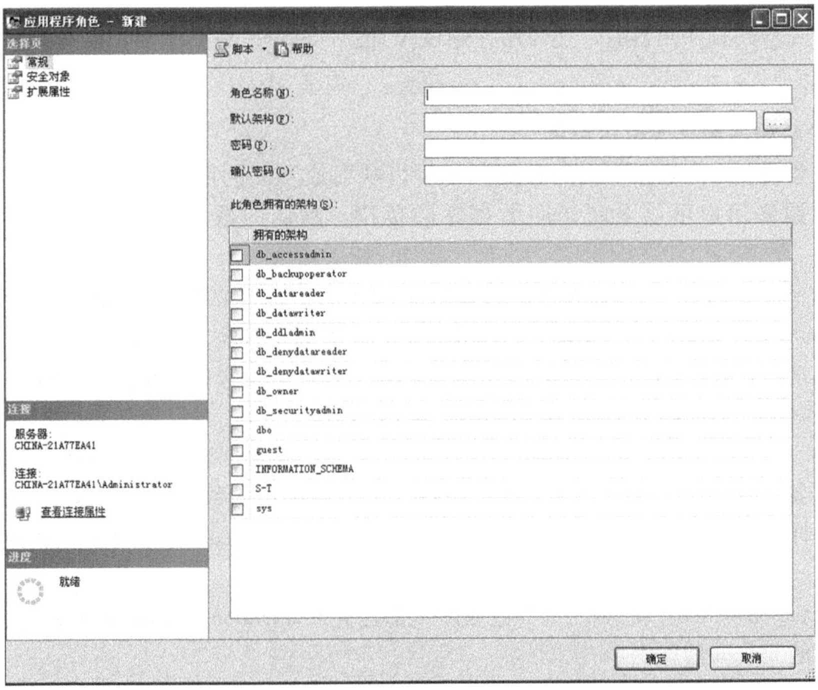

图 18-20 "应用程序角色 – 新建"窗口

2）在"应用程序角色－新建"中输入角色名及密码，角色名为"AppRole"，默认架构为 dbo。

3）在"选择页"列表框中单击"安全对象"选项卡，打开"安全对象"选项卡。选择安全对象为 S-C-T 数据库中的所有表，并设置应用程序角色拥有该表的所有权限，如图 18-21 所示。

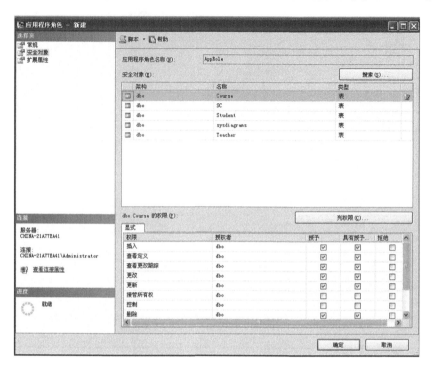

图 18-21   配置应用程序角色权限

4）创建完应用程序角色后，还需用存储过程 sp_ setapprole 将其激活，语句如下：

```
EXEC sp___setapprole  @ ROLENAME = 'AppRole', @ PASSWORD = '123456'
```

3. 三个特殊的数据库用户角色

一个服务器登录账号在不同的数据库中可以映射成不同的用户，从而可以拥有不同的权限，利用数据库用户可以限制访问数据库的范围，默认的数据用户角色有 dbo、Guest 和 sys 等。

1）dbo。dbo 是数据库的所有者，拥有数据库中所有对象的所有操作。每个数据库都有 dbo。sysadmin 服务器角色的成员映射成 dbo。无法删除 dbo 用户，且此用户始终出现在每个数据库中。通常，登录名 sa 映射为库中的用户 dbo。另外，固定服务器角色 sysadmin 的任何成员创建的任何对象都自动属于 dbo。dbo 即是数据库管理员。

2）Guest。Guest 允许没有数据库用户账户的登录名访问数据库。当登录名没有被映射到任一个数据库名上时，登录名将自动映射成 Guest，并获得相应的数据库访问权限。Guest 可以和其他用户一样设置权限，不能删除 Guest，但可在除 Master 和 Tempdb 之外的人和数据库中禁用 Guest 用户。

3）Information_schema 和 sys。每个数据库中都含有 Information_schema 和 sys，它们用于获取有关数据库的元数据信息。

18.2.3 SQL Server 2008 数据库安全属性设置与维护操作之二——架构管理

我们继续讨论数据库级别中安全主体是数据库用户，但它的安全客体是架构的情况。在
SQL Server 2008 中数据库名是数据客体，但它有时是
通过架构拥有对象，所以架构也是数据客体。在有架
构的数据库中，存在客体"架构"。本节讨论架构创
建。同时安全主体数据库用户还将接受架构作为其客
体权限。这些均称为架构管理。在架构管理中一般通
过 sa 或 dbo 操作完成。在本节中我们使用 SQL Server
Management Studio 创建架构。

1) 在 SQL Server Management Studio 中连接到本地
数据库实例，在对象资源管理器中展开树状目录，选
中 S-C-T 数据库，展开"安全性"结点。如图 18-22 所
示，右击"架构"节点，在弹出菜单中选择"新建架
构"命令。

2) 打开图 18-23 所示的"架构 – 新建"窗口。在"架
构名称"中输入要创建的架构名（如 S-T），在"架构所有
者"文本框中指定该角色所属的架构，单击"架构所有
者"右侧的"搜索"按钮即可弹出"搜索角色和用户"对话
框，从中查找可能的所有者角色或用户（如 dbo）等。

3) 选择"权限"选项页，查看或设置数据库架构
安全对象的权限，单击"确定"按钮，即完成创建
架构。

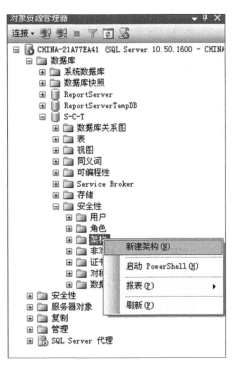

图 18-22 新建架构

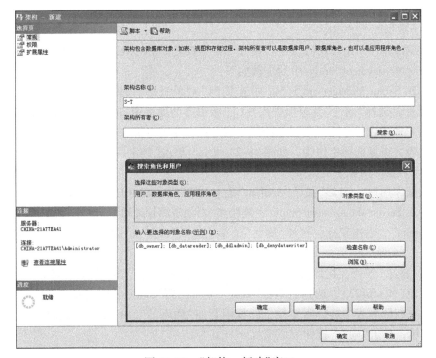

图 18-23 "架构 – 新建"窗口

18.2.4　SQL Server 2008 数据库安全属性设置与维护操作之三——数据库对象管理

最后我们讨论数据库级别中安全主体是数据库用户，但它的客体是数据库对象的情况。我们知道，数据库用户所真正访问的数据客体是数据库对象。它包括数据库对象名及相应操作。

本节讨论数据库对象的管理，此时安全主体为数据库用户，它接受数据库对象作为其客体权限，而相应操作作为其操作权限。表 18-1 列出了数据库对象的常用权限。

注意：数据库对象管理中也将数据库名及相应操作作为权限授予数据库用户或数据库角色。

表 18-1　安全对象的常用权限

安 全 对 象	常 用 权 限
数据库	CREATE DATABASE、CREATE DEFAULT、CREATE FUNCTION、CREATE PROCEDURE、CREATE VIEW、CREATE TABLE、CREATE RULE、BACKUP DATABASE、BACKUP LOG
表	SELECT、DELETE、INSERT、UPDATE、REFERENCES
表值函数	SELECT、DELETE、INSERT、UPDATE、REFERENCES
视图	SELECT、DELETE、INSERT、UPDATE、REFERENCES
存储过程	EXECUTE、SYNONYM
标量函数	EXECUTE、REFERENCES

权限的操作涉及授予权限、拒绝权限和撤销权限三种。

- 授予权限（GRANT）：将指定数据库对象上的指定操作权限授予指定数据库用户。
- 撤销权限（REVOKE）：撤销或删除以前授予的权限及停用其他用户继承的权限。
- 拒绝权限（DENY）：拒绝其他用户授予的权限及继承的权限。

对数据库对象的安全属性进行设置与维护操作时，一般由 dbo 操作完成。

1. 使用 SQL Server Management Studio 管理权限

（1）授予数据库上的权限

以给数据库用户"cfp123"（已创建）授予 S-C-T 数据库的 CREATE TABLE 语句的权限为例，在 SQL Server Management Studio 中的步骤如下：

1）在 SQL Server Management Studio 中连接到"对象资源管理器"，展开"数据库"→"S-C-T"，右击鼠标，选择"属性"菜单项进入 S-C-T 数据库的属性窗口，选择"权限"选项页。

2）在用户或角色栏中选择需授权的用户或角色，在窗口下方列出的权限列表中找到相应的权限，创建表，在复选框中打钩，如图 18-24 所示。单击"确定"按钮即完成。

（2）授予数据库对象上的权限

以给数据库用户"cfp123"授予"Student"表上 SELECT、INSERT 的权限为例，步骤如下：

1）在 SQL Server Management Studio 中连接到"对象资源管理器"，展开"数据库"→"S-C-T"→"表"→"Student"，右击鼠标，选择"属性"菜单项进入"Student"表的属性窗口，选择"权限"选项卡。

2）单击"搜索"按钮，在弹出的"选择用户或角色"窗口中单击"浏览"按钮，选择需要授权的用户或角色（如 cfp123），选择后单击"确定"按钮回到"Student"表的属性窗口。在该窗口中选择用户，在权限列表中选择需要授予的权限，如"插入"（INSERT）或"选择"（SELECT），如图 18-25 所示，单击"确定"按钮完成授权。

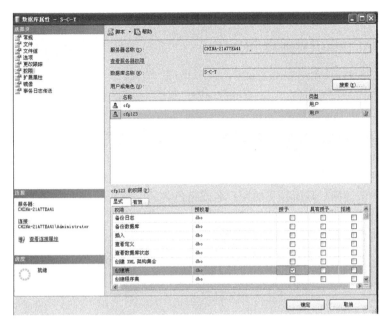

图 18-24　授予用户数据库上的权限

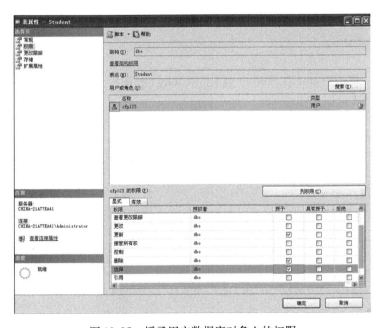

图 18-25　授予用户数据库对象上的权限

（3）拒绝和撤销数据库及表的权限

拒绝和撤销权限操作与授予权限操作类似，在图 18-24 和图 18-25 权限的授予和拒绝列上做适当勾选即可。

2. 使用 T-SQL 中 SQL 语句管理权限

（1）授予权限

GRANT 语句可以给数据库用户、数据库角色或数据库对象授予相关的权限。语法格式如下：

```
GRANT { [ALL] |permission [ (column [ ,...n ] ) ] [ ,...n ]
        }
        [ ON securable ] TO principal [ ,...n ]
        [ WITH GRANT OPTION ] [ AS < principal > ]
```

参数说明：

- ALL：表示你所授予的那个对象类型的所有权限。
- permission：说明所授予的具体权限。
- ON：指向授予权限的对象。
- TO：指向该访问权限所授予的用户名或角色名。
- WITH GRANT OPTION：允许你向其授予访问权限的用户也能向其他用户授予访问权限。
- AS：指向授权者名(包括用户名或角色名)。

【例18.4】 给 S-C-T 数据库上的用户 cfp123 授予创建表的权限。

```
USES-C-T
GO
GRANT CREATE TABLE
    TO cfp123
GO
```

【例18.5】 将 CREATE TABLE 权限授予数据库角色 cfpzd(已创建好)的所有成员。

```
GRANT CREATE TABLE
TO cfpzd
```

【例18.6】 将用户 cfp1 在 Student 表上的 SELECT 权限授予 cfp。

```
USE S-C-T
GO
GRANT SELECT
    ON Student TO cfp
    AS cfp1
```

(2)拒绝权限

拒绝权限使用 DENY 语句，它可以拒绝给当前数据库内的用户授予的权限，其语法格式如下：

```
DENY { [ALL] |permission [ (column [ ,...n ] ) ] [ ,...n ]
      }
      [ ON securable ] TO principal [ ,...n ]
      [ CASCADE] [ AS principal ]
```

参数说明：

- ALL：拒绝授予对象类型上所有可用的权限。否则，则需要提供一个或多个具体的权限。
- CASCADE：与 GRANT 语句中的 WITH GRANT OPTION 相对应。CASCADE 告诉 SQL Server，如果用户在 WITH GRANT OPTION 规则下授予了其他主体访问权限，则对于所有这些主体，也拒绝它们的访问。

【例18.7】 拒绝用户 cfp、[CHINA − 21A77EA41 \ cfp423]对表 Student 的一些权限，这样，这些用户就没有对 Student 表的操作权限了。

```
USE S - C - T
GO
DENY SELECT, INSERT, UPDATE, DELETE
    ONStudent TO cfp, [CHINA -21A77EA41 \cfp423]
GO
```

【例 18.8】 对所有 cfp1 角色成员拒绝 CREATE TABLE 权限。

```
DENY CREATE TABLE
    TO cfp1
```

(3) 撤销权限

撤销权限使用 REVOKE 语句,它可撤销以前给数据库用户授予或拒绝的权限,语法格式如下:

```
REVOKE [ GRANT OPTION FOR ]
    { [ALL]|permission [ ( column [ ,...n ] ) ] [ ,...n ]
    }
    [ ON securable ]
    { TO | FROM } principal [ ,...n ]
    [ CASCADE ] [ AS < principal > ]
```

参数说明:

- ALL:表明撤销该对象类型上所有可用的权限。否则,则需要提供一个或多个具体的权限。
- CASCADE:与 GRANT 语句中的 WITH GRANT OPTION 相对应。CASCADE 告诉 SQL Server,如果用户在 WITH GRANT OPTION 规则下授予了其他主体访问权限,则对于所有这些被授予权限的人,也将撤销他们的访问权限。

【例 18.9】 撤销已授予用户 cfp1 的 CREATE TABLE 权限。

```
REVOKE CREATE TABLE
    FROM cfp1
```

【例 18.10】 撤销对 cfp 授予的在 Student 表上的 SELECT 权限。

```
REVOKE SELECT
    ON Student
    FROM cfp
```

【例 18.11】 撤销由 cfpzd 授予 cfp 在 Student 上的 SELECT 权限。

```
USE S-C-T
GO
REVOKE SELECT
    ON Student
    TO cfp
    AS cfpzd
GO
```

18.3　SQL Server 2008 安全性验证

当用户登录数据库系统时,为确保只有合法用户才能登录到系统中去,就需要使用安全性验证。SQL Server 2008 的安全性验证分为两层,它们分别是系统身份验证及数据库用户验证。

验证方式分为 SQL Server Management Studio 或调用层接口方式。

18.3.1 SQL Server Management Studio 方式

1. SQL Server 2008 系统身份验证

SQL Server 2008 的第一层安全性验证通过身份验证模式实现。它提供两种方式：Windows 身份验证模式和混合模式。当设置为混合模式时，允许用户使用 Windows 身份验证或 SQL Server 身份验证进行连接。

（1）Windows 验证模式

用户通过 Windows 用户账户连接时，SQL Server 使用 Windows 操作系统中的信息验证账户名和密码。Windows 身份验证模式使用 Kerberos 安全协议，通过强密码的复杂性验证提供密码策略强制、账户锁定支持、支持密码过期等。用户登录 Windows 时进行身份验证，登录 SQL Server 时就不再进行身份验证，验证界面如图 18-26 所示。

图 18-26 Windows 验证界面

（2）SQL Server 验证模式

SQL Server 验证模式也称混合身份验证模式。该模式可以理解为 SQL Server 或 Windows 身份验证模式。在该验证模式下，SQL Server 服务器首先对已创建的 SQL Server 登录账号进行身份验证，若通过则进行服务器连接；否则需判断用户账号在 Windows 操作系统下是否可信以及是否有连接到服务器的权限，对具有权限的用户直接采用 Windows 身份验证机制进行连接；若上述都不行，系统将拒绝该用户的连接请求。验证界面如图 18-27 和 18-28 所示，选择 SQL Server 验证模式，并输入登录名和密码。

在通过第一层身份验证后，安全主体即进入 SQL 服务器并根据权限对服务器进行指定操作。

2. SQL Server 2008 数据库用户验证

在系统身份验证后即进入数据库用户验证，由于在 SQL Server 2008 中登录名对一个数据库仅对应唯一一个用户名，因此在数据库用户验证中用户不必输入用户名，系统内可根据登录名自动找到用户名并进行验证。此后主体即进入指定数据库并根据权限进行操作。

18.3.2 调用层接口方式

在应用程序作为安全主体访问客体时可通过调用层接口中的相关连接函数实现。如在 ADO 中即可通过 Connection 中的 open 实现。

图 18-27 选择 SQL Server 验证模式

图 18-28 混合身份验证界面

 本章小结

本章主要介绍用户管理与数据安全管理。

1. 用户管理与数据安全管理的内容是一致的，它包括两种安全体及两种安全层次。

2. 两种安全体：安全主体与安全客体。

3. 两种安全层次：系统层次与数据库层次。

4. 用户(即安全主体)安全属性：SQL Server 2008 中用户必须具有用户标识、访问范围和操作权限三个基本属性，亦称安全属性。在有了这些属性后用户才能访问数据库。

5. SQL Server 2008 的安全机制：有效实现合法安全主体对安全客体的访问控制。

6. 用户管理(同时也是数据安全性管理)包括：

   ● 用户(即安全主体)安全属性授予：通过 SQL Server Management Studio 及 T-SQL 中的操作赋予用户两个安全层次中的三个安全属性。

   ● SQL Server 2008 的安全性验证：主体访问客体时系统对其进行检验以确保访问的安全。它们分为两层，分别是系统验证及数据库用户验证。

7. 本章重点内容

   ● 用户管理与数据安全管理工具的操作。

习 题 18

选择题

18.1　在 SQL Server 2008 中主要有固定(　　)与固定数据库角色等类型。

　　A. 服务器角色　　　　B. 网络角色　　　　C. 计算机角色　　　　D. 信息管理角色

18.2　关于 SQL Server 2008 的数据库角色叙述正确的是(　　)。

　　A. 用户可以自定义固定服务器角色

　　B. 数据库角色是系统自带的,用户一般不可以自定义

　　C. 每个用户能拥有一个角色

　　D. 角色用来简化将很多权限分配给很多用户这一复杂任务的管理

18.3　关于登录和用户,下列各项表述不正确的是(　　)。

　　A. 登录是在服务器级创建的,用户是在数据库级创建的

　　B. 创建用户时必须存在该用户的登录

　　C. 用户和登录必须同名

　　D. 一个登录可以对应不同数据库中的多个用户

18.4　某天公司开发工程师对 SQL Server 2008 数据库管理员说他无法使用 sa 账号连接到公司用于测试的 SQL Server 2008 数据库服务器上,当进行连接时出现如下错误信息,则表示(　　)。

　　A. 该 SQL Server 服务器上的 sa 账户被禁用

　　B. 管理员误删除了该 SQL Server 上的 sa 账户

　　C. 该 SQL Server 使用了仅 Windows 的身份验证模式

　　D. 没有授予 sa 账户登录该服务器的权限

问答题

18.5　简述 SQL Server 2008 的数据安全的两种安全体与两种安全层次。

18.6　简述 SQL Server 2008 的安全机制是如何有效地实现合法安全主体对安全客体各种权限的访问控制的。

18.7　请描述 SQL Server 2008 两种身份验证模式的区别(Windows 身份验证和混合身份验证),两种模式的使用环境是什么?如何实现两种身份验证模式的互换?

18.8　什么是架构,架构与数据库用户分离有何优越性?

应用题

18.9　用 T-SQL 语句创建一个名为 cfp、密码为 123456、默认数据库为 Student 的账户,而后将该账户设置为固定服务器角色 serveradmin。

思考题

18.10　试解释安全性管理与用户管理间的异同。

第四篇　开发应用篇

掌握数据库技术的目的是开发应用，而开发应用的对象是数据库应用系统。目前，数据库技术的开发应用有三方面内容，分别是数据库应用系统开发、数据库开发以及数据库技术应用领域。其中数据库开发包括数据库设计、数据库生成及数据库接口编程，而数据库技术应用领域则包括传统事务处理应用、分析处理应用以及它们的扩展应用——互联网+应用及大数据分析处理应用。下面的图给出了数据库技术开发应用的示意图。

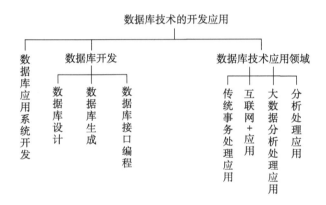

为了掌握数据库应用系统的开发，必须首先打好数据库的基础，掌握数据库的操作，因此本书中前三篇内容是学好本篇知识的前提。

本篇共有四章，其中第 19 章介绍数据库应用系统开发，第 20 章介绍数据库设计，第 21 章介绍数据库生成、数据库编程及数据库接口编程，第 22 章则介绍数据库的应用。

第 19 章　数据库应用系统开发

数据库应用系统的开发是数据库技术开发应用的主要内容。本章将主要介绍数据库应用系统组成及开发的方法以及开发步骤。

19.1　数据库应用系统的组成

数据库应用系统是以数据库为核心，硬件、软件、数据以及人员等多种资源相结合的系统。它强调数据共享与数据集成。数据库应用系统共有五个层次，分别是平台层、数据层、应用层、界面层及用户层。

1. 平台层

数据库应用系统的平台层包括网络、计算机等硬件及操作系统、语言处理系统、DBMS 等系统软件等。目前，数据库应用系统大都建立在网络基础上，其结构模式以 C/S 或 B/S 为主。此外，在平台层中还包括中间件及支撑软件等。

2. 数据层

数据库应用系统的数据层也称资源管理层，它以数据库为核心，由包括数据库数据及 Web 数据在内的几个部分组成。该层主要存储系统中的共享数据。

3. 应用层

数据库应用系统的应用层也称业务逻辑层，它以应用程序为核心。该层主要存放及展示系统中的应用程序。

4. 界面层

数据库应用系统的界面层也称应用表现层，它以应用界面为核心。该层主要存放及展示系统界面。

5. 用户层

数据库应用系统中的用户层包括两种类型：

1）应用系统的操作人员。

2）应用系统的另一个系统。

一般情况下用户是操作人员，它们与系统进行人机交互；在特殊情况下用户是另一个系统，它们的系统进行机机交互。

图 19-1 给出了数据库应用系统组成示意图。

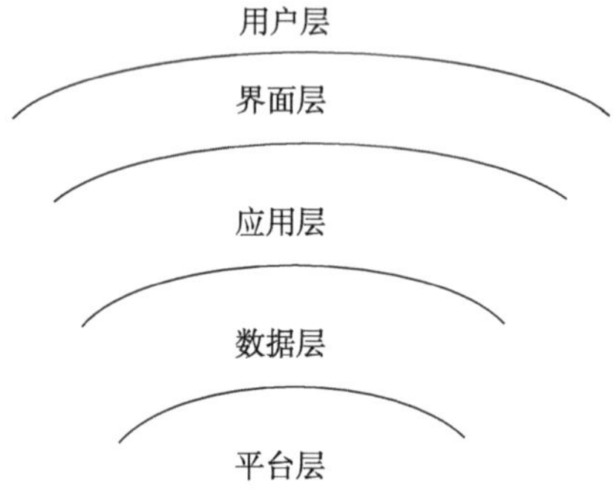

图 19-1　数据库应用系统组成示意图

19.2　数据库应用系统的开发方法

数据库应用系统开发主要是软件开发，因此需遵从**软件工程**方法，同时数据库应用系统是一种系统，因此还需遵从**系统工程**方法。另外，数据库应用系统是以数据库为核心，因此还必须遵从**数据工程**方法。

基于这三种方法，下面给出数据库应用系统的具体开发方法。

1. 系统工程方法

数据库应用系统的开发在软件工程六个步骤基础上增加了两个步骤，一共八个步骤，它们组成了一个完整的开发过程，具体是：

1）计划制定——软件工程方法。

2）需求分析——软件工程方法。

3）软件设计——软件工程方法。

4）系统平台设计——软件工程方法系统扩充。

5）软件设计更新——软件工程方法系统扩充。

6）代码生成——软件工程方法。

7）测试——软件工程方法。

8）运行维护——软件工程方法。

2. 数据工程方法

软件工程方法扩充的八个步骤中，横向又可分为过程开发与数据开发两个部分，其中涉及过程开发者一般使用软件工程方法，而涉及数据开发者则使用数据工程方法。

八个步骤中涉及数据开发的有：

1）软件设计中的数据库设计。

2）软件详细设计中的数据库物理设计。

3）代码生成中的数据库生成。

4）运行维护中的数据库运行维护。

此外，在计划制定中要考虑到项目中的数据因素，在需求分析中要考虑到数据分析内容，在系统平台设计扩充步骤中也要考虑到数据因素。最后，在统一测试中要保证数据测试的内容。

19.3　数据库应用系统开发的八个步骤

1. 计划制定

计划制定是针对整个数据库应用系统项目的，此阶段所涉及的具体技术性问题不多，在讨论中一般可以省略。

2. 需求分析

需求分析是对整个数据库应用系统进行统一分析，并不明确区分过程分析与数据分析两部分。其中过程分析为应用程序设计奠定基础，而数据分析则为数据库设计奠定基础。最终形成统一的分析模型。

3. 软件设计

在软件设计中按应用程序设计与数据库设计两部分独立进行。

（1）应用程序设计

应用程序设计按软件工程中的结构化设计方法进行模块设计，需求分析中所形成的分析模型通过结构转换最终得到模块结构图及模块描述图。

（2）数据库设计

数据库设计按数据工程中的方法进行设计，它分为概念设计、逻辑设计及物理设计三部分。

经过这两部分独立设计后，最终得到一份统一的软件设计说明书。

4. 系统平台设计

数据库应用系统的平台又称基础平台，它包括硬件平台与软件平台。硬件平台是支撑应用系统运行的设备集成，包括计算机、输入/输出设备、接口设备等，此外还包括计算机网络中的相关设备。而软件平台则是支撑应用系统运行的系统软件与支撑软件的集成，包括操作系统、数据库管理系统、中间件、语言处理系统等，还可以包括接口软件、工具软件等。

此外，平台还包括分布式系统结构方式，如 C/S、B/S 结构方式等。

在完成软件设计后，根据设计要求必须进行统一的系统平台设计，为数据库应用系统建立硬件平台、软件平台以及系统结构提供依据。

5. 软件设计更新

在软件设计以后增加了系统平台设计，使得原有设计内容增添了新的物理因素，因此需进行必要的调整，其内容包括：

1）增添接口软件：由于平台的引入，为构成整个系统需建立一些接口，包括软件与软件、软件与硬件间的接口。

2）增添人机交互界面：为便于操作，可因不同平台而添加不同的人机界面。

3）模块与数据的调整：对因平台的加入而引起模块与数据结构的局部改变加以调整。

4）在分布式平台（如 C/S、B/S）中还需对系统的模块与数据进行重新配置与分布。

5）数据库设计的进一步调整。

6. 代码生成

代码生成按应用程序代码生成与数据库程序代码生成两部分独立进行。

1）应用程序代码生成：应用程序代码生成即为应用程序编程，它是应用模块编程。应用程序代码生成按软件工程方法编写。

2）数据库程序代码生成：数据库程序代码生成亦称数据库生成，按数据工程方法编写。

经过这两部分独立的代码生成后，最终得到一份统一的代码文档。

7. 测试

在测试中对整个数据库应用系统进行统一测试。在测试中必须同时关注应用程序代码与数据库程序代码。

8. 运行维护

在运行维护中按应用程序运行维护与数据库程序运行维护两部分独立进行。

（1）应用程序运行维护

应用程序运行维护按软件工程中的方法进行，其运行维护人员为应用程序运行维护人员。

（2）数据库程序运行维护

数据库程序运行维护按数据工程中的方法进行，其运行维护人员为数据库管理员（DBA）。

图 19-2 给出了数据库应用系统开发八个步骤示意图。

由于本书是以介绍数据库技术为目的，因此在数据库应用系统开发中主要介绍与数据有关的开发步骤，即数据库设计及数据库生成。后面分两章介绍之。

 本章小结

本章介绍数据库应用的主要内容之一——数据应用系统开发。

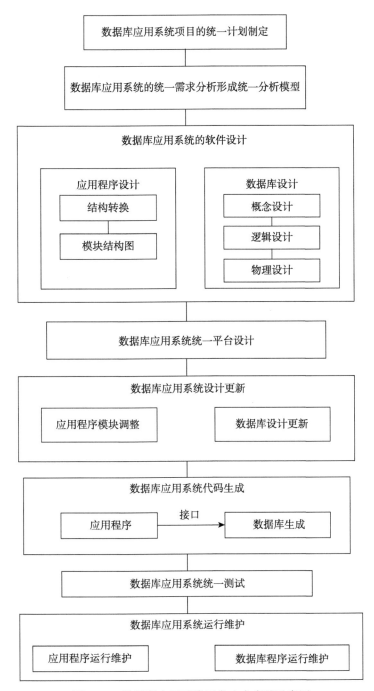

图 19-2　数据库应用系统开发八个步骤示意图

1. 数据库应用系统的组成
   - 平台层。
   - 数据层。
   - 应用层。
   - 界面层。
   - 用户层。

2. 数据库应用系统的开发方法
- 软件工程方法。
- 软件工程方法扩充——系统工程方法。
- 数据工程方法。

3. 数据库应用系统开发的八个步骤
（1）计划制定——统一制定。
（2）需求分析——统一分析。
（3）软件设计——应用程序设计与数据库设计。
（4）系统平台设计——系统扩充。
（5）软件设计更新——应用程序与数据库设计的更新。
（6）代码生成——应用程序代码生成与数据库程序代码生成。
（7）测试——统一测试。
（8）运行维护——应用程序运行维护与数据库程序运行维护。

4. 本章重点内容
- 数据库应用系统中的数据工程开发方法
- 数据库应用系统的组成

习 题 19

19.1 请述数据库应用系统的组成。

19.2 请述数据库应用系统的开发方法。

19.3 试说明 C/S 与 B/S 结构的组成并说明其区别。

19.4 试述数据库应用系统开发的八个步骤。

19.5 试述数据库应用系统的数据层的开发内容。

19.6 试述数据库应用系统中数据生成有关的内容。

第20章　数据库设计

数据库设计是数据库开发中的重要内容。本章将主要讨论数据库设计。数据库设计的内容是数据库的概念设计、逻辑设计及物理设计，为易于了解数据库设计本章还将介绍需求分析。

20.1　数据库设计概述

在数据库应用系统中，一个核心问题就是设计一个符合环境要求又能满足用户需求、性能良好的数据库，这就是数据库设计(database design)的主要任务。

数据库设计包括数据库分析与设计，它的基本依据是用户对象的数据需求和处理需求。所谓数据需求是指用户对象的数据及其结构，它反映了数据库的静态要求；所谓处理需求表示用户对象的数据处理过程和方式，它反映了数据库的动态要求。以这两者为基础进行设计，其最终的结果是设计出符合要求的数据模式(包括概念模式、逻辑模式与物理模式)。

数据库设计是一个"工程"问题，它是系统工程的一个部分。在系统工程中，将系统开发过程分为分为8个阶段。这8个阶段一般是顺序执行的，这种方式称瀑布(waterfall)模型，每个阶段执行结束均有一个标志性结果，称为里程碑(milestone)。在系统工程中，数据部分的设计、开发称为数据工程(data engineering)。

数据库设计是系统工程中软件设计中的一个部分，即数据设计部分。并且以数据结构与模式的设计为主线，这一过程可用图20-1表示。图中每个阶段结束时都有一个里程碑，它们分别是需求分析说明书。概念设计说明书、逻辑设计说明书以及物理设计说明书。而在逻辑设计中需附加 DBMS 模型限制，在物理设计中需附加网络、硬件及系统软件平台需求的限制。

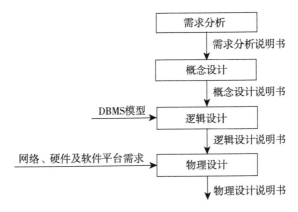

图 20-1　数据库设计的四个阶段

本章将按这四个阶段进行介绍，并主要介绍关系模式的设计。

20.2　数据库设计的需求分析

在数据库设计的整个过程中，需求分析是基础，需求分析的好坏直接影响最终数据模式的质量。需求分析从调查用户着手，深入了解用户单位的数据流程、数据使用情况、数据的数量、流量、流向、数据性质，并作出分析，最终按一定规范要求以文档形式写出数据的需求说明书，其大致结构可用图 20-2 表示。

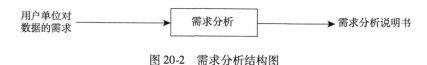

图 20-2　需求分析结构图

20.2.1　需求调查

需求调查是需求分析的第一步。在这个阶段，调查者应收集用户单位的有关资料，包括报表、台账、单据、文档、档案、发票、收据等原始资料，以及组织机构及业务活动方面的资料。其次，还要召开座谈会，了解有关数据需求的情况，特殊情况下还需作个别调查与专题调查，并作出记录。

20.2.2　需求分析初步

在需求调查基础上分析所有资料，并着重从"数据"与"处理"两方面入手，重点以数据为核心进行需求分析。

1）数据边界的确定。确定整个需求的数据范围，了解系统所需要的数据范围以及不属于系统考虑的数据范围，以此建立整个系统的数据边界。数据边界确立了整个系统所关注的目标与对象，明确了整个数据领域所考虑的范围。

2）数据环境的确定。以数据边界为基础，确定系统周边环境，包括系统的上下层数据关系、系统左右相邻数据关系、系统内外间的数据关系等，从而建立系统的整体数据关系。

3）数据内部关系。系统内部数据关系包括数据流动规划，数据流向、流量、频率、形式以及存储量、存储周期等。

20.2.3　数据流图

在需求调查及需求分析初步的基础上做一个抽象的模型，该模型称为数据流图（Data Flow Diagram，DFD）。数据流图是一种抽象的反映业务过程的流程图，在该图中有四个基本要素。

1. 数据端点

数据端点是指不受系统控制的系统以外的客体，它表示了系统处理的外部源头。它一般可分起始端点（或称起点）与终止端点（或称终点）两种，可用矩形表示，并在矩形内标出其名，具体表示见图 20-3a。

2. 数据流

数据流表示系统中数据的流动内容、方向及其名称。它是单向的，一般可用一个带箭头的线段表示，并在线段边标出其名。数据流可来自数据端点（起点）并最终流向某些端点（终点），中间可经过数据处理与数据存储。数据流的图形表示见图 20-3b。

3. 数据处理

数据处理是整个流程中的处理场所，它接收数据流中的数据输入并经其处理后将结果以数据流方式输出。数据处理是整个流程中的主要部分，可用椭圆形表示，并在椭圆形内给出其名，图形表示见图 20-3c。

4. 数据存储

在数据流中可以用数据存储来保存数据。在整个流程中，数据流是数据动态活动形式，而数据存储则是数据静态表示形式。它一般接收外部数据流作为其输入，在输入后对数据进行保留，在需要时可随时通过数据流输出，供其他元素使用。数据存储可用双线段表示，并在边上标出其名。它的图形表示见图20-3d。

a）数据端点表示　　　b）数据流表示　　　c）数据处理表示　　　d）数据存储表示

图 20-3　DFD 中的四个基本要素表示

在 DFD 中所表示的是以数据流动为主要标记的分析方法，在其中给出了数据存储与数据处理两个关键部分，同时也给出了系统的外部接口，它能全面反映整个业务过程。

【例20.1】　图20-4所示的是一个学生考试成绩批改与发送的DFD图。在图中，试卷由教师批改后将成绩登录在成绩登记表中，然后传递至教务处，其中用虚线构作的框表示流程内部，而"教师"与"教务处"则表示流程外部，分别是流程的起点与终点。

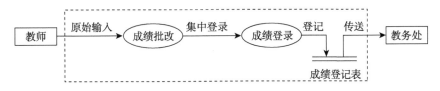

图 20-4　考试成绩批改与发送的 DFD 图

20.2.4　数据字典

数据字典是在数据流图基础上构成的，它由数据项、数据结构、数据存储及数据处理等四部分组成。

1. 数据项

数据项是数据基本单位，它包括如下内容：

- 数据项名。
- 数据项说明。
- 数据类型。
- 长度。
- 取值范围。
- 语义约束：说明其语义上的限制条件，包括完整性、安全性限制条件。
- 与其他项的关联。

2. 数据结构

数据结构由数据项组成，它给出了数据基本结构单位。它包括如下内容：

- 数据结构名。
- 数据结构说明。
- 数据结构组成：｛数据项 | 数据结构｝。
- 数据结构约束：从结构角度说明语义上的限制，包括完整性及安全性限制条件。

3. 数据存储

是数据结构保存之处，它包括以下内容：

- 数据存储名。

- 数据存储说明。
- 输入数据流。
- 输出数据流。
- 组成：{数据结构}。
- 数据量。
- 存储频度。
- 存取方式。

4. 数据处理

给出处理的说明信息。

- 数据处理名。
- 数据处理说明。
- 输入数据结构。
- 输出数据结构。
- 处理方法。

20.2.5 数据需求分析说明书

在调查与分析的基础上，依据一定的规范要求便可编写数据需求分析说明书。数据需求分析说明书的编写可以遵循我国的国家标准与各部委标准，以及各企业标准。制定这些标准的目的是为了规范说明书的编写，规范需求分析内容，同时也为了统一编写形式。

数据需求分析说明书的主要内容包括需求调查与分析中的数据流图及数据字典等。

20.3 数据库的概念设计

20.3.1 数据库的概念设计概述

数据库概念设计是在数据需求分析基础上进行的，其目的是分析数据间的内在语义关联，并据此建立一个数据的抽象模型。目前，数据库概念设计常用的方法是 E-R 方法。它涉及三个基本概念是属性、实体、联系。必须区分这三个概念。属性与实体是基本对象，而联系则是实体间的语义关联。

一个部门或单位有大有小，情况有简单有复杂，其内在逻辑关系与语义关联可能非常复杂，要在需求调查基础上设计出一个数据概念模型，一般采用视图集成设计法。这种方法是将一个单位分解成若干个部分，先对每个部分做局部模式设计，建立各个部分的视图(这里所说的视图不是第 4 章中所指的那种视图)，然后以各视图为基础进行集成。在集成过程中可能会出现一些冲突，这是由于视图设计的分散性所造成的，因此需对视图加以修正，最终形成全局模式。视图集成设计法是一种由分散到集中的方法，它的设计过程复杂，但能较好地反映需求，适合大型、复杂的单位。在本章中我们将主要介绍这种方法。

概念设计建立在需求分析之上，即数据流图及数据字典之上，特别是其中的数据结构与数据存储，它们是概念设计的基础。

20.3.2 数据库概念设计的过程

本节将介绍采用 E-R 方法与视图集成法进行设计，具体设计步骤如下。

1. 分解

首先对需求分析中的数据流图及数据字典中的数据存储作分解，将其分解成若干个具有一定独立逻辑功能的目标设计视图，它们可用 E-R 图表示。

2. 视图设计

（1）实体与属性设计

1）如何区分实体与属性：实体与属性是视图中的基本单位，它们之间无明确的区分标准，一般来说，数据字典中的数据项可视为属性，数据字典中的数据结构可演化成实体。

（2）联系设计

1）联系是实体间的一种广泛语义联系，它反映了实体间的内在逻辑关联。

2）联系的详细描述。

- 联系大致有三类，即存在性联系（如学校有教师、教室有学生）、功能性联系（如教师授课，教师参与管理学生）、事件联系（如学生借书、学生打网球）。用上面三类可以检查需求中联系是否有出现。一般而言，在数据字典中并不关注联系，特别是不同数据存储间的内在数据关系。
- 实体间联系的对应关系有 1:1、1:n、n:m 三种。
- 实体间联系的元数：实体间联系常用的是两个实体间的联系，这称为二元联系。有时也会用到三个及三个以上实体间的联系，这称为多元联系。一个实体内部的联系称为一元联系，这是一种特殊联系。

【例20.2】 学校教务处有关于大学生的视图，如图 20-5 所示；研究生院有关于研究生的视图，如图 20-6 所示。

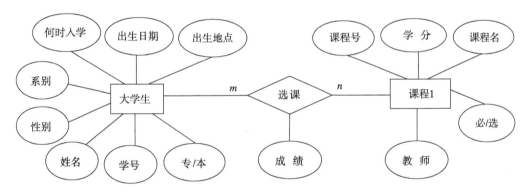

图 20-5　教务处关于大学生的视图

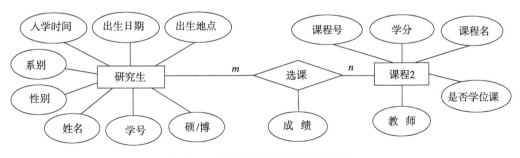

图 20-6　研究生院关于研究生的视图

3. 视图集成

（1）原理与策略

视图集成的实质是将所有局部视图统一、合并成一个完整的模式。在此过程中主要使用三种集成方法，它们是等同（identity）、聚合（aggregation）与抽取（generalization）。

1）等同：等同是指两个或多个数据对象有相同的语义，它包括简单的属性等同、实体等同以及语义关联等同。等同对象的语法形式表示可能不一致，如某单位职工按身份证号编号，因此属性"职工编号"与属性"职工身份证号"有相同语义。等同具有同义同名或同义异名两种含义。

2）聚合：聚合表示数据对象间的一种组成关系，通过聚合可将不同数据体聚合成一体或将它们连接起来。

3）抽取：抽取就是将不同数据体中的相同部分提取成一个新的数据体并构造成一个新的数据体。

（2）视图集成的步骤

视图集成一般分为两步：预集成步骤与最终集成步骤。

1）预集成步骤的主要任务：

- 确定总的集成策略，包括集成优先次序、一次集成视图数及初始集成序列等。
- 检查集成过程需要用到的信息是否齐全。
- 揭示和解决冲突，为下阶段的视图归并奠定基础。

2）最终集成步骤的主要任务：

- 完整性和正确性。全局视图必须正确全面地反映每个局部视图。
- 最小化原则。原则上同一概念只在一个地方表示。
- 可理解性。应选择最容易被用户理解的模式结构。

（3）冲突和解决

在集成过程中，由于每个局部视图在设计时的不一致性，因此有可能引起冲突。常见冲突有以下几种。

1）命名冲突：命名冲突有同名异义和同义异名两种。例如，图 20-6 中的属性"何时入学"在图 20-7 中为"入学时间"，它们属同义异名。

2）概念冲突：例如，同一概念在一处为实体而在另一处为属性或联系，这就是概念冲突。

3）域冲突：域冲突是指相同的属性在不同视图中有不同的域。例如，学号在某视图中的域为字符串，而在另一个视图中可为整数。有些属性采用不同度量单位也属于域冲突。

4）约束冲突：不同视图可能有不同约束，因此会造成约束冲突。例如，对"选课"这个联系，大学生与研究生的选课可能不一样。

上述冲突一般在集成时应该加以统一，形成一致的表示从而得到解决。办法是对视图进行适当修改，如将两个视图中（图 20-5 及图 20-6）的"大学生"与"研究生"统一改成"学生"，"课程 1"与"课程 2"统一成"课程"。又如将"何时入学"与"入学时间"统一成"入学时间"，从而将不一致修改成一致。经聚合后，图 20-5 与图 20-6 所示的两个视图形成如图 20-7 所示的视图。

在此视图集成中使用了等同与聚合，并对命名冲突进行了一致性处理。

20.3.3　数据库概念设计说明书

数据库概念设计说明书主要给出概念设计中的几个基本要素——属性、实体及关联，同时并给出相应的 E-R 图。

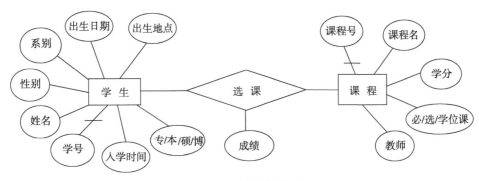

图 20-7 两个视图集成

20.4 数据库的逻辑设计

数据库的逻辑设计包括基本设计与视图设计两部分，下面将分别介绍这两个部分。

20.4.1 数据库逻辑设计的基本方法

数据库的逻辑设计是将 E-R 图转换成指定 RDBMS 中的关系模式。此外，还要对关系进行规范化以及调整性能，最后设置约束条件。

1. 从 E-R 图到关系模式

首先，从 E-R 图到关系模式的转换是比较直接的，实体与联系都可以表示成关系表，E-R 图中的属性也可以转换成关系表中的属性。下面讨论由 E-R 图转换成关系模式的一些问题。

（1）命名与属性域的处理

关系模式中的命名可以用 E-R 图中原有的命名，也可另行命名，但是应尽量避免重名。RDBMS 一般只支持有限种数据类型，E-R 中的属性域则不受此限制，如出现 RDBMS 不支持的数据类型时要进行类型转换。

（2）非原子属性处理

E-R 图中允许出现非原子属性，但在关系模式中，应符合第一范式，故不允许出现非原子属性。非原子属性主要有集合型和元组型。出现这种情况时，可以进行转换，转换办法是集合属性纵向展开，而元组属性横向展开。

【例 20.3】 学生实体有学号、学生姓名及选读课程三个属性，如表 20-1 所示。其中，前两个属性为原子属性，而后一个属性为非原子属性（集合型）。此时可将其纵向展开成关系表形式，如表 20-2 所示。

表 20-1 学生实体表 1

学 号	学生姓名	修读课程
51307	王家志	Database OS Network

表 20-2 学生实体表 2

学 号	学生姓名	选读课程
S1307	王承志	Database
S1307	王承志	OS
S1307	王承志	Network

【例 20.4】 设有表示圆的实体，它有三个属性：圆标识符、圆心与半径，而圆心是由坐标 X 轴、Y 轴的位置组成的二元组（元组型）。在这种情况下，可通过横向展开将三个属性转换成四个属性，即圆标识符、圆心 X 轴位置、圆心 Y 轴位置以及半径，如表 20-3 和表 20-4 所示。

表 20-3 圆关系表 1

圆标识符	圆心	半径
C001	(3，8)	1.5

表 20-4 圆关系表 2

圆标识符	x 轴	y 轴	半径
C001	3	8	1.5

（3）实体集的处理

原则上讲，一个实体集可用一个关系表示。

（4）联系的转换

在一般情况下，联系可用关系表示。但是在有些情况下，联系可归并到相关联的实体的关系中。具体说来，就是 $n:m$ 联系可用单独的关系表示，而 1:1 及 1:n 联系可归并到相关联的实体的关系中。

1）在 1:1 联系中，该联系可以归并到相关联的实体的关系中。如图 20-8 所示，有实体集 E_1、E_2 及 1:1 联系，其中 E_1 有主键 k、属性 a；E_2 有主键 h、属性 b；而联系 r 有属性 s。此时，可以将 r 归并至 E_1 处，用关系表 R_1(k，a，h，s) 表示，同时将 E_2 用关系表 R_2(h，b) 表示。

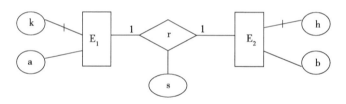

图 20-8 1:1 联系的转换

2）在 1:n 联系中，也可将联系归并至相关联为 n 处的实体的关系表中。如图 20-9 所示，有实体集 E_1、E_2 及 1:n 联系 r，其中 E_1 有主键 k、属性 a；E_2 有主键 h、属性 b；而联系 r 有属性 s。此时，可以将 E_1 用关系 R_1(k，a) 表示，而将 E_2 及联系 r 用 R_2(h，b，k，s) 表示。

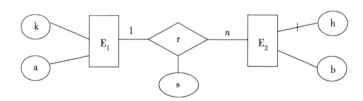

图 20-9 1:n 联系的转换

在将 E-R 图转换成关系表后，接下来要进行规范化、性能调整等工作。

2. 规范化

在逻辑设计中初步形成关系表后，还需对关系进行规范化验证，使每个关系表至少满足第三范式，并确定主键与外键。在规范化时，可使用 4.3 节中的规范化理论方法，也可用其非形式化判别方法。

3. RDBMS 性能调整

RDBMS 性能调整就是为满足 RDBMS 的性能、存储空间等要求而进行的调整以及适应 RD-

BMS 限制条件的修改。它包括如下内容：

1）调整性能以减少连接运算。

2）调整关系表大小，使每个关系表数量保持在合理水平，从而提高存取效率。

3）因为在应用中经常只需要某个固定时刻的值，所以可用快照获得某时刻值，并定期更新。这种方式可以显著提高查询速度。

4. 设置约束条件

经调整后所生成的表尚需设置一定的约束条件，包括表内属性、属性间的约束条件及表间属性的约束条件。这些约束条件可以是完整性约束、安全性约束，也可以包括数据类型约束及数据量的约束等，此外，还要重新设置每个表的主键及外键。

20.4.2 关系视图设计

逻辑设计的另一个重要内容是关系视图的设计。它是在关系模式基础上设计的直接面向操作用户的视图，它可以根据用户需求随时构作。

关系视图由同一模式下的表或视图组成，它包括视图名、视图列名以及视图定义等内容。

20.4.3 数据库逻辑设计说明书

数据库逻辑设计说明书主要是说明关系数据库中的表、视图、属性以及相应约束的设计。

20.5 数据库的物理设计

数据库物理设计是在逻辑设计基础上进行的，其主要目标是对数据库内部物理结构进行调整并选择合理的存取路径，以提高数据库访问速度并有效利用存储空间。现代关系数据库在很大程度上屏蔽了内部物理结构，因此留给用户参与物理设计的余地并不多。在一般的RDBMS中，用户参与物理设计的工作涉及以下方面：

(1) 存取方法的设计
- 索引设计。
- 集簇设计。
- HASH 设计。

(2) 存储结构设计
- 文件设计。
- 确定数据存放位置。
- 确定系统配置参数。

20.5.1 存取方法设计

1. 索引设计

索引设计是数据库物理设计的基本内容之一。索引一般建立在表的属性上，它主要用于常用的或重要的查询中，下面给出建立索引的条件：

1）主键及外键上一般都建立索引，以加快实体间连接速度，这样有助于引用完整性检查以及唯一性检查。

2）以读为主的关系表应尽可能多地建立索引。

3）对等值查询且满足条件的元组量小的属性上可考虑建立索引。

4）有些查询可从索引直接得到结果，不必访问数据块，对于此种查询可建索引。例如，查询某属性的 MIN、MAX、AVG、SUM、COUNT 等函数值可沿该属性索引的顺序集扫描直接求得结果。

2. 集簇设计

集簇就是将有关的数据元组集中存放于一个物理块内、相邻物理块或同一柱面内以提高查询效率。在目前的 RDBMS 中大多有此功能。

集簇对某些特定应用特别有效，它可以明显提高查询效率，但是对于与集簇属性无关的访问则效果不佳。建立集簇开销很大，只有在以下的特殊情况下可考虑建立集簇：

1）通过集簇访问的是对应表的主要应用时可考虑建立集簇。

2）集簇属性的对应数据量不能太少也不宜过大，太少效益不明显，而太大则要对盘区采用多种连接方式，对提高效率产生负面影响。

3）集簇属性的值应相对稳定，可以减少修改集簇所引起的维护开销。

3. HASH 设计

有些 DBMS 提供了 HASH 存取方法，它在某些情况下可以使用。例如，表中属性在等连接条件中或在相等比较选择条件中，以及表的大小可预知测时可用 HASH 方法。

20.5.2　存储结构设计

1. 文件设计

数据库中数据都存储于文件中，因此须作文件设计。每个数据库可配置主文件、辅助文件及日志文件等以及分配文件容量等。

2. 数据存放位置设计（又称分区设计）

数据库中的数据一般存放于磁盘内。随着数据量的增大，往往需要用到多个磁盘驱动器或磁盘阵列，因此就产生了数据在多个盘组上的分配问题，这就是所谓磁盘分区设计。它是数据库物理设计内容之一，其一般指导性原则如下：

1）减少访盘冲突，提高 I/O 并行性。多个事务并发访问同一磁盘组时会产生访盘冲突而引发等待。如果事务访问数据能均匀分布于不同磁盘组上，则可并发执行 I/O，从而提高数据库访问速度。

2）分散热点数据，均衡 I/O 负担。在数据库中，数据被访问的频率是不均匀的，经常被访问的数据称为热点数据（hot spot data）。这类数据宜分散存放于各磁盘组上以均衡各盘组负荷，充分发挥多磁盘组并行操作优势。

3）保证关键数据快速访问，缓解系统瓶颈。在数据库中，有些数据（如数据字典、数据目录）访问频率很高，对它的访问直接影响整个系统的效率。在这种情况下可以为其分配某一固定盘组专供其使用，以保证其快速访问。

3. 系统参数配置

物理设计的另一个重要内容是为数据库设置与调整系统参数配置，如数据库用户数、同时打开数据库数、内存分配参数、缓冲区分配参数、存储分配参数、时间片大小、数据库大小、锁的大小与数目等。

20.5.3　数据库物理设计说明书

数据库物理设计说明书用于对数据库的存储结构及存取方法的设计进行说明。

本章小结

本章介绍了数据库设计，了解数据库开发应用中的设计过程并会具体使用。

1. 设计流程

　　需求分析→概念设计→逻辑设计→物理设计。

2. 需求分析

　　(1) 需求调查。

　　(2) 需求分析初步。

　　(3) 数据流图。

　　(4) 数据字典。

　　(5) 需求分析说明书。

3. 概念设计

　　采用 E-R 方法的视图集成法。

　　(1) 分解——对数据范围进行分解。

　　(2) 视图设计。

　　　　• 属性与实体设计。

　　　　• 联系设计。

　　(3) 视图集成。

　　　　1) 原理

　　　　　　• 等同。

　　　　　　• 聚合。

　　　　　　• 抽象。

　　　　2) 步骤

4. 逻辑设计

　　(1) 基本原理：将 E-R 图转换成关系表及视图。

　　(2) 转换方法。

　　　　• 属性⇒属性。

　　　　• 实体集⇒表。

　　　　• 联系 $\begin{cases} 1:1 \text{ 及 } 1:n \Rightarrow \text{吸收} \\ n:n \Rightarrow \text{表} \end{cases}$

　　(3) 表的规范化。

　　(4) 物理性能调整。

　　(5) 完整性、安全性设置。

　　(6) 视图设计。

5. 物理设计

　　(1) 物理设计的两个内容。

　　　　• 存取方法选择。

　　　　• 存取结构设计。

　　(2) 存取方法选择。

　　　　• 索引设计。

　　　　• 集簇设计。

● HASH 设计。

（3）存储结构设计。

　　● 文件设计。

　　● 确定系统参数配置。

　　● 确定数据存放位置。

6. 本章重点内容

　● E-R 图的构作。

　● E-R 图到关系表的转换。

习题 20

20.1　什么叫系统工程？什么叫软件工程？什么叫数据工程？它们间有什么区别？

20.2　试说明数据工程与数据库设计间的关系。

20.3　什么叫需求分析？什么叫数据流程？什么叫数据字典？请说明之。

20.4　试说明将 E-R 图转换成关系模型的规则并用一例说明之。

20.5　在概念设计中为何采用 E-R 方法，它有何优点？

20.6　试用 E-R 模型为一个学生数据库进行概念设计并画出全局模式的 E-R 图。

20.7　试将上题所画的 E-R 图转换成关系模型。

20.8　针对上题转换成的关系模型，用 SQL 中的 DDL 语言定义学生数据库中的表。

20.9　对上题所定义的表进行索引设计。

20.10　数据库逻辑设计有哪些基本内容？

20.11　数据库物理设计包括哪些内容？

20.12　试述数据库设计的全过程以及所产生的里程碑。

第21章 数据库编程

本章介绍数据库编程，具体包括三部分内容：

1）数据库生成。

2）数据库接口编程之一：调用层接口 ADO 编程。

3）数据库接口编程之二：Web 接口编程。

21.1 数据库编程概述

1. 何为数据库编程

在数据库应用系统开发中，完成软件设计（包括详细设计更新）及平台设计后即进入数据库生成。在生成中需作大量数据库编程，它主要是用自含式语言编制，包括数据库及数据库对象，如表、视图、存储过程、函数及触发器等编程，这种编程称数据库编程。此外，数据库编程还包括数据库接口编程，它实际上可视为应用程序的一个部分，起到了应用程序与数据库间接口的作用，这种接口主要是在数据库交换中的调用层接口及 Web 接口。

2. 数据库编程特色

数据库编程有别于一般应用编程（即不含有 SQL 语句的编程）。应用编程的操作对象是内存单元及内存数据结构，而数据库编程的操作对象是磁盘单元及数据库模式。应用编程遵守软件工程中的规则，在编程中强调程序的正确性、可读性及可维护性等；而在数据库编程中所强调的是程序的效率以及程序的并发性、程序的隐性错误以及程序访问数据错误的防止等。具体说来，它有如下一些特色：

1）效率。数据库编程讲究执行效率，因此在程序中必须**设置索引**，在表的定义中需**合理设置联系表**，在数据库定义中需**合理配置文件**以提高访问数据库的效率。此外，还要通过**数据库调优**以实现数据库访问效率的提升等。而应用编程则并不讲究程序的运行效率。

2）并发性的故障恢复。数据库编程讲究并发控制，必须引入**事务语句**，在运行中必须有**封锁机制**概念等。此外必须定期作转储并在发生故障时作恢复。

3）隐性错误。在数据库程序运行时经常会发生一些错误，它们的产生往往与编程无直接关系，这些错误包括**死锁的产生、规范化程度过低等隐性错误**。而应用程序运行中则不会发生此类错误。

4）访问数据的错误。数据库程序执行的另一种错误是，程序自身并没有出现语法、语义的错误，但是违反了程序执行对象——**数据的访问约束规则**，包括完整性及安全性规则。而应用程序运行中则少见有此类错误。

上面四条反映了数据库编程中数据工程的特色。

3. 三种数据库编程工具

在 SQL Server 2008 中目前流行的三种数据库编程工具是：

1）自含式数据库语言：也称自含式 SQL，SQL Server 2008 中的 T-SQL 即是，主要用于数据库生成程序编制。

2）调用层接口工具：SQL Server 2008 中的 ADO 编程，主要用于数据库接口程序编制。

3）Web 接口工具：SQL Server 2008 中的 ASP 编程，主要用于数据库接口程序编制。

此外，在这三种数据库编程工具使用中还需大量用到数据服务。

21.2 数据库生成

21.2.1 数据库生成概述

在数据库应用系统开发中，完成数据库设计后即进入数据库生成阶段。数据库生成需使用 T-SQL 作数据库编程及数据服务。数据库生成的整个过程包括以下步骤，它们是：

1. 服务器配置

服务器配置所使用的工具是服务器中相应的数据服务。有关介绍已在第 14 章中有所陈述。

2. 数据库建立

在完成服务器配置后即可在数据库服务器上建立数据库。建立数据库一般可用 T-SQL 中的"创建数据库"语句及相应数据服务，有关介绍已在第 15 章中有所陈述。

3. 数据库对象定义

在完成数据库建立后，即可对数据库对象进行定义，包括如下一些内容：

1）表定义。表定义建立了表的结构。一个数据库可以定义多个表。表定义可用 T-SQL 中的"创建表"语句及相应数据服务完成。有关介绍已在第 16 章中有所陈述。

2）完整性约束条件定义。完整性约束条件定义可用 T-SQL 中的相应语句、子句及相应数据服务完成。有关介绍已在第 16 章中有所陈述。它一般可在表定义中一起完成。

3）视图定义。视图定义可用 T-SQL 中的"创建视图"语句及相应数据服务完成。有关介绍已在第 16 章中有所陈述。

4）索引定义。索引定义可用 T-SQL 中的"创建索引"语句及相应数据服务完成。有关介绍已在第 16 章中有所陈述。

5）存储过程定义。存储过程的定义可用 T-SQL 中的语句实现。有关介绍已在第 17 章中有所陈述。

此外，还可以用类似方法实现函数及触发器定义等。

6）用户（包括安全性约束条件）定义。数据库中必须定义用户并为用户设置安全性授权，因此用户定义中包括安全性约束条件定义。用户（包括安全性约束条件）定义可用 T-SQL 中的相应用户、安全性约束条件定义语句及相应数据服务完成。有关介绍已在第 18 章中有所陈述。

4. 运行参数设置

最后，为便于数据库运行还需设置若干运行参数。在 SQL Server 2008 中这些参数实际上在前面的步骤中（如服务器配置、数据库建立等）均有设置，但在最后运行前尚需进行一些必要的调整。

5. 数据加载

在完成上面的定义、建立及设置后，一个数据库的框架就生成了，接着即可进行数据加载，包括人工录入、转录及人工编制的"数据加载程序"实现，所使用的工具是 T-SQL 及相应数据服务。

在经过上述五个步骤后，一个可供运行的数据库就生成了。其全部流程可见图 6-2。

21.2.2 数据库生成实例

在本节中给出一个数据库生成实例。

【例 21.1】 一个简单的银行储蓄系统的数据库生成。

某城市地方银行欲建设一个计算机储蓄系统,该系统的需求是:

1)在该城市人口共计 25 万,拟建设一个有 30 个储蓄网点的系统,采用 B/S 结构。

2)该系统具有取款、存款、转账及定期利息计算等功能。

3)该系统有三类用户:DBA——数据库管理员;BankLeader——银行领导层(能查阅所有数据);Operater——前台操作员(能对所有数据进行增、删、改、查等操作及调用存储过程)。

该例为数据库生成的例子,其具体过程为:

1)服务器配置的要求是在城市内设 30 个网点,采用 B/S 结构。共需 5 种配置:

- 服务器注册与连接。
- 服务器中服务的启动、暂停、关闭与恢复。
- 服务器启动模式。
- 服务器属性配置。
- 服务器网络配置。

2)创建数据库。

3)创建数据对象:

- 创建 3 张表,设置若干个完整性约束条件。
- 在 3 张表中设置索引。
- 设置视图。
- 编写 4 个存储过程:取款、存款、转账及定期利息计算。
- 设置安全性约束及用户:DBA——数据库管理员;BankLeader——银行领导层(能查阅所有数据);Operater——前台操作员(能对所有数据进行增、删、改、查等操作及调用存储过程)。

4)数据加载

在完成上面的设置后,一个数据库的框架就生成了,此时数据库中并无数据,而前台操作员即可进行数据操作(主要是进行 Insert 操作)以实现数据加载。

下面按这四个步骤实现之。

1. 服务器配置

(1)注册服务器并进行配置,设置服务器登录名

目标:根据实际计算机名(本例为 CHINA-21A77EA41)注册服务器。(说明:必须使用计算机名来进行 SQL Server 服务器的注册。)

操作步骤:

1)如已注册的服务器在 SQL Server Management Studio 中没有出现,则在"查看"菜单中单击"已注册的服务器"命令,打开"已注册的服务器"窗口。

2)展开"数据库引擎"结点,右击"本地服务器组"选项,在弹出的快捷菜单中选择"新建服务器注册"命令,如图 21-1 所示。

3)在"新建服务器注册"对话框的"服务器名称"下拉列表框中选择"CHINA-21A77EA41"(选择实际服务器名)选项,再在"身份验证"下拉列表框中选择"Windows 身份验证"选项,

"已注册的服务器名称"文本框将用"服务器名称"下拉列表框中的名称自动填充，在"已注册的服务器名称"文本框中输入"CHINA-21A77EA41"，如图 21-2 所示。

图 21-1　"已注册的服务器"窗口　　　图 21-2　"新建服务器注册"对话框

（2）服务的连接、暂停、关闭与重新启动

目标：启动服务器"CHINA-21A77EA41"。

操作步骤：注册完成后，可以通过 SQL Server Management Studio 管理服务器，以启动"CHINA-21A77EA41"。在"已注册的服务器"窗口中，右击服务器"CHINA-21A77EA41"，在弹出的快捷菜单中选择"服务控制"→"启动"命令即完成注册服务器的连接操作，如图 21-3 所示。

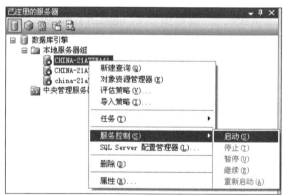

图 21-3　启动"已注册服务器"

（3）服务器启动模式设置

目标：设置服务器"CHINA-21A77EA41"为自动启动。

操作步骤：

1）在"已注册服务器"窗口右击服务器"CHINA-21A77EA41"，在弹出的快捷菜单中选择"SQL Server 配置管理器"，如图 21-4 所示。

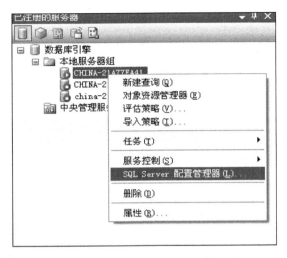

图 21-4 选择"SQL Server 配置管理器"

2）打开"SQL Server 配置管理器"窗口，如图 21-5 所示。右击右侧窗口的"SQL Server 服务"，在弹出的快捷菜单中选择"属性"，如图 21-6 所示。

图 21-5 "SQL Server 配置管理器"窗口

3）打开"SQL Server 属性"对话框，选择"服务"选项卡，设置启动模式为"自动"，如图 21-7 所示。

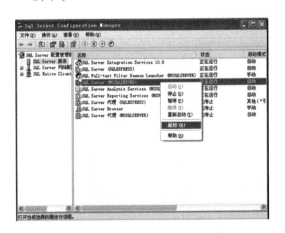

图 21-6 打开"SQL Server 属性"窗口

图 21-7 "SQL Server 属性"窗口

（4）服务器属性配置

目标：配置服务器"CHINA-21A77EA41"的登录方式为 Windows 身份验证，并发度为 150，数据库备份保持天数为 1 个月，恢复间隔为 10 分钟。

操作步骤：

1）打开 SQL Server Management Studio，打开"连接到服务器"，如图 21-8 所示。

图 21-8 "连接到服务器"对话框

2）"服务器类型"选择"数据库引擎"，"服务器名称"输入本地计算机名称"CHINA-21A77EA41"，"身份验证"选择"Windows 身份验证"方式。

3）选择完成后，单击"连接"按钮。连接服务器成功后，右击"对象资源管理器"中的服务器"CHINA-21A77EA41"，在弹出的快捷菜单中选择"属性"命令，打开服务器属性窗口，设置"连接"中的最大并发度为 150，如图 21-9 所示。设置"数据库设置"中的数据库默认备份介质保持期为 10 天，恢复间隔为 10 分钟，如图 21-10 所示。其他参数采用默认值。

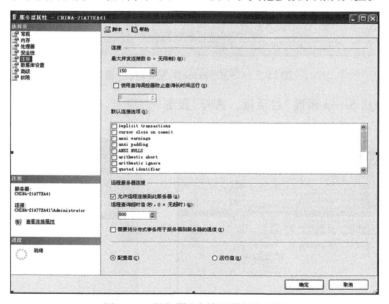

图 21-9 服务器"连接"属性设置窗

（5）服务器网络配置及客户端远程服务器配置

目标：服务器"CHINA-21A77EA41"的网络配置及客户端远程服务器的配置，使服务器能

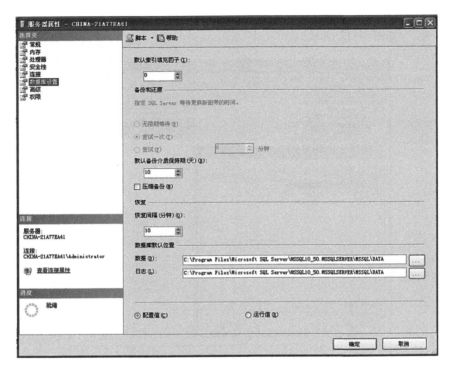

图 21-10　服务器"数据库设置"属性设置窗口

够被远程访问。

操作步骤：

1）网络配置。

①用 SQL Server 配置管理器，选中左侧的"SQL Server 服务"，确保右侧的"SQL Server"以及 SQL Server Browser 正常运行。打开左侧的"SQL Server 网络配置"，打开你自己的数据库实例名的协议，右侧的 TCP/IP 默认是"已禁用"，将其修改为"已启用"。如图 21-11 所示。

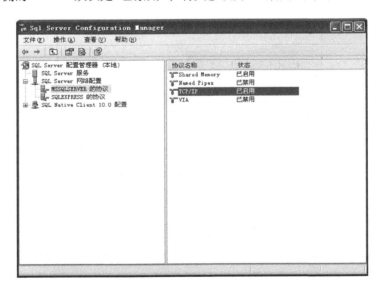

图 21-11　设置 TCP/IP 为已启用

②双击打开"TCP/IP"查看"TCP/IP 属性"下"协议"选项卡中的"全部侦听"和"已启用"项，均设置成"是"，如图 21-12 所示。

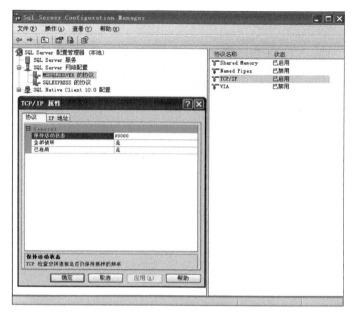

图 21-12   设置"TCP/IP 属性"协议

③选择"IP 地址"选项卡，IP1、IP2、IPAll 设置 TCP 端口为"1433"，TCP 动态端口为空值，已启用为"是"，活动状态为"是"，如图 21-13 所示。

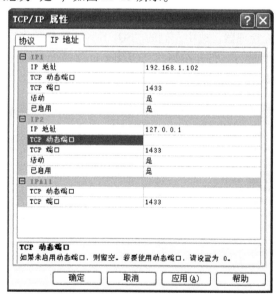

图 21-13   设置"TCP/IP 属性"IP 地址

2）SQL 客户端网络配置。

①在 SQL Server 配置管理器左侧窗口中展开"SQL Native Client 10.0 配置"结点，选中"客户端协议"选项，将"客户端协议"的"TCP/IP"也修改为"已启用"。如图 21-14 所示。

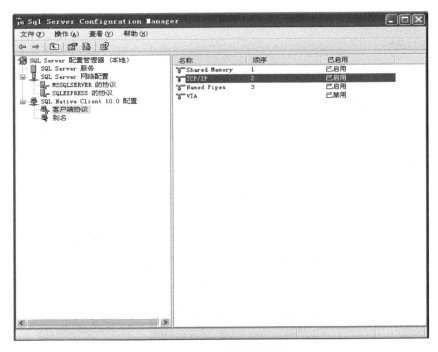

图 21-14　启用"客户端协议"的 TCP/IP

②双击打开右侧的"TCP/IP"，打开"TCP/IP 属性"，将默认端口设为"1433"，已启用为"是"。配置完成，重新启动 SQL Server 2008。如图 21-15 所示。

3）配置客户端远程服务器。

操作步骤：

①使用"Windows 身份验证"方式连接到数据库服务引擎，右击"对象资源管理器"中的服务器"CHINA－21A77EA41"，选择"属性"。如图 21-16 所示。

图 21-15　设置"TCP/IP 属性"协议　　　　　图 21-16　打开"服务器属性配置"窗口

②左侧选择"安全性"，选中右侧的"SQL Server 和 Windows 身份验证模式"以启用混合登录模式。如图 21-17 所示。

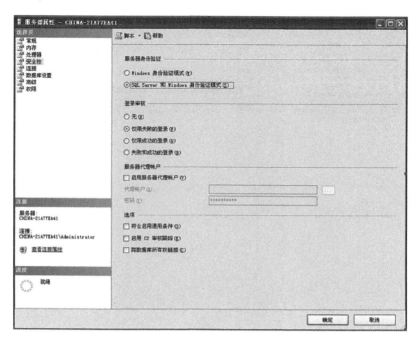

图 21-17 设置"安全性"属性

③选择"连接"，勾选"允许远程连接此服务器"。如图 21-18 所示。

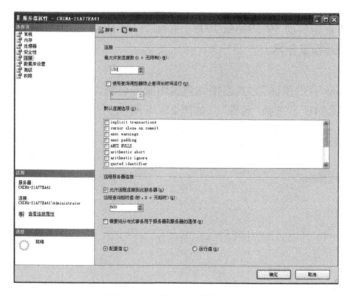

图 21-18 设置"连接"属性

④右击服务器"CHINA-21A77EA41"选择"方面"，如下如图 21-19 所示。在"方面"下拉列表框中，选择"服务器配置"，"RemoteAccessEnabled"属性和"RemoteDacEnabled"设为"True"，点击"确定"，如图 21-20 所示。至此已设置完毕。

2. 创建数据库

目标：创建数据库 BankSy，并将其与服务器关联。

操作步骤：用 T-SQL 语句创建数据库 BankSy。

图 21-19　打开"方面"对话框

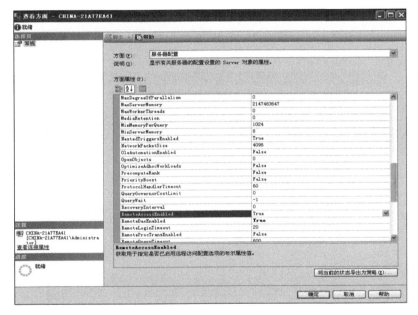

图 21-20　设置"方面"对话框

1）打开"对象资源管理器"窗口，展开服务器"CHINA – 21A77EA41"结点，选择"数据库"，在工具栏上选择"新建查询"按钮，如图 21-21 所示。

2）单击"新建查询"按钮，打开"新建查询"窗口，如图 21-22 所示。

3）在"新建查询窗口"中依次输入如下创建命令，并执行。

```
Set  master
if exists(select *  from sysdatabases where name = 'BankSy')
drop database BankSy
go
create database BankSy
on
(
    name = 'ATMBankDataBase_ Data',
    filename = 'd: \ Bank \ Database \ BankSy.mdf',
    size = 5mb,
```

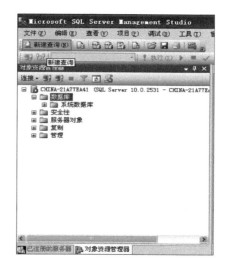

图 21-21   打开"新建查询"窗口

图 21-22   "新建查询"窗口

```
    filegrowth =30%
)
log on
(
    name ='BankSy_ Log',
    filename ='d:\Bank\Database\BankSy_ log.ldf',
    size =5mb,
    filegrowth =30%
)
```

4）打开"已注册的服务器"窗口，展开本地服务器组，选择"CHINA-21A77EA41"，右击选择"属性"，如下图21-23所示。

5）在"连接属性"页中设置连接到数据库为"BankSy"，如图21-24所示。点击页框下方的"测试"按钮，提示"连接测试成功"则表示设置成功。

图 21-23　选择服务器　　　　　图 21-24　设置服务器连接到的数据库

3. 创建数据对象

（1）创建数据表

目标：创建银行卡信息表（cardInfo）、交易信息表（TransInfo）、定存信息表（Fix_deposit），对表进行相关约束设置。其结构如表 21-1 ~ 表 21-3 所示。

表 21-1　银行卡信息表：cardInfo

字 段 名 称		说　明
cardID	卡号	必填，主键，为 8 位字母数字符串
openDate	开户日期	必填，默认为系统当前日期
openMoney	开户金额	必填，不低于 1 元
balance	余额	必填，不低于 1 元，否则将销户
Password	密码	必填，6 位数字，开户时默认为 6 个"8"

表 21-2　交易信息表：TransInfo

字 段 名 称		说　明
transID	交易编号	自动编号（标识列），主键
transDate	交易日期	必填，默认为系统当前日期
cardID	卡号	必填，外键，可重复索引
transType	交易类型	必填，只能是存入/支取
transMoney	交易金额	必填，大于 0
remark	备注	可选输入，其他说明

表 21-3　定存信息表：Fix_ deposit

字 段 名 称		说　明
fdeID	定存号	必填，主键，为 8 位数字符串
CardID	卡号	必填，外键，可重复索引
Capital	总金额	大于或等于 0
Fixmonth	定期月数	只能取 3、6、12

（续）

字 段 名 称		说　　　明
Startdate	存入日期	日期型数据
Endtime	到期日期	日期型数据
Interest	利息	初始值为 0
Total	本息总计	初始值为 0

操作步骤：

1）创建银行卡信息表：cardInfo。

```
Use BankSy
Go
Create Table cardInfo(
CardID varchar(15)not null PRIMARY KEY,
OpenDate DATE NOT NULL DEFAULT(GETDATE()),
OpenMoney DECIMAL(18,2)NOT NULL,
Balance DECIMAL(18,2)NOT NULL,
PassWordvarchar(6)NOT NULL DEFAULT('88888'),
CHECK(LEN(CardID)=15),
CHECK(OpenMoney>1),
CHECK(Balance>=0)
)
```

2）创建交易信息表：TransInfo。

```
Use BankSy
Go
Create Table TransInfo(
transID int IDENTITY(1,1) NOT NULL PRIMARY KEY,
transDate DATETIME NOT NULL DEFAULT(GETDATE()),
cardID varchar(15)not null
  foreign key references cardInfo(CardID),
  transType nvarchar(5)not null,
  transMoney DECIMAL(18,2)NOT NULL,
  remark nvarchar(200),
  check(TransType IN('存入','支取','转入','转出')),
  check(transMoney>0)
  )
```

3）创建定存信息表：Fix_deposit。

```
Use BankSy
Go
create table Fix_deposit(
fdeid varchar(8) not null PRIMARY KEY,
cardID varchar(15) not null,Foreign KEY references cardinfo(CardID)
Capital money,
Fixmonthixnsonth int
Startdate varchar(10),
Endtime varchar(10),
Interest money,
Total money)
check Ficnsonth IN (3,6,12)
```

（2）创建索引

目标：在主键、外键上建索引。

操作步骤：系统会在主键列自动加上索引，如 cardInfo 表的 CardID 列、TransInfo 表的 transID 列、Fix_deposit 表的 fdeid 列。

另外，给 TransInfo 表的外键 CardID 列加索引。其操作为打开"对象资源管理器"，在"新建查询窗口"中输入图 21-25 所示的创建命令，并执行。

图 21-25　TransInfo 表的外键 CardID 列加索引

此外，也可用相同方法给 Fix-deposit 表的外键 cardID 列加索引。

（3）创建视图

目标：创建视图 View_transinfo，用于查询交易的详细信息。

操作步骤：新建视图"View_transinfo"，展开"BankSy"→"视图"，右击选择"新建视图"，如图 21-26 所示，创建如图 21-27 所示的视图"View_transinfo"。

（4）编写存储过程

目标：编写四个存储过程：在本例中我们仅编写定期利息计算，其余三个从略。用 T-SQL 编程。

图 21-26　打开"新建视图"窗口

图 21-27　创建视图"View_transinfo"

操作步骤：

1）创建转账存储过程 proc_money 完成定期利息计算，用游标实现逐条计算。

2）编写存储过程 proc_money，检查今天到期的定期存款，计算该用户获得的利息和本息金额，并将利息和本息总金额插入 Fix_deposit 表中。

```
use BankSy GO
C REATE PROC proc_money
DECLARE @ Capital money
DECLARE @ fixmonth int
AS
DECLARE c_money CURSOR FOR
SELECT Capital,Fixmonth FROM Fix_deposit
WHERE Endtime=convert(varchar(10),getdate(),102)
/* convert 获取当前日期,仅仅计算今天到期的定期利息*/
FOR UPDATE                   --声明更新游标
OPEN c_money                 --打开游标
FETCH NEXT FROM c_money into @ Capital, @ fixmonth
WHILE (@ @ FETCH_STATUS=0)  /* 用游标循环取值*/
BEGIN
  BEGIN
    IF @ fixmonth=3
      BEGIN
        UPDATE Fix_deposit SET Interest=@ capital* 2.55/100* 3/12   WHERE CURRENT of c_
          money  /* 计算3个月利息*/
        UPDATE Fix_deposit SET Total=Interest+ @ capital WHERE current OF c_money
      END
    ELSE IF (@ fixmonth=6)
      BEGIN
        UPDATE Fix_deposit set Interest=@ capital* 2.75/100* 6/12   WHERE current
        OF c_money   /* 计算6个月利息*/
        UPDATE Fix_deposit SET Total=Interest+ @ capital WHERE current OF
        c_money
      END
    ELSE
      BEGIN
        UPDATE Fix_deposit SET Interest=@ capital* 3.15/100* 12/12   WHERE current of
          c_money  /* 计算12个月利息*/
        UPDATE Fix_deposit SET Total=Interest+ @ capital WHERE current OF c_money
        END
    END
FETCH NEXT FROM c_money INTO @ Capital,@ fixmonth
END
CLOSE c_money                 --关闭游标
DEALLOCATE c_money            --释放游标
GO
```

代码解析：在 proc_money 存储过程中，利用游标逐条取出定存记录，判断该条定存记录今天（2014.12.12）是否到期，如果到期则按照定存月数计算定存利息。

（5）设置安全用户

目标：创建三个数据库用户，分别为 DBA——数据库管理员、BankLeader——银行领导层

（能查阅所有数据）、Operater——前台操作员（能对所有数据进行增、删、改、查等操作及调用存储过程）。

操作步骤：

1）以超级管理员身份连接到 SQL Server 2008 数据库引擎，在对象资源管理器中找到安全性→登录名，右击"登录名"，点击"新建登录名"。如图 21-28 所示。

2）在弹出的对话框中点击右边选项页的"常规"，右边的"登录名（N）"写上新建后登录的名称（例如，这里命名为 BankDBA），选择"SQL Server 身份验证（S）"，输入密码和验证码（例如 123456），把"强制实施密码策略（F）"、"强制密码过期（X）"和"用户在下次登录时必须更改密码（U）"的钩去掉。在"默认数据库（D）"中选择"BankSy"。其他选项不变，如图 21-29 所示。

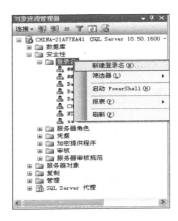

图 21-28 "新建登录名"窗口

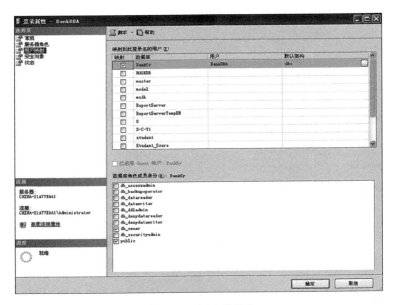

图 21-29 新建登录名

3）在右边选项页中点击"服务器角色"，勾选"public"和"sysadmin"，如图 21-30 所示。

4）继续在右边的选项页中点击"用户映射"，在"映射到此登录名的用户（D）"中勾选"BankSY"，在"数据库角色成员身份（R）：BankSY"列表框中勾选"db_owner"和"public"。如图 21-31 所示。

图 21-30   设置登录名服务器角色

图 21-31   设置登录名用户映射信息

5）继续在右边的选项页中点击"状态"，在"是否允许连接到数据库引擎"中选择"授予"，"登录"选择"启用"。如图 21-32 所示。

6）点击"确定"，回到"对象资源管理器"查看，安全性→登录名下面出现了新的登录名"BankDBA"。

依据类似操作创建登录名"BankOperater"和"BankLeder"。创建完成后如图 21-33 所示。此后展开 BankSy→安全性→用户名，出现三个同名字的数据库用户名。如图 21-34 所示。

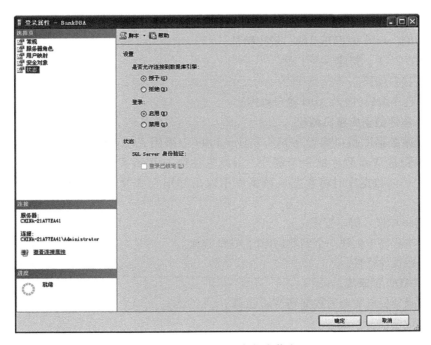

图 21-32 设置登录名状态信息

图 21-33 不同权限的登录名

图 21-34 BankSy 数据库用户名

4. 数据加载

在实现上面的操作后，就完成了数据库的生成。但其数据为空，称为零加载。

到此为止，一个简单的银行储蓄系统的数据库生成的完整过程就结束了。

21.3 数据库接口编程

21.3.1 数据库接口编程概述

数据库编程的另一项内容是应用程序与数据库进行数据交换的编程以及 Web 数据与数据库数据进行数据交换的编程，它们称为数据库接口编程。这种编程实际上是应用（包括 Web 应用与应用程序）与数据库数据进行数据交换的编程。下面分别介绍之。

1. 应用程序数据库接口编程

应用程序数据库接口编程在 SQL Server 2008 中采用 ADO 接口编程。由于这种编程是应用程序的一个部分，因此它往往与应用程序编制在一起，而其中应用程序一般采用 C 或 C++。以 VC++为例，ADO 编程开发的一般步骤是：

1）启动 VC++，新建一个工程。

2）ADO 接口编码。

3）应用程序编码（嵌入 ADO 接口程序）。

2. Web 程序数据库接口编程

Web 程序数据库接口编程在 SQL Server 2008 中采用 ASP + 脚本语言 + ADO 方式编程。由于这种编程是 Web 程序的一个部分，因此它往往与 Web 程序编制在一起，其目的是在 Web 程序中访问数据库时将数据从数据库中取出并用它修改 Web 网页中的内容。其操作步骤是：

1）在 Web 中嵌入脚本程序。

2）在脚本程序中创建一个到数据库的 ADO 连接。

3）打开数据库连接。

4）创建 ADO 记录集。

5）从记录集提取需要的数据到 Web 页面。

6）关闭记录集。

7）关闭连接。

在下面两节中我们分别给出两个数据库接口编程实例。

21.3.2　数据库接口编程实例之一——ADO 接口编程

下面通过 VC++6.0 开发一个基于 ADO 接口的程序。

【例 21.2】　本例用 ADO 对象实现与 SQL Server 2008 中数据库"Student"的连接与数据的交换，完成奖学金金额的计算，并将结果写入属性 bursary 中。其中，一等奖学金为 6000 元，二等奖学金为 4000 元，三等奖学金为 2000 元。学生信息表 Student 的表结构如表 21-4 所示。表中除了奖学金需要计算之外，其他项均有初值。

表 21-4　学生信息表 Student 的结构

属性名	类型	是否为主键	允许空	备注
sno	char(8)	是	×	学号
sname	varchar(10)	否	√	姓名
age	int	否	√	年龄
dept	char(4)	否	√	所在系号
comment	varchar(8)	否	√	奖金级别
bursary	float	否	√	奖学金

奖学金计算步骤如下。

1. 创建 VC 应用程序

打开 VC++6.0，新建工程。选择 MFC AppWizard(exe)，工程名为 exec2，存放在 D 盘 exec2 文件夹里。

2. ADO 代码设计

（1）引入 ADO 库文件

使用 ADO 前必须在工程的 StdAfx.h 头文件里用#import 引入 ADO 库文件，以使编译器能正确编译。代码如下所示：

```
//加入ADO支持库
#import "C:\Program Files \Common Files \System \ado \msado15.dll" no_namespace rename
  ("EOF", "adoEOF")
//定义ADO _ConnectionPtr, _CommandPtr, _RecordsetPtr 指针;
在Exec2Dlg.h 文件的class CExec2Dlg : public CDialog
```

方法中添加如下代码：

```
_ConnectionPtr      m_pConnection;
_CommandPtr         m_pCommand;
_RecordsetPtr       m_pRecordset;
```

(2)初始化 COM，创建 ADO 连接

ADO 库是一组 COM 动态库，这意味应用程序在调用 ADO 前，必须初始化 OLE/COM 库环境。在 MFC 应用程序里，一个比较好的方法是在应用程序主类的 OnInitDialog()成员函数里初始化 OLE/COM 库环境。

在本例 Exec2Dlg. cpp 文件的 BOOL CExec2Dlg：：OnInitDialog()成员函数里添加如下代码：

```
//初始化COM,创建ADO连接等操作
AfxOleInit();
m_pConnection.CreateInstance(__uuidof(Connection));
m_pRecordset.CreateInstance(__uuidof(Recordset));
m_pCommand.CreateInstance(__uuidof(Command));
//用try...catch()来捕获错误信息,
try
{
//打开本地SQL Server数据库Student
m_pConnection - >Open("Provider = SQLOLEDB 4.0;InitialCatalog = Student;
DataSource = (local) ;userID = sa;password =123456");
// Provider 指的是设置connection实例连接的程序环境是SQLOLEDB 4.0
//InitialCatalog 是数据库名
// DataSource = (local):表示本地服务器
// userID 是用户名
// password 是密码
catch ( _com_error e)
{
AfxMessageBox("数据库连接失败!");
return FALSE;
}
```

(3)使用 ADO 创建 m_pRecordset

在 BOOL CExec2Dlg：：OnInitDialog()函数中继续添加如下代码：

```
//使用ADO创建数据库记录集
try
{
   m_pCommand - >CreateInstance("ADODB.Command"),
   Variant_t vNULL,
   vNULL.vt = VT_ERROR,
   vNULL.Scode = DOSP_E_PARMNOTFOUNI              //定义为无参数
   m_pCommand - >ActiveConnection = m_pCommand,   //为建立的连接赋值
   m_pCommand - >CommandText = ("SELECT * FROM S"),  //查询S表所有记录
      m_pRecordset = m_pCommand - >Execate(&vNULL.&vNULL.adCmdText),
                                                //执行命令取得记录
```

```
}
catch(_com_error * e)
{
    AfxMessageBox(e - >ErrorMessage());
}
```

至此，与 ADO 相关的代码都已添加完毕。

下面在 Exec2Dlg.cpp 文件中添加应用代码，以实现计算学生奖学金金额的目标。

3. 计算学生奖学金金额相关代码

```
_variant_t var;
CString str_comment,str_bursary;
float v_bursary;
str_comment = str_bursary = "";
    try
{
if(!m_pRecordset - >BOF)          //在 Recordset 属性 BOF 中判断当前指针是否在第一条记录前面
m_pRecordset - >MoveFirst();      //当前指针不在第一条记录前面时,将指针移向第一条记录
else
{
  AfxMessageBox("表内数据为空");
  return;
  }
m_pConnection - >BeginTrans();    //开启事务；
while(!m_pRecordset - >adoEOF)    // 在 Recordset 属性 EOF 中判断指针是否在末条记录
{
//计算奖学金
var = m_pRecordset - >GetCollect("comment");
                                  //奖学金等级列的取值
if(var.vt != VT_NULL)
str_comment = (LPCSTR)_bstr_t(var);
if(str_comment = = "1")
{
try
{
// 计算一等奖的奖金
m_pRecordset - >PutCollect("bursary", _variant_t("6000"));//奖学金数额放入 bursary 中
v_bursary = 6000;
}
catch(_com_error * e)
{
AfxMessageBox(e - >ErrorMessage());
}
}
else if(str_comment = = "2")
{
try
{// 计算二等奖的奖金
m_pRecordset - >PutCollect("bursary", _variant_t("4000"));//奖学金数额放入 bursary 中；
v_bursary = 4000;
}
catch(_com_error * e)
{
AfxMessageBox(e - >ErrorMessage());
}
}
else
```

```
{
try
{// 计算三等奖的奖金
m_pRecordset - >PutCollect("bursary", _variant_t("2000"));//奖学金数额放入 bursary 中
v_bursary = 2000;
}
catch(_com_error * e)
{
AfxMessageBox(e - >ErrorMessage());
}
}
try
{
// 将学生应发奖学金写回 Student 表中的 bursary 列
m_pRecordset - >PutCollect("bursary", _variant_t(v_bursary));
m_pRecordset - >Update();
}
catch(_com_error * e)
{
AfxMessageBox(e - >ErrorMessage());
}
m_pRecordset - >MoveNext();
}//while 循环结束
m_pConnection - >CommitTrans();          //所有循环成功执行后提交事务
}
catch(_com_error * e)
{
AfxMessageBox(e - >ErrorMessage());
m_pConnection - >RollbackTrans();          //事务代码异常时回滚
}
```

21.3.3 数据库接口编程实例之二——Web 接口编程

【例 21.3】 一个天气预报的实例。通过 ASP + 脚本语言 VBScript + ADO 把天气数据从数据库中取出，将结果放入网页中。

1. 开发前的准备

采用 IIS 7.0 解析 ASP 文件。需要注意的一点是：在天气预报网站－功能视图－ ASP 选项中，一定要用"启用父路径"选项。

2. 开发步骤

（1）天气预报数据库

通过 SQL 代码创建数据库表，如图 21-35 所示。

	year	month	day	hour	image	daytime	temperature	wind_direction	wind_force
1	2014	11	29	8	小雨.jpeg	小雨	12~15	东风	4-5级
2	2014	11	30	10	阴.jpeg	阴	1~8	西风	2-3级
3	2014	12	1	12	晴.jpeg	晴	2~13	南风	2-4级

图 21-35 天气预报数据库

为了重用数据库连接，可以将数据库连接的代码放在一个独立的文件 conn.asp 中，以后其他页面需要跟数据库交互时，只需要包含此页面即可。

（2）Conn.asp 的代码

```
<%
dim conn
```

```
Set conn = Server. CreateObject ("ADODB. Connection") '创建 ADODB. Connection 实例
connstr = "driver = {SQLServer}; server = (local); UID = sa; PWD = 123; Database = weather_
    forecast" conn. Open connstr '确定数据库连接字符串
% >
```

(3)天气预报主页 index. asp

```
<! - -#include file = "conn. asp" - - >
<html xmlns = "http://www. w3. org/1999/xhtml" >
<head >
<meta http - equiv = "Content - Type" content = "text/html; charset = gb2312" / >
<title >ASP 天气预报 </title >
<meta name = "Keywords" content = "ASP 天气预报" / >
<meta name = "Description" content = "ASP 天气预报" / >
<link href = "images/style. css" rel = "stylesheet" type = "text/css" / >
    <style type = "text/css" >
        . style2
        {
            width: 73px;
            text - align: right;
        }
        . style3
        {
            height: 27px;
        }
        . style4
        {
            height: 51px;
        }
        . style5
        {
            height: 20px;
        }
        . style6
        {
            font - size: large;
            font - family:楷体;
        }
    </style >
</head >
<body >
<! - -以下代码是外观显示的 HTML 代码 - - >
<tablewidth = "1003" border = "0" align = "center" cellpadding = "0" cellspacing = "0" >
  <tr >
    <td width = "109" align = "right" valign = "top" background = "images/bjl2. jpg" > </td >
    <td align = "center" valign = "top" > <table width = "100%" border = "0" align = "cen-
        ter" cellpadding = "0" cellspacing = "0" >
      <tr >
<td height = "40" > <table width = "96%" border = "0" align = "center" cellpadding = "0"
    cellspacing = "0" >
        <tr >
          <td width = "48" height = "28" background = "images/ttl1. jpg" > </td >
          <td align = "center" background = "images/ttm. jpg" class = "wfont" > </td >
```

```
          < td width = "43" height = "28" background = "images/ttr1. jpg" > </td >
        </tr >
      </table > </td >
    </tr >
    <tr >
      < td height = "350" align = "center" valign = "top" > < table width = "100% " border
          = "0" cellspacing = "0" cellpadding = "0" >
        <tr >
          < td height = "0" >
            < table width = "96% " border = "0" align = "center" cellpadding = "0" cell-
                spacing = "0" >
            <tr >
              < td width = "18" height = "16" align = "right" valign = "bottom" > < img src
                  = "images/1. jpg" width = "18" height = "16" / > </td >
              < td height = "12" background = "images/1r. jpg" > </td >
              < td width = "17" height = "16" align = "left" valign = "bottom" > < img src = "
                  images/2. jpg" width = "17" height = "16" / > </td >
            </tr >
            <tr >
              < td width = "13" background = "images/4s. jpg" > </td >
              < td > < table width = "100% " border = "0" cellspacing = "0" cellpadding = "0" >
                < tr >
                  < td height = "7" > </td >
                </tr >
              </table >
< table width = "93% " border = "0" align = "center" cellpadding = "0 " cellspacing = "0 "
    class = "grayline" >
          < tr >
            < td align = "center" > < table width = "99% " border = "0" cellspacing = "0 "
                cellpadding = "0" >
            < tr >
  < td height = "30" align = "center" class = "style6" >江苏省南京市天气预报(未来 5 天) </a >
        </td >
            </tr >
          </table > </td >
        </tr >
        <tr >
          < td align = "center" >
<! - -以下代码是将数据库的数据通过 ADO 取到 HTML 页面的指定区域 - - >
<%
set rs = server. CreateObject ("adodb. recordset")          '创建 Recordset
Sql = "select *  from weather "                             '指定 select 语句
rs. open Sql,conn,1,1
if not (rs. eof and rs. bof) then
'如果有记录时,就显示记录.此行的 if 与倒数第 6 行的 end if 相对应
if pages = 0 or pages = "" then pages = 3                    '每页记录条数
rs. pageSize = pages                                         '每页记录数
allPages = rs. pageCount                                     '总页数
page = Request ("page")                                      '从浏览器取得当前页
'if 是基板的出错处理
If not isNumeric (page) then page = 1
```

```
if isEmpty(page) or Cint(page) <1 then
page =1
elseif Cint(page) > =allPages then
page =allPages
end if
Sql = "select *  from weather"
rs. AbsolutePage =page
Do While Not rs. eof and pages >0
years = rs ("year")                          '将 weather 表中 year 字段的值取出来
                                             '赋值 years 变量
months = rs ("month")                        '月
days = rs ("day")                            '日
hours = rs ("hour")                          '时
pics = rs ("image")                          '天气图片
daytimes = rs ("daytime")                    '白天天气
temperatures = rs ("temperature")            '温度
wind_directions = rs ("wind_direction")      '风向
wind_forces = rs ("wind_force")              '风力
I = I +1                                      '序号
temp = RS. RecordCount - (page -1)* rs. pageSize - I +1
%>
        <table cellspacing = "1" cellpadding = "3" width = "100% " align = "center"  bor-
            der = "0" >
            <tr >
                <td valign = "top" width = "30% " bgcolor = "#FFFFFF" rowspan = "4" align
                    = "center" background = "file:///E: \Publish \weather_ forecast \
                    204740375_1399315. jpg">
                <table border = "1" width = "51% " bordercolor = "#FFFFFF" background =
                    " file:///E: \ Publish \ weather _ forecast \ 204740375 _
                    1399315. jpg" >
    <! - -将变量 years 的值绑定在"年"对应的单元格里,以下类同 - - >
                <tr >
                <td align = "center" width = "38" > <b > <% = (years)% > </b > </td >
                <td align = "center" width = "18" > <b >年 </b > </td >
                <td align = "center" width = "21" > <b > <% = (months)% > </b > </td >
                <td align = "center" width = "32" > <b >月 </b > </td >
                <td align = "center" width = "27" > <b > <% = (days)% > </b > </td >
                <td align = "center" width = "27" > <b >日 </b > </td >
                <td align = "center" width = "80" > <b > <% = (hours)% > </b > </td >
                <td align = "center" width = "63" > <b >时 </b > </td >
            </tr >
            <tr >
        <td align = "center" colspan = "8" > <img src = "<% =pics% >" border = "0" / >
            <br / > </td >
            </tr >
            <tr >
        <td class = "style2" colspan = "4" width = "118" > <b >  白天: </b > </td >
                <td align = "center" colspan = "4" > <b > <% = (daytimes)% > </b
                    > </td >
            </tr >
                <tr >
```

```
                    <td class = "style2" colspan = "4" width = "118" > <b >温度:</b > </td >
                  <td align = "center" colspan = "4" > <b > <% = (temperatures)% > </b
                     > </td >
                </tr >
                  <tr >
                    <td class = "style2" colspan = "4" width = "118" > <b >风向:</b > </td >
                  <td align = "center" colspan = "4" > <b > <% = (wind_directions)% >
                     </b > </td >
                </tr >
                  <tr >
                    <td class = "style2" colspan = "4" width = "118" > <b >风力:</b >
                       </td >
                  <td align = "center" colspan = "4" > <b > <% = (wind_forces)% > </b
                     > </td >
                </tr >
                     </table > </td >
                  </table >
<%
pages = pages - 1
rs. movenext '翻页操作
if rs. eof then exit do
loop
else
end if
% >
              </td >
            </tr >
         </table >
</td >
<td background = "images/2x. jpg" >   </td >
                </tr >
                <tr >
                 <td width = "18" height = "15" align = "right" valign = "top" > <img src = "im-
                    ages/4. jpg" width = "18" height = "15" /> </td >
                  <td height = "12" background = "images/3z. jpg" >   </td >
                  <td width = "17" height = "15" align = "left" valign = "top" > <img src = "im-
                    ages/3. jpg" width = "17" height = "15" /> </td >
                </tr >
              </table >
   </td >
          </tr >
        </table > </td >
      </tr >
   </table > </td >
   <td width = "108" align = "left" valign = "top" background = "images/bjr2. jpg" > </td >
  </tr >
</table >
<table width = "1003" border = "0" align = "center" cellpadding = "0" cellspacing =  "0" >
  <tr >
    <td height = "114" valign = "top" background = "images/xm. jpg" > <table width =  "750"
        border = "0" align = "center" cellpadding = "0" cellspacing = "0" >
```

```
      <tr>              </tr>
    </table></td>
  </tr>
</table>
</body>
</html>
```

运行效果如图 21-36 所示。至此，实现 Web 接口编程。

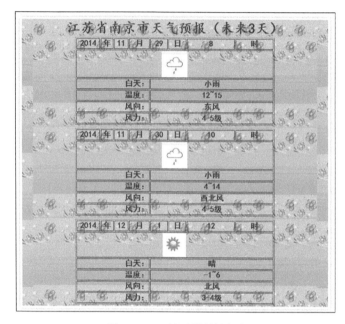

图 21-36   天气预报效果图

 **本章小结**

本章介绍数据库编程的三个主要内容——数据库生成、ADO 接口编程及 Web 接口编程。

1. 数据库编程基本思想
   - 数据库编程是指数据库应用系统开发代码生成阶段中数据库程序代码的生成。
   - 数据库编程的内容包括数据库生成及数据库接口编程。
   - 数据库接口编程包括 ADO 接口编程及 Web 接口编程。

   这样，数据库编程即由数据库生成、ADO 接口编程及 Web 接口编程三部分内容组成。

   - 数据库编程在 SQL Server 2008 中的的工具是 T-SQL、ADO、Web 接口 ASP 以及数据服务等。
   - 数据库编程特色：程序的效率、程序的并发性故障恢复、程序的隐性错误以及程序访问数据错误防止等。

2. 数据库生成

   数据库生成即生成数据库的程序，它包括五个生成步骤：服务器配置、数据库定义、数据库对象定义、运行参数设置及数据加载。所使用工具为 T-SQL 及数据服务等。

3. 应用程序数据库接口编程——ADO 接口编程

   ADO 编程开发的一般步骤是：

   （1）启动 VC ++，新建一个工程。

   （2）ADO 接口编码。

（3）应用程序编码。

4. Web 程序数据库接口编程——Web 接口编程

采用 ASP + 脚本语言 + ADO 方式编程。其目的是在 Web 程序中以访问数据库的方式将数据从数据库中取出并用它修改 Web 网页中的内容。其操作步骤是：

（1）在 Web 中嵌入脚本程序。

（2）在脚本程序中创建一个到数据库的 ADO 连接。

（3）打开数据库连接。

（4）创建 ADO 记录集。

（5）从记录集提取需要的数据到 Web 页面。

（6）关闭记录集。

（7）关闭连接。

5. 本章重点内容

- 数据库生成。

✎ 习 题 21

21.1　什么是数据库编程？它包括哪些内容？请简单介绍之。

21.2　请给出数据库编程的特色。

21.3　请介绍数据库生成的五个层次。

21.4　请给出 ADO 接口编程的过程。

21.5　试给出 Web 接口编程的过程。

*第22章 数据库应用系统的应用

本章主要介绍数据库应用系统的两大应用技术——联机事务处理应用以及联机分析处理应用，这些应用涵盖了数据库中的主要应用。

22.1 数据库应用系统的应用概述

学习数据库技术的目的是为了应用。数据库应用系统的应用主要有联机事务处理应用及联机分析处理应用。数据库应用系统的基本应用是联机事务处理应用，其中有传统联机事务处理应用，此外还有近期出现的新应用——互联网+，也称现代联机事务处理应用。联机分析处理应用是数据库应用的一种扩充，它的数据基础是数据库与数据仓库等数据组织，此外还包括近期出现的新的分析应用——大数据分析处理应用。这样一共四种应用技术涵盖了数据库应用系统的主要应用。

1. 联机事务处理应用

联机事务处理(On-Line Transaction Processing, OLTP)是一种传统的事务型应用，它具有事务处理特色，其主要操作特点是：

- 数据结构稳定：事务型应用中数据结构稳定，数据间关系明确，这是事务型应用的主要特点。
- 短事务性：事务型应用中一次性数据操作的时间短。
- 数据操作类型少：事务型应用中数据操作类型少，一般仅包括查询、增、删、改等几种简单操作。

联机事务处理应用的应用领域很多，主要有下面几种：

- 电子商务(EC)：数据库在商务领域中的应用。
- 客户关系管理(CRM)：数据库在市场领域中的应用。
- 企业资源规则(ERP)：数据库在企业生产领域中的应用。
- 管理信息系统(MIS)：数据库在管理领域中的应用。
- 办公自动化系统(OA)：数据库在办公领域中的应用。
- 情报检索系统(IRS)：数据库在图书、情报资料领域中的应用。
- 金融管理系统(FMS)：数据库在金融领域中的应用。

在本章中主要介绍电子商务应用。

2. 互联网+

互联网+是一种新的联机事务处理应用，它是互联网上多个数据库应用系统集成并具有明显行业性、全流程的应用。其主要应用行业有：

- 互联网＋金融业
- 互联网＋物流业
- 互联网＋教育业
- 互联网＋商业
- 互联网＋制造业

- 互联网＋医疗业
- 互联网＋政务

在本章中主要介绍前四个应用。

3. 联机分析处理应用

联机分析处理(On-Line Analytical Processing，OLAP)具有分析处理特性，其主要特点是：

- 具有由"数据"通过分析而形成"规则"的特点。
- 数据具有海量的、加工性的、与历史有关的、涉及面宽的特点。
- 具有长事务性、操作类型多等特点。

在联机分析处理中的主要应用有：

- 数据分析(DA)
- 数据挖掘(DM)
- 业务智能(BI)
- 决策支持系统(DSS)

本章介绍联机分析处理的数据组织"数据仓库"及其两种应用：数据分析与数据挖掘。

4. 大数据分析处理应用

大数据分析处理应用是近年来出现并快速发展的一种新的联机分析处理应用，它主要以互联网上的巨量数据为分析对象。本章介绍大数据分析处理的数据组织及基本分析方法。

下面分四节介绍这四种应用。

22.2　联机事务处理应用

联机事务处理应用是数据库应用系统的主要应用。本节主要介绍它的电子商务应用。

22.2.1　电子商务简介

电子商务是指在计算机网络上进行销售与购买商品并实现整个贸易过程中各阶段商贸活动的电子化。电子商务的英文表示为 Electronic Commerce，简称 EC，它的内容实际上包括两个方面，一个是电子方式，另一个是商贸活动。

1. 电子方式

电子方式是电子商务所采用的手段，它包括下面一些内容：

1)计算机网络技术。电子商务中广泛采用计算机网络技术，近年来特别是采用互联网技术及 Web 技术，通过计算机网络可以让买卖双方在网上建立联系。

2)数据库技术。电子商务中需要进行大量的数据处理，因此需要使用数据库技术特别是基于互联网的 Web 数据库技术以利于进行数据的集成与共享。

2. 商贸活动

商贸活动是电子商务的目标，其内容主要是商品的买卖活动。在目前的电子商务中常用的有两种商贸活动模式，它们是：

1)B2C 模式。这是一种直接面向客户的商贸活动，即所谓零售商业模式，在此模式中所建立的是零售商与多个客户间的直接商业活动关系。

2)B2B 模式。这是一种企业间以批发为主的商贸活动，即所谓批发或订单式商业模式，在此模式中所建立的是供应商与采购商间的商业活动关系。

3. 电子商务的再解释

经过上面的介绍，我们可以看出所谓电子商务即是以网络技术与数据库技术为代表的现代计算机技术应用于商贸领域实现以 B2C 与 B2B 为主要模式的商贸活动。

22.2.2　电子商务的数据库应用系统

从数据库角度看，电子商务实际上是一种数据库的事务型应用，它可以构成一个数据库应用系统，一般而言，一个电子商务系统由如下几个部分构成。

1. 数据库

电子商务活动中有大量持久性数据，它们需进行集成并共享，因此需要有数据库及数据库管理系统进行存储与管理。由于目前大多数电子商务活动均建立在计算机网络上，特别是建立在互联网上，因此一般都要求所建立的数据库为 Web 数据库，其结构形式为 B/S 方式。

2. 数据库应用

电子商务的业务活动由建立在电子商务数据库之上的数据库应用模块实现，一般包括：订单管理、电子交易、电子支付、电子账户、电子洽谈、广告宣传、资料搜索、综合查询、统计分析等内容。

3. 界面

电子商务的系统界面可以有多种形式，它包括菜单、窗口报表、图表、文字以及其他多种形式，它可以通过网络发布以及内部数据交换等方式实现。

4. 平台

电子商务平台一般建立在计算机网络 B/S 结构之上，采用网络操作系统以及具有 Web 接口的 DBMS 和 Java 等程序设计语言及相应工具。此外，电子商务对安全有一定的要求，一般应具有 C2 级以上安全保证。

根据上面的介绍，一个电子商务系统可以用图 22-1 表示，它构成了一个电子商务数据库应用系统。

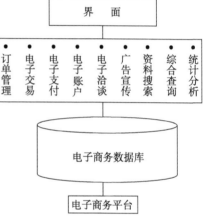

图 22-1　电子商务的数据库应用系统

22.3　现代联机事务处理应用——互联网+

互联网+是以互联网技术为支撑的一种应用。由于这种应用涉及面广，是一种行业性、全流程的应用，甚至是跨行业间的应用，因此称为"互联网+"。它对国民经济发展非常重要，因此在 2015 年被写入我国的"政府工作报告"中，并作为改造传统经济与发展新型经济的重要战略内容。

从技术上看，互联网+是联机事务处理的一种新应用，它是互联网上多个数据库应用系统的集成并通过互联网做数据交换，从而组成一个新的数据处理系统，它是传统联机事务处理应用的一个新的发展。

在本节中我们介绍互联网+中的一些重要概念并介绍四个互联网+应用。

22.3.1　互联网+中的几个重要概念

1. 互联网的性质

为介绍互联网+，首先得介绍互联网的特性。互联网+是将互联网特性应用于各行业的一种方法。互联网有如下的一些特性：

1）数据驱动性。互联网是一个存储数据、传递数据、处理加工数据、收集数据及展示数据的场所，因此数据驱动性是互联网的首要特征。任何应用只有数据化后，再通过互联网上流通才能发挥作用。

2）服务性。建设互联网不是目的，互联网是为应用服务的工具。世界上不存在任何无目标的网络，所有网络都是作为工具为特定应用服务的。

3）应用广泛性。世界上众多应用都能数据化，因此都能使用互联网，其范围之广泛、领域之宽广前所未有。

4）快捷性。由于互联网中数据收集快、传递快、处理加工快以及展示快，因此快捷性成为互联网的又一明显的特性。

5）全球性。互联网跨越全球、连通全球，可以实现全球数据大流通、大融合与大集成。

2．互联网+

互联网+是互联网的一种应用。严格地说，互联网+是一种采用互联网技术方法的应用。它利用互联网的特性，对一些应用行业与领域做整体性、全流程改造，使它们更高效、更多功能、使用更方便。互联网+在改造应用过程中是以服务形式出现的，通过应用的数据化来实现与网络的结合，从而将应用的处理转换成为网络上的数据操作。从这里可以看出，互联网+应用都是建立在数据及数据处理基础上的，而这些都是共享、超大规模及持久的，因此它的数据的组织都是数据库管理系统，而所组成的应用则都是数据库应用系统。又由于它的行业性与全流程性，仅单个应用系统是无法满足要求的，因此它们都是在互联网上由多个数据库应用系统组成。图22-2给出了它的结构示意图。

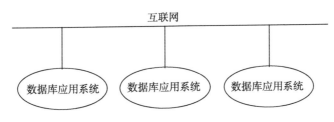

图22-2 互联网+的结构示意图

22.3.2 互联网+中的四个应用

下面介绍目前常用的互联网+中的四个应用。

1．互联网+金融业

在金融业中互联网应用是发展得较早也较为成熟的一个领域。如网上银行、手机银行、网上结算、网络转账以及近期流行的P2P、众筹等金融业务都是在网上操作的。虽然如此，由于该行业内的应用实在是太多与太复杂了，因此至今仍有很多业务有待开发。

从本质上讲，金融业的主要任务是实现资金的方便、迅速与合理的流通，为国民经济发展服务。其具体工作是资金的借与贷。首先，从储户中通过存款方式吸收资金，其次是通过贷款方式将资金借给贷方，这样就实现了资金的流动。在期限到达后则实行资金的反向流动。这种不断反复的资金正、反向流动，实现了盘活资金、促进经济发展的目的。下面的图22-3给出了资金流通的示意图。

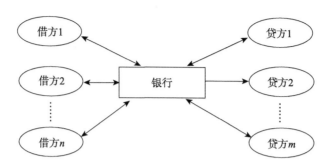

图 22-3　金融业中资金流通的示意图

从图中可以看出，金融业的核心工作是资金流通。资金可数字化为数据，资金流通可通过网络中的数据传递实现。而在流通过程中可通过数据的计算而实现资金的处理。这样就实现了互联网+金融业的目标。

由于金融业务很多，除上面所述的主要资金流通方式外，还有其他多种流通形式，如以下两种。

（1）行际资金流通

在我国行际资金流通不是采用点对点直接方式实现的，而是通过中国人民银行作为结算中心而间接实现的。图 22-4 给出了行际间接资金流通的示意图。

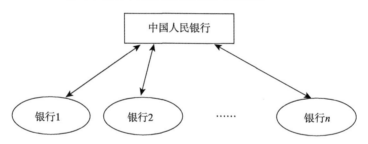

图 22-4　行际间接资金流通的示意图

（2）电子商务中的资金流通

电子商务中的资金流通是金融行业中的新问题，第三方支付平台的出现彻底解决了电子商务中资金流通的支付瓶颈。图 22-5 给出了它的示意图。

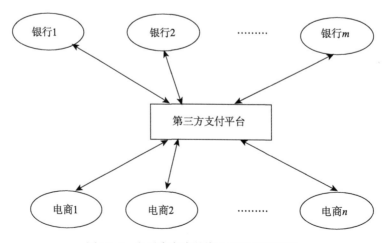

图 22-5　电子商务中的资金流通的示意图

图 22-4 和图 22-5 所示的资金流通模型及方式与图 22-3 不同，但它们在互联网+中都有相同的实现手段。

从上面介绍可以看出，互联网＋金融业是由多种数据库应用系统，包括多个银行金融系统、借方系统、贷方系统、电商系统等，在互联网统一支撑下所组成的一个具有明显行业特色的新的 OLTP 系统。

2．互联网＋物流业

物流业是现代社会的重要实体经济，用互联网技术对它进行改造与更新具有重大的价值。物流业是一个传统产业，经济的发展促进了物流业的发展，特别是以快递业为代表的物流。从 2006 年到 2014 年，我国快递业务以每年平均 37％的速度增长，近年来电商的发展带动了物流业的发展，出现了电商物流。电商物流使物流业呈井喷式发展。物流业在 2011 年的年增长为 50％，在 2013 年的年增长为 62％，此后，电商物流高铁专列的开通标志着物流与现代交通运输业结合的开始，2014 年以后的年增长超过 70％。2014 年起我国快递业务量达 140 亿件，已超过美国成为快递业第一大国。快递从业人员从 2005 年的 16.6 万人到 2015 年的 120 万人，10 年里增长近 8 倍。

互联网在物流中的应用是多方面的。从原则上讲，在物流中每个流通的物体都可数字化为数据，在它的流通过程中不断产生数据，从物流收货、发货、送货、到货、分拣到最后用户签收为止，都有详细的流程记录。因此，通过数据将物流全过程中的体力、脑力、运输、末端递送结合在一起，这些都可在互联网中操作实现。

目前国内较著名的物流系统是顺丰速运 2005 年所开发的 SPS 系统，目前已是 5 代 HHT（手持移动终端）系统了，它除了能采集、上传物流数据外，还能支持机打发票、POS 支付以及实时查询物流动态等功能。

互联网＋物流业的后续研发工作尚有很多，如：

1）开发智能手机中的有关物流 App，打通企业物流管理与移动终端间的信息通路。

2）物流仓储与快递分拣的自动化管理。

3）物流流通路径优化的自动实现以及最终实现"只动数据不动物体"或"多动数据少动物体"的目标。

4）充分利用互联网技术实现跨境物流。在我国正在推行的"一带一路"战略中，跨境物流将会起到重要作用。

5）最后，物流业是一个综合性的产业，需要组合电子商务、金融、交通运输等多个行业，以互联网为纽带将它们组织成一体，构成一个互联网＋物流业＋电子商务＋金融业＋交通运输的综合系统。

从上面介绍可以看出，互联网＋物流业是由多种数据库应用系统，包括多个物流系统、仓储系统、分拣系统、电商系统及金融支付系统等，在互联网统一支撑下所组成的一个具有明显行业特色的新的 OLTP 系统。

3．互联网＋教育业

教育的本质是传播知识，而互联网的职能是传播数据，知识是可以数字化为数据的，因此互联网应用与教育有着天然的内在关联。在互联网发展的今日，它在教育中已得到了广泛的应用。但是目前传统教育的模式严重影响了教育事业的发展，束缚了互联网的应用发展。这主要是由于目前教育的组织是以学校为单位，以学生班级为传授知识的基本单位。这种传授知识的模式已影响了教育事业的发展，造成了教育的不公平与教学优质资源的不充分使用，而互联网数据传播的广泛性与全球化可以有效地使用教学优质资源，改善教育的不公平，因此，改变当前教育模式已成为当务之急。

当前新模式的特点是将"以学生为产品"转化成为"以课程为产品"，使教师所教授的课程以"班级"为单位解放成为"公开"开放性课程。这种新模式的教学方式在这几年来已如雨后春笋在互联网平台中出现，如美国的奇点大学、网易公开课及慕课网等。其中在我国以慕课网最为流行。

慕课是 MOOC(Massive Open Online Courses)的音译名，即大规模公开在线课程。它能够让教师所教授的课程有更多的学生。慕课的目标是"任何人、任何时间、任何地点、学到任何知识"。目前慕课平台有三大巨头，它们是 edX、Coursera 与 Udacity。在我国也出现了不少慕课平台。在组织上已成立了全国性的 MOOC 联盟，在各级计算机学会中都设有 MOOC 联盟工作委员会，它们在发展与推动 MOOC 的普及与应用中起到了关键性的作用。

新的教育模式以课程为单位，以学生个体为对象，整体流程包括课程制作、课程发布、课程管理等多个环节，并且还与银行、学生、家长、授课教师等建立接口。

从上面介绍可以看出，互联网＋教育业是由多种数据库应用系统，包括课程制作系统、课程发布系统、课程管理系统及金融支付系统等，在互联网统一支撑下所组成的一个具有明显行业特色的新的 OLTP 系统。

4. 互联网＋商业

互联网＋商业的典型代表是电子商务，而其典型的活动模式是 O2O(Online to Online)方式，即通常所说的线上方式或在线方式。

传统的商业活动都是在线下(Offline)进行的。对商家而言，他们需要租用费用昂贵的门面，布置豪华的店堂，聘用专业销售人员，还需要派出大量人员采购商品，这是一种既花费大量脑力劳动又花费大量体力劳动，同时又花费大量钱财的工作。而另一方面对买家而言，他们需要花费大量的时间与精力，四处奔波，选购合适、满意的商品。经常是"跑断腿，磨破嘴"，既费脑力劳动又费体力劳动，同时又费大量钱财，而最终所买到的往往也并不一定是十分满意的商品。

而在电子商务中，一切商务活动(包括买家与卖家)都在线上进行，即进货、上架、销售、发货等全部活动数据化，并在互联网上以数据驱动方式通过商品的数据流实现全程不下线，将其中所有体力劳动与脑力劳动串联、融合于一体，从而实现互联网＋商业的目标。

在这种方式中，商家的一切商务活动都在网上操作，它所需要的仅是一个简单的办公室，几台电脑与少量办公人员即可。同时通过支付平台实现网上支付，并通过互联网＋物流实现商品直接从发货点到收货点的"点对点流通"。而同样对买家而言，他只要在移动终端(如智能手机)上通过网络就能买到价廉物美的货物。

电子商务业近年来在我国飞跃发展。2016 年仅"双 11"一天，阿里巴巴集团下属的淘宝与天猫的营业额就达到 1000 亿元人民币。而同年美国感恩节三天假期内，从线上到线下的全部总营业额折算成人民币也只有 507 亿元，远远赶不上我国一家公司一天的营业额。

可以看出，互联网＋商业是由多种数据库应用系统，包括进货系统、销售系统、物流系统及金融支付系统等，在互联网统一支撑下所组成的一个具有明显行业特色的新的 OLTP 系统。

所要注意的是，这里的电子商务概念与 22.2.1 节中的电子商务概念是有不同的。前面介绍的电子商务仅是互联网中的一个数据库应用系统，它的处理能力仅限于电子商务的一个局部；而这里的电子商务则具有全新模式，具有整个行业行为与全局流程，甚至还有跨行业间的行为，它通过互联网实现多个数据库应用系统的协作，完成商务的整个流程。目前流行的电子商务正是这种模式的电子商务。

在 2016 年 G20 杭州峰会时，以马云为代表的企业界通过 B20 向 G20 提出了实现国际电子贸易平台（Electronic World Trade Platform，EWTP）的倡议。这是一个建立在全球范围的电子贸易平台，它将为实现全球贸易一体化的统一平台提供基础，这也是电子商务的未来发展方向。

22.4　联机分析处理应用

本节介绍数据库应用系统在分析处理领域中的应用，重点介绍的内容包括数据仓库、OLAP 及数据挖掘等。其中，数据仓库是其数据基础，而 OLAP 及数据挖掘则是其两个应用。

22.4.1　联机分析处理的基本概念

联机分析处理是 20 世纪 70 年代发展起来的计算机应用，是一种包括计算机硬件、软件及数据的集成系统。它利用现代计算机网络中的海量数据资源进行分析，以取得隐藏在内的规律性知识（称规则）。

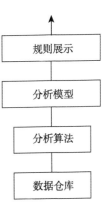

图 22-6　联机分析处理的组成图

1. 联机分析处理组成

联机分析处理由三部分内容组成，如图 22-6 所示。

1）数据。数据是分析的基础。海量、正确的数据是数据分析的重要与基本内容。数据分析中的数据一般来源于计算机网络，它们存放于相应的数据组织中（如文件、数据库以及 Web 等）。为便于使用，它们被组织成一个统一的数据平台，称为数据仓库（Data Warehouse，DW）。

2）分析方法——分析算法与分析模型。分析方法是一种数据的归纳方法，它们是一些算法，称为分析算法（Analytical Algorithm）。目前常用的是 OLAP 及数据挖掘。由分析算法可以组成分析模型（Analytical Model），用它可以实现整个分析过程。

3）规则。由数据通过模型计算所得到的结果最终以规则表示。在计算机中规则有多种表示形式，它也可称为规则展示。目前，它可由以现代可视化技术与 Web 技术为核心的展示系统支持。

2. 联机分析处理结构

联机分析处理是一种新的数据库应用，它是以数据库的扩充——数据仓库为核心，以数据处理中的分析型处理为特点的数据库应用系统，它的结构组成有下面五层：

1）基础平台层。基础平台包括计算机硬件（数据服务器、Web 服务器、OLAP 服务器以及浏览器）、计算机网络、操作系统以及中间件等公共平台。

2）资源管理层——数据层。这是一种共享的数据层，它提供数据分析中的集成、共享数据并对其做统一的管理。该层一般由一个数据仓库管理系统对数据库数据、文件数据及 Web 数据做统一的集成与管理。

数据仓库管理系统建立在互联网上，采用 B/S 结构方式，数据交换使用调用层接口方式。

3）业务逻辑层——应用层。联机分析处理的业务逻辑层是由算法与模型所组成的。其中算法包括 OLAP、归纳算法以及由算法组合而成的模型等。

4）应用表现层——界面层。应用表现层即规则展示，采用可视化技术及 Web 技术，并有多种展示工具。

5）用户层。联机分析处理的用户一般是该系统的分析人员与操作人员。

这样，联机分析处理系统可用图 22-7 表示，它构成了一个扩充的数据库应用系统。

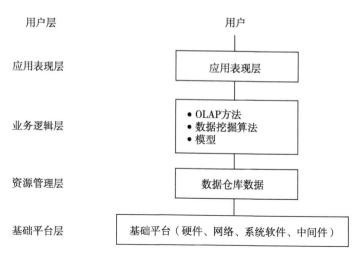

图 22-7   联机分析处理系统结构示意图

22.4.2 数据仓库的基本原理

1. 概论

数据库应用系统作为数据管理手段用于传统事务处理，它拥有大量数据资源，可为数据分析与决策提供基础支持。但是，传统数据库中的数据与分析、决策的数据是有不同要求的：

1）分析数据大量的是总结性数据，而数据库中的数据则是操作性数据，它们详细、繁琐，对分析缺乏使用价值。

2）分析数据不仅需要当前数据，还需要大量的历史数据以便于分析趋势、预测未来。

3）分析需要多方面的数据，如一个企业在作分析时，不仅需要本单位数据，还需要大量协作单位（如供货商、客户、运输部门以及金融、税收、保险、工商等）的数据。因而获取数据的范围可来自多种数据源。因此，在数据分析中数据源的异构性及分布性是不可避免的。

4）分析数据的操作以"读"为主，且需定时刷新，需快照性数据，而很少有增、删、改之类的操作，这与一般数据库的操作方式不同。

由上可以看出，分析数据有其特殊性，它与数据库中的数据以及数据库的处理方式均有不同。因此，需要有一种适应数据分析环境的工具，这就是数据仓库。

数据仓库起源于数据分析的需求，在20世纪80年代末由数据库演变成为数据仓库。在20世纪90年代初，数据仓库创始人 W. H. Inmon 在其经典性著作《Building the Data Warehouse》中为数据仓库的基本内容与目标奠定了基础。此后，随着对数据分析、决策的需求日益高涨，对数据仓库的研究也日趋成熟，数据仓库已成为数据分析的基本数据组织。

2. 数据仓库的特点

数据仓库是一种为数据分析提供数据支持的工具，它与传统数据库要求是不同的。它要求数据集成性高，处理时间长。因此，数据仓库是一种有别于数据库的数据组织。当然数据库与数据仓库间也存在密切关系，如数据仓库的数据模式一般也采用关系型的，同时数据仓库也提供相应的查询语言为应用访问数据仓库提供服务。Inmon 对数据仓库的特点有一句总结性名言："数据仓库是一个面向主题的、集成的、不可更新的、随时间不断变化的数据集合。"在这句话中，他给出了数据仓库的四大特点，下面对其进行解释。

1）面向主题。数据仓库的数据是面向主题的，所谓主题（subject）即是特定数据分析的领域与目标，即是为特定分析领域提供数据支持。

2）集成。数据仓库中的数据是为分析服务的，而分析需要广泛的不同数据源以便进行比较和鉴别。因此数据仓库中的数据必须从多个数据源中获取，这些数据源包括多种类型数据库、文件系统以及 Web 数据等，它们通过数据集成而形成数据仓库的数据。因此，数据仓库的数据一般是由多个数据源经过集成而组成。

3）不可更新。数据仓库中的数据一般是由数据源中的原始数据抽取加工而成，因此它本身不具有原始性，故一般不可更新。同时为了分析的需求，需要有一个稳定的数据环境以利于分析。因此，数据仓库中的数据一般在一段时间内是不允许改变的。

4）数据随时间不断变化。数据仓库数据的不可更新性与随时间不断变化性是矛盾的两个方面。首先，为便于分析需要使数据有一定稳定期，但是随着原始数据的不断更新，到一定时间后，原有稳定的数据的客观正确性已受到破坏，已不能成为分析的基础，此时需及时更新，以形成新的反映客观的稳定数据。将数据仓库的第 3、第 4 个特性合并起来看，即可以得到：数据仓库中的数据以一定时间段为单位进行统一更新，称为刷新。

由上分析看出，在应用系统中存在两种不同数据，它们是由数据库所管理的事务型数据与数据仓库所管理的分析型数据。它们之间存在明显的不同，这可从表22-1看出。

表 22-1　两种不同数据的比较

数据库数据	数据仓库数据
原始性数据	加工型数据
分散性数据	集成性数据
当前数据	当前/历史数据
即时数据	快照数据
多种操作	读操作为主

3. 数据仓库的基本结构

一个完整的数据仓库的体系结构一般由四个层次组成。

第一层：数据源层。

第二层：数据抽取层。

第三层：数据仓库管理层。

第四层：数据集市层。

它们构成了一个数据仓库系统，其示意图如图22-8所示。

（1）数据源层

数据仓库的数据来源于多种数据源，从形式上讲，它们可以是下述来源：

1）关系数据库：如 Oracle、SQL Server 等。

2）文件系统及其他：如 Excel、Word 等。

3）互联网数据：如网页数据等。

从地域上讲，它们可以分布于不同地区；从数据结构与数据模式上讲，它们可有不同的构造形式；从数据内涵上讲，它们可有不同的语义理解。它们构成了数据仓库的原始信息来源。

（2）数据抽取层

数据抽取层是数据源与数据仓库间的数据接口层，它的任务是将散布于网络节点中不同结构、不同语法/语义的数据源，经这一层的处理后构建一个统一平台、统一结构、统一语法/语义的数据统一体——数据仓库。因此，这一层的功能是极为重要的。它的主要任务是为数据仓

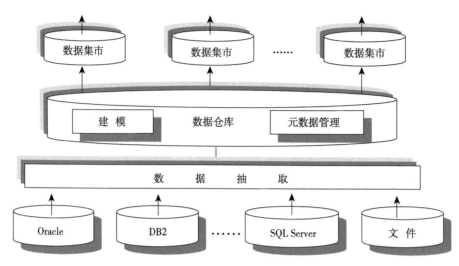

图 22-8   数据仓库系统示意图

库提供统一的数据并及时更新这些数据。

一个完整的数据抽取功能包括下面三个方面，它们是：

1）数据提取：根据数据仓库要求收集并提取数据源中的数据。

2）数据转换与清洗：数据转换即是将数据源中的数据根据一定规则转换成数据仓库中的数据；而数据清洗即是对进入数据仓库中的不符合语法、语义要求的脏数据做清除，以保证数据仓库中数据的正确性。

3）数据加载与刷新：数据加载即是数据经清洗与转换后装入数据仓库内，从而形成数据仓库中的初始数据；而在此后不同的时间段中，尚需不断更新数据，此时的数据装入称为数据刷新。

以上三部分构成了数据抽取过程的四个连续阶段，如图 22-9 所示。由于数据的抽取是由动态的提取、转换（清洗）及加载（刷新）等三部分组成，因此一般也称为 ETL（Extraction Transformation Loading）。

图 22-9   ETL 的数据流程

（3）数据仓库管理层

数据仓库管理层一般由如下几部分组成。

1）数据仓库管理系统。数据仓库管理系统管理分析型数据，其管理方法与传统关系数据库管理系统类似，因此，一般用传统数据库管理系统做适当改变后用作数据仓库管理，如可用 Oracle、DB2、SQL Server 等做适当改进即作为数据仓库管理系统，有时也可用专用的系统管理。

2）数据仓库建模。这里的建模是指建立数据仓库的模式，其结构在形式上与关系模式一样，但其构作方式则有别于关系模式，因此需要有独立的数据仓库建模作为数据仓库管理的一部分。

（4）数据集市层

数据仓库是一种反映主题的全局性数据组织，但是全局性数据组织往往太大，在实际应用中需要按部门或按局部建立反映子主题的局部性数据组织，它们即数据集市（data mart）。数据集市层构成了数据仓库管理中的第四层，这一层通常是直接面向应用的。

接下来我们就介绍建立在数据仓库上的两个分析应用，即 OLAP 与数据挖掘。

22.4.3　联机分析处理

典型的联机分析处理即是数据分析（Data Analysis，DA），它有时也可称 OLAP。OLAP 可对高层管理人员的决策提供支持，它根据分析人员要求，快速、灵活地进行大数据量的复杂查询处理，并且以一种直观、易懂的形式将分析结果提供给决策分析人员。

1. OLAP 的基本概念

（1）对象（object）

在分析型处理中所关注与聚焦的分析客体称为对象。一般在一个应用中有一个或若干个对象，它们构成了分析应用中的聚焦点。如在一个连锁商店的分析型应用中（在本节中将以此例贯穿始终），其中一个对象为商品销售金额，它是本应用中分析的聚焦点。

（2）维（dimension）

在分析型应用中对象可以从不同角度分析与观察，并可得到不同结果。因此"维"反映了对象的观察角度，如在连锁商店案例中对商品销售金额可以有以下三个维。

- 时间维：可按时间角度分析销售金额。
- 商品维：可按不同商品分类角度分析商品销售金额。
- 地域维：可按连锁点不同地域角度分析商品销售金额。

（3）层（layer）

"层"反映了对对象观察的深度，它是与维相关联的。一个维可有若干层，如连锁商店例中：

- 时间维可以有日、旬、月、季、年等层。
- 商品维可以有商品类（如家电类）、商品大类（如电气产品类）等层。
- 地域维可以有市、省、国、洲等层。

在分析型应用中有若干个对象（设为 r 个），以它们为聚焦点做不同角度（设为 m 个）与深度（设为 n 个）的分析可以得到多种不同分析结果（共有 $r \times m \times n$ 个）。这些结果需要长期保留。为解决此问题，首先需建立一种适用此类分析的数据模式，其次是建立一种适应此类模式的实现方法，最后是建立一种合理的表示方法。下面我们即开始讨论。

2. OLAP 的基本数据模式——星形模式与雪花模式

OLAP 中的数据是为分析而用的，它们的模式结构应以便于分析为宜。在传统的数据库中，数据模式以二维表为主，而在 OLAP 中则以多维表为主。这种多维表有两种结构方式：星形模式（star schema）与雪花模式（snowflake schema），它们构成了 OLAP 的概念模式。

（1）星形模式

星形模式是一种多维表结构，它一般由两种不同性质的二维表组成：一种称为事实表（fact table），它存放多维表中的主要事实，称为量（measure）；另一种称为维表（dimension table）用以建立多维表中的维值。一个 n 维的多维表往往有一个事实表和 n 个维表，它们构成了一个星形形式，称为星形模式。在此模式中主体是事实表，而有关维的细节则构作于维表内以达到简化事实表的目的。事实表与维表间由公共属性相连而使它们构成一个整体。在星形模式中，维表给出了取值条件，而从事实表中则获得值的结果，这种结构非常适合于数据分析。如图 22-10a 的星形结构给出了一个三维结构模式，该模式主要为获取连锁店的商品销售状况以及确定其经营策略。分析所需的数据是不同商品在不同时期、不同商店的销售量，因此可以构成一个时间、地域及产品的三维表。其中时间维、地域维及产品维构成三个维表，而事实表则是以商品销售金额（及单价）为量的表，它有三个标识符关联三个维表。

（2）雪花模式

在星形模式中"维"呈单点状，但在很多情况中，"维"呈层次状，它表示了对象的深度，如地域维中的层次结构为商店 – 市 – 省 – 国 – 洲，时间维中的层次结构为日 – 月 – 季 – 年，产品维中的层次结构为产品 – 类 – 大类等。这种在维中有纵向层次所构成的星形模式的扩充称雪花模式。雪花模式比星形模式更为复杂，但也更有利于数据分析。图 22-10b 所示的模式即为三维雪花模式的例子，它是连锁商店销售星形模式的扩充。

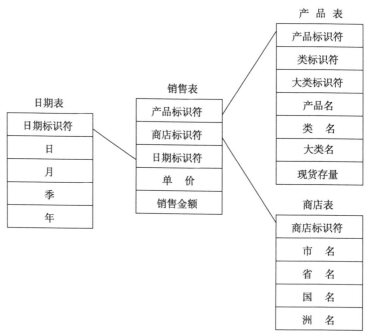

a）星型模式实例

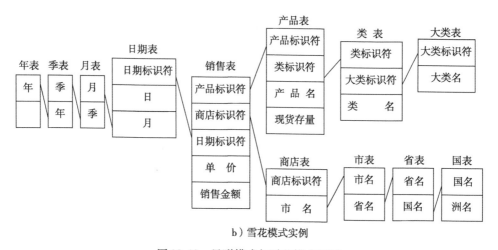

b）雪花模式实例

图 22-10　星形模式与雪花模式实例

3. OLAP 的多维数据结构——数据立方体及超立方体

在上节的星形模式与雪花模式基础上可以构作 OLAP 逻辑模型——多维数据模型。多维数据模型由多维数据结构与多维数据操作两部分组成，我们下面逐一介绍。

（1）OLAP 多维数据结构

关系数据结构是一种二维（表）结构，但是在 OLAP 中由于多种观察角度而形成多维（表）结构，这种在多维空间上的表结构称为多维表或多维结构。当多维结构中的维数为 3 时则称为三维结构，也可称为立方体结构或简称数据立方体（data cube）。基于立方体概念，当多维结构中维数大于 3 时称为超立方体（supper cube）。

多维立方体由多个维组成，它反映了人们的观察角度，维中可以有多个层，称为维层次，如在时间维中可以分日期、月份及年度等不同层次，层次也反映了维的粒度。维中维层次的一个取值称为维成员（dimensional member）。如时间维具有日期、月份、年度三个层次，此时一个取值 2016 年 10 月 23 日即是一个维成员，同时 2016 年 10 月及 2016 年也是维成员。

多维结构由多个维组成，当每个维确定一个取值（即确定维成员）时即可获得多维结构中的一个确定（数据）量——称为变量（variable），而这个数据的值称为数据单元或简称单元（cell）。多维结构的这种组成方式可用（维1，维2，…，维n，变量）表示，称多维数组（multidimensional array）。在这个多维数组中，对每个维确定一个维成员后即可唯一确定变量值（即是单元），它可表示为（维成员1，维成员2，…，维成员n，单元）。图 22-11 构成了一个连锁商店销售金额的三维数据结构，它也称数据立方体。该立方体中三个维分别为：产品，日期，商店。其多维数据组为：产品，日期，商店，销售额。它的维成员取值可以是：产品维成员——iPad；日期维成员——三季度；商店维成员——NO.1。

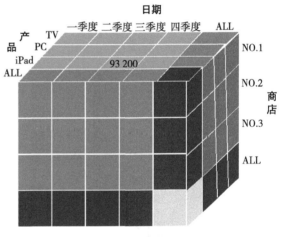

图 22-11 数据立方体

由这三个取值可以在多维结构中获得单元值 93 200，即（iPad，三季度，NO.1，93 200），它反映了商店 NO.1 在三季度中销售 iPad 的金额为 93 200 元。

（2）OLAP 多维结构的操作

在 OLAP 多维结构上可以做多种操作，它们共有五种：切片、切块、旋转、下钻及上探。各种操作以剖析数据为目标，使分析员能从多个角度、多层面地观察多维结构中的数据，深入地了解在数据中的规则性信息。在 OLAP 操作后还需展示操作结果，可采用图形、报表等形式。

● 切片（slice）

定义 22.1 在多维数组的某一维上选定一维成员的动作称为切片，即在多维数组（维1，维2，…，维n，变量）中选一维，如 i，并取其一维成员（设为维成员 v_i），所得的多维数组的子集（维1，维2，…，v_i，…，维n，变量）称为在维 i 上的一个切片。

图 22-11 所示多维数组可表示为（产品，日期，商店，销售额）。如果在商店维上选定一个

维成员(设为"NO.1"),就得到了在商店维上的一个切片;在产品维上选定一个维成员(设为"TV"),就得到了在产品维上的一个切片;在日期维上选定一个维成员(设为"二季度"),就得到了在日期维上的一个切片。显然,切片的数目取决于每个维上维成员的个数。图 22-12a、b、c 分别给出了这三个切片。

- 切块(dice)

定义 22.2 在多维数组的某一维上选定某一区间的维成员的动作称为切块,即限制多维数组的某一维的取值区间。显然,当这一区间只取一个维成员时,即得到一个切片。

图 22-11 所示的三维数组中如在日期维中选定维成员为二季度~三季度,就得到在日期维上的一个切块,如图 22-12d 所示。

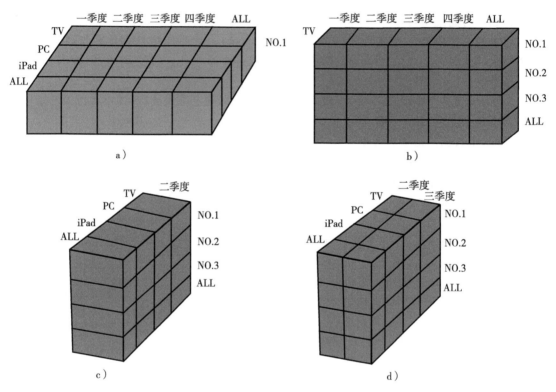

图 22-12 切片和切块示例

- 旋转(rotate)

旋转可改变多维数组中维的排列次序。设有多维数组(维 1,维 2,…,维 n,变量),它经旋转后可变成(维 n,维 1,维 2,…,维 $n-1$,变量)。如二维数组(维 1,维 2,变量)旋转操作后可变成(维 2,维 1,变量)。如图 22-13a 所示,二维数组(产品维,日期维,变量)经旋转后可变为(日期维,产品维,变量)。又如图 22-13b 中,三维数组(产品维,日期维,商店维,变量)旋转后可变为(商店维,产品维,时间维,变量)。

- 钻探

钻探操作是用户对数据深度的操作。在多层数据中能通过钻探操作使用户自由往返于不同深度数据层次中。钻探一般是指向下钻探,称为下钻,有时也能向上钻探,称为上探。例如,2016 年某种产品在各地区的销售收入如表 22-2 所示。

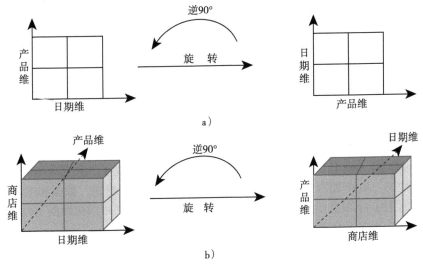

图 22-13 旋转

表 22-2 2016 年某产品的销售的数据

地区	销售额(万元)
上海	900
长沙	650
广州	800

在时间维上做下钻操作可获得其下层各季度的销售数据，如表 22-3 所示。

表 22-3 2016 年各季度某产品销售数据

地区	2016 年(万元)			
	一季度	二季度	三季度	四季度
上海	200	200	350	150
长沙	250	100	150	150
广州	200	150	180	270

- 上探(rollup)

除了下钻，分析人员还可以做上探分析。总之，利用上述各种操作与多维结构这种数据环境，通过不断的人机交互，最终获得分析结果。

4. OLAP 多维结构的物理存储

OLAP 多维结构有两种物理存储形式，一种是传统 RDBMS 存储形式，称为关系 OLAP 或简称 ROLAP(Relational OLAP)，另一种是多维数据库存储形式，称为多维 OLAP 或简称 MOLAP(Multi-dimensional OLAP)。

(1) ROLAP

在 ROLAP 中，多维数据可转换成平面型关系表。如对星形模式，事实表存储在一个单独的关系表中，而维表存储在另一些关系表中，事实表与维表间用主键关联，它们构成了 RO-LAP 的基础，用它可以计算不同粒度的数据。

计算的结果存放在多张综合汇总表中，这些综合汇总表分别有不同的粒度。它们每个都需要主键来标识，并且通过索引来获得高效的访问。表 22-4 就是一张综合汇总表。

表 22-4   销售金额表

编号	日期	商店	产品	销售金额

这是一张关系表，它能表示某种粒度的多维结构，而多张表示不同粒度的关系表的某种连接，即能表示整体的 OLAP 多维结构。

（2）MOLAP

MOLAP 是基于多维数据库的 OLAP 技术。目前在数据库结构方式中，有一种多维数据库 MDDB（Multi-Dimensional DataBase），它采用数组结构形式，其代表产品是 Essebase。在多维数据存储的方式中，OLAP 的服务器包含 OLAP 服务软件和多维数据库，数据在逻辑上按数组存储。由于多维结构在形式上也是数组形式，因此用 MDDB 存储多维结构数据是较为合理的。在 MOLAP 中由于采用 MDDB 因此查询效率较高。

最后，不管是 ROLAP 还是 MOLAP，它们都可用数据仓库作为其基础的数据支撑。

5. OLAP 的分析操作

OLAP 是一种验证型的分析方法，它的操作特点是以人机交互为主，其操作步骤如下：

1）OLAP 操作在开始前用户必有主题，用户可以将主题设计为 OLAP 的概念模式，如星形模式、雪花模式等。

2）用户利用所提供的 OLAP 工具建成 OLAP 多维数据模型。

3）多维数据模型所提供的操作如切片、切块、旋转、上探和下钻可得到展示结果。

4）用户可以反复使用这五种操作，探究模式中事实表中量与维度、深度间的关系，发现其内在规律。

5）最终用户可以得到一些与量、维度、深度有关的规则。

22.4.4   数据挖掘

在数据库及数据仓库中存储有大量的数据，它们具有规范的结构形式与可靠的来源，且数量大、保存期间长，是一种极为宝贵的数据资源，充分开发、利用这些资源是目前计算机界的一项重要工作。一般而言，数据资源的利用以数据的归纳为主。

归纳是由已知的数据资源出发去获取新的规律，这种归纳过程称为数据挖掘。在本节中主要介绍数据挖掘的基本原理。

数据挖掘的最著名的例子是关于啤酒与尿布的例子。美国加州某超市从记录顾客购买商品的数据库中发现多数男性顾客在购买婴儿尿布时也往往同时购买啤酒，这是一种规律性的发现，此后，该超市立即调整商品布局，将啤酒与尿布柜台放在相邻区域，这使超市销售量大增。这个例子告诉人们：

- 数据挖掘是以大量数据资源为基础的。
- 数据挖掘所获取的是一种规律性的规则。
- 这种规律的获得是需要有一定方法的。这种方法称为归纳算法。
- 通过数据挖掘所取得的规则可以在更大程度上具有广泛的指导性。

目前数据挖掘方法很多，常用的有关联分析法、分类分析法以及聚类分析法等。下面分别简单介绍。

1. 关联分析（association）

世界上各事物之间存在着必然的内在关联，通过大量观察，寻找它们之间的这种关系是一种较为普遍的归纳方法。在数据挖掘中则是利用数据库中的大量数据，通过关联算法寻找属性间的相关性。对相关性可以设置可信度。可信度以百分数表示，表示相关性的概率，如前面的尿布与啤酒例子即是一个关联分析的例子，它表示顾客购买商品的某种规律，即属性尿布与啤酒间存在着购买上的关联性。

2. 分类分析(classifier)

对一组数据以及一组标记可以做分类，分类的办法是对每个数据打印一个标记，然后按标记对数据分类，并指出其特征。如信用卡公司对持卡人的信誉度标记按优、良、一般、差四档分类，这样，持卡人就分成为四种类型。而分类分析则是对每类数据找出固有的特征与规律，如可以对信誉度为优的持卡人寻出其固有规律如下：

信誉度为优的持卡人一般为年收入在20万元以上，年龄在45~55岁之间并居住在莲花小区或翠微山庄的人。

分类分析法是一种特征归纳的方法，它将数据所共有的特性抽取出来以获得规律性的规则，目前有很多分析类型，它们大都基于线性回归分析、人工神经网络、决策树等。

3. 聚类分析(clustering)

聚类分析方法与分类分析方法正好相反，它是将一组未打印标记的数据，按一定规则合理划分成几类，并以明确的形式表示出来，如可以将某学校学生按学生成绩、学生表现以及文体活动情况分成为优等生、中等生及差等生三类。聚类分析可依规则不同的数据分类划分。

上述三种方法在具体使用时往往可以反复交叉联合使用，这样可以取得良好的效果。

接着，我们介绍数据挖掘的步骤。它一般有下面五个步骤：

1)数据集成。数据挖掘的基础是数据，因此在挖掘前必须进行数据集成。首先从各类数据系统中提取挖掘所需的统一数据模型，建立一致的数据视图；其次是做数据加载，从而形成挖掘的数据基础。目前，一般都用数据仓库来实现数据集成。

2)数据归约。在数据集成后对数据做进一步加工，这包括淘汰一些噪音与脏数据，对有效数据做适当调整，以保证基础数据的可靠与一致。这两个步骤是数据挖掘的数据准备，它保证了数据挖掘的有效性。

3)挖掘。在数据准备工作完成后即进入挖掘阶段，在此阶段可以根据挖掘要求选择相应的算法与挖掘参数，如可信度参数等，在挖掘结束后即可得到相应的规则。

4)评价。经过挖掘后所得的结果可有多种，此时可以对挖掘的结果按一定标准做出评价，并选取评价较高者作为结果。

5)表示。数据挖掘结果的规则可在计算机中用一定形式表示出来，它可以包括文字、图形、表格、图表等可视化形式，也可同时用内部结构形式存储于知识库中供日后进一步分析之用。

22.4.5 数据分析在 SQL Server 2008 中的实现

在目前的数据库管理系统中一般不仅有数据库及事务型处理功能，还有数据仓库、OLAP及数据挖掘等功能，从而也有了数据分析处理功能，这就是现代数据库管理系统。目前所有大中型数据库管理系统产品如 Oracle、DB2 及 SQL Server 等中都有这些功能。

由于数据仓库、OLAP 及数据挖掘等至今都没有出现在 SQL 标准中，因此，它们均以数据服务的形式出现。

在 SQL Server 系列数据库管理系统中，自 SQL Server 2008 以后即有完整的数据分析应用功能，其具体的工具为 SSAS(SQL Server Analysis Services，SQL Server 数据分析服务工具)以及工具包 BIDS(Business Intelligence Development Studio，业务智能开发平台）。在这些工具(或工具包)中包含有数据仓库、OLAP 及数据挖掘的功能，因此具有数据分析应用能力。我们可以用它们开发数据分析应用。

22.5 联机分析处理新发展——大数据分析处理应用

自 2012 年以来大数据技术在全球迅猛发展，整个世界掀起了大数据的高潮。大数据技术是联机分析处理的新发展，它与数据库关系紧密。在本节中主要介绍大数据技术的基本概念、大数据分析处理的结构、大数据中的数据库技术以及大数据分析等内容。

22.5.1 大数据技术的基本概念

1. 大数据的概念

大数据实际上是一种"巨量数据"。那么，这种"巨量"量值的具体概念是什么呢？一般认为可以从这几年数据量的增长看出。如近年百度总数据量已超过 1000PB，中国移动一个省的通话记录数每月可达 1PB。而全球网络上数据已由 2009 年的 0.8ZB 增长到 2015 的 12ZB。预计今后将以 45% 的速度增长。由此可见，从量的角度看，大数据一般是 PB 级到 ZB 级的数据量（1PB = 1000TB，1ZB = 1000PB，1EB = 1000ZB）。

但是，大数据的真正含义不仅是量值的概念，它包含着由量到质的多种变化的不同丰富内含。一般来讲有五种，称 5V：

- Volume(大体量)：PB 级到 ZB 级的巨量数据。
- Variety(多样性)：包含多种结构化数据、半结构化数据及无结构化数据等形式。
- Velocity(时效性)：需要在限定时间内及时处理。
- Veracity(准确性)：处理结果保证有一定的正确性。
- Value(大价值)：大数据包含有深度的价值。

2. 大数据分析

大数据中蕴藏着财富，即可通过它挖掘出多种规则与新的知识，这是一种信息财富。当今社会中的财富即由物质财富与信息财富组成。如 2013 年 Google 通过它的大数据发现了全球的流行病及其流行区域，而世卫组织在接到通报的 5 天后，通过人员调查才获得此消息。这种通过大数据挖掘出规则与知识的过程称大数据分析。

大数据分析是大数据技术的研究目的，它通过大数据处理实现，主要内容有以下几方面。

（1）大数据处理

大数据处理有如下特点：

1）分布式数据：大数据来源于互联网数据节点，呈现出多节点、分布式存储的特色。

2）并行计算：大数据量值的巨量性使得任何串行计算已不可能。因此，大数据处理中必须使用并行计算。并行计算包括数据处理的并行性、程序计算并行性以及大数据分析并行性。

3）多样性数据处理：大数据中包含有结构化数据、半结构化数据及无结构化数据，数据呈多样性，为此必须有多种处理这些数据的能力。

（2）大数据处理模式

为处理具有上述三个特色的大数据，必须有一个抽象框架，称计算模式。典型的计算模式是目前最为流行的 MapReduce。

（3）大数据处理工具

为处理大数据，必须有一套完整的工具。目前最为流行的工具是基于计算模式 MapReduce 的工具集，称 Hadoop MapReduce。

（4）大数据处理结构层次

大数据处理分四个层次，它们是：

1）大数据基础平台层：这是一种网络平台，主要提供分布式存储和并行计算的硬件设施及结构。其中硬件设施主要是网络中的普通商用服务器集群。

2）大数据系统软件层：

①大数据管理：必须对网络平台上的数据进行管理，这种管理有别于数据库管理，称大数据管理，目前常用的是 NoSQL、NewSQL 等。

②大数据编程工具：具有并行编程能力的工具。

3）大数据分析与查询层：大数据处理分为分析与查询两种，目前以分析处理为主。在此层中主要提供并行分析算法，包括并行大数据挖掘算法、机器学习算法等。

4）大数据应用层：它给出了大数据在各领域中的应用。

图 22-14 给出了大数据分析处理的层次示意图。

下面的三节分别介绍大数据分析处理中的三个主要具体内容——大数据典型计算模式 MapReduce、大数据管理以及大数据分析。

图 22-14　大数据分析处理的四个层次

22.5.2　大数据典型计算模式 MapReduce

大数据处理计算模式的典型是 Google 公司 2003 年所提出的 MapReduce。它最初用于大规模数据处理的并行计算模型与方法，具体应用于搜索引擎中 Web 文档处理。此后发现，这种模式可以作为大数据处理的并行计算模型，并为多个大数据工具系统所采用（如 Hadoop），目前它已成为大数据处理中的基本计算模型。

MapReduce 的设计思想

（1）大数据的并行处理思想

可以将大数据分解成具有同样计算过程的数据块。每个数据块间是没有语义关联的，然后将这些数据块分片交给不同节点处理，最后将其汇总处理。这为并行计算提供了实现方案。

（2）大数据的并行处理方法

在处理方法上，MapReduce 采用如下的手段：

1）借鉴 LISP 的设计思想：LISP 是一种人工智能语言，它是函数式语言，即采用函数方式组织程序，同时 LISP 是一种列表式语言，采用列表作为其基本数据结构。因此在 MapReduce 中使用函数与列表作为其组织程序的特色。

2）MapReduce 中的两个函数 Map 与 Reduce 分别执行以下功能：

- Map 的功能是对网络数据节点中的顺序列表数据做处理，处理的主要工作是数据抽取与分类。抽取是选择分析所需的数据，而分类则是按类分成若干个数据块。数据块间无语义关联。经过 Map 处理后的数据，完成了大数据分析与并行的基本需求。在处理中每个数据节点都同时有一个 Map 做函数操作，因此 Map 的函数操作是并行的。

- 在完成 Map 函数操作后，即可做 Reduce 函数操作。Reduce 的功能是对网络数据节点中经 Map 处理的数据做进一步整理、排序与归类，最终组成统一的以数据块为单位的数据集合，为后续的并行分析算法的实现提供数据支持。Reduce 操作是在若干个新的数据节点中同时完成的，因此 Reduce 的函数操作是并行的。在完成 Reduce 后，每个新数据节点中都有一个独立的数据块，这些新数据节点集群为大数据分析处理提供了基础平台。

3）MapReduce 是 Google 的一个软件工具，但它的处理方式与思想已成为大数据处理的有效模型，因此在这里仅采用其内在的思想作为计算模型，它的示意图可见图 22-15。

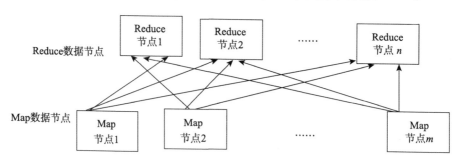

图 22-15　MapReduce 原理示意图

22.5.3　大数据管理系统 NoSQL

大数据是需要管理的，其管理特色是巨量数据、多种数据结构。在大数据管理中，关系数据库中的严格单一结构的管理方式显然是不适应了，因此出现了非 SQL 或扩充 SQL 等的大数据管理系统 NoSQL 及 NewSQL。在这里我们主要介绍目前最为常用的 NoSQL。

NoSQL 是一种非关系式的、分布式结构的、有并行功能的大数据管理系统。NoSQL 的特点是：
- 支持四种非关系结构的数据形式。
- 具有简单的数据操纵能力。
- 有一定的数据控制能力。

1. 支持四种非关系结构的数据形式

1）键值结构：这是一种很简单的数据结构，它由两个数据项组成，其中一个项是键，而另一个则是值，当给出键后即能取得唯一的值。而值是非结构型的，具有高度的随意性。

2）大表格结构：它又称为面向列的结构。大表格结构是一种结构化数据，每个数据中各数据项都按列存储，组成列簇，而其中每个列中都包含时间戳属性，从而可以组成版本。

3）文档结构：它可以支持复杂结构定义并可转换成统一的 JSON 结构化文档。对它还可按字段建立索引。

4）图结构：这种结构中的"图"指的是数学图论中的图。图结构可用 $G(V, E)$ 表示。其中 V 表示节点集，而 E 则表示边集。节点与边都可有若干属性。它们组成了一个抽象的图 G。这种结构适合以图作为基本模型的算法。

2. 具有简单的数据操纵能力

在 NoSQL 中，数据操纵能力简单，这是数据分析的特有要求。数据分析一般不需要更改原始数据，而仅需做简单查询。因此在 NoSQL 中数据操纵仅为查询操作。

3. 有一定的数据控制能力

在大数据管理系统 NoSQL 中的数据控制能力可表现为：

1）事务与并发控制：由于 NoSQL 的并行性，事务不满足 ACID 且并发能力不强。

2）故障恢复能力：NoSQL 故障恢复能力强。

3）安全性与完整性控制：NoSQL 具有一定的安全性与完整性控制能力。

除了 NoSQL 外，常见的还有 NewSQL、Sqoop、Hbase 等。其中，NewSQL 是 NoSQL 与 SQL 的混合结构，Sqoop 是 SQL 到 Hadoop 的工具，Hbase 则是一种明显具有分布式功能的大数据管理系统。

22.5.4 大数据分析功能

分析功能是大数据技术的主要目标，而传统的数据挖掘及机器学习算法都无法适应这项工作，取代它们的将是各种高效的并行算法。因此大数据分析并行算法是目前重要的研究方向。

当然传统算法的思想与方法仍然是有效的，如数据挖掘中的关联分析、分类分析及聚类分析等方法在大数据技术中仍将保留，而其算法则需做分布式与并行化的改造。

大数据分析的具体构筑由网络上的多个节点组成。其中每个节点有数据与程序两部分。数据是并行数据中的数据块，每个节点一块，而程序则是大数据分析并行算法程序。在运行时每个节点同时执行相同的并行算法程序，分别对不同数据块做处理，并协同其他节点，最终完成分析处理。

 本章小结

本章介绍数据库应用系统的应用，重点介绍事务处理应用（包括传统的与现代的）、分析处理应用（包括传统的与现代的）等四类应用，基本上涵盖了数据库应用系统的主要应用。

1. 传统事务处理领域应用的特性
   - 数据处理。
   - 简单的数据结构。
   - 数据操作类型少。
   - 短事务性。

2. 现代事务处理领域应用——互联网+的特性
   - 建立在互联网上。
   - 多个数据库应用系统的组合。
   - 具有行业特性与整体流程性。

3. 联机分析领域应用
   （1）数据分析的两个层次
   - 基础层——数据仓库。
   - 分析层——OLAP、数据挖掘。

   （2）数据仓库
   - 数据仓库四大特点——面向主题、数据集成、数据不可更新、数据随时间不断变化。
   - 数据仓库结构的四个层次——数据源层、数据抽取层、数据仓库管理层及数据集市层。

   （3）分析层
   ① OLAP
   - 概念模式：基本模式——星形模式与雪花模式。
   - 逻辑模式：多维数据结构——数据立方体与超立方体。
   - 物理模式：数据存储结构——ROLAP 与 MOLAP。

   ② 数据挖掘
   - 数据挖掘基本概念。
   - 数据挖掘的三个方法——关联分析法、分类分析法以及聚类分析法。

- 数据挖掘开发的五个步骤。

4. 大数据分析处理应用
- 大数据分析中的一些基本概念。
- 大数据典型计算模式 MapReduce 。
- 大数据管理系统 NoSQL。
- 大数据分析功能。

5. 数据库应用的四大领域

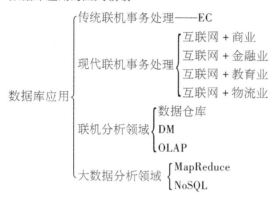

7. 本章重点内容
- 互联网+。
- 联机分析领域应用——数据仓库与 OLAP。

 习 题 22

问答题

22.1 数据库系统应用主要有哪些领域？试说明之。

22.2 什么叫传统事务处理？请说明之。

22.3 数据库传统事务处理领域包括哪些应用？请举例说明之。

22.4 试述电子商务的特点及其构成。

22.5 什么叫现代事务处理？请说明之。

22.6 试说明互联网+的特性，

22.7 什么叫互联网＋金融业？请说明之。

22.8 什么叫互联网＋物流业？请说明之。

22.9 什么叫互联网＋教育业？请说明之。

22.10   什么叫互联网＋商业？请说明之。

22.11   什么叫分析处理应用？试说明之。

22.12   试述数据仓库的四个特点。

22.13   试述数据仓库与 OLAP 的异同。

22.14   试介绍星形模式及雪花模式，并各举一例。

22.15   什么叫数据立方体？试述它的构建方式。

22.16   试述数据挖掘的基本原理与方法。

22.17   试比较数据库与数据仓库的异同。

22.18   试给出数据分析系统的整体结构。

22.19   什么叫大数据？试说明之。

22.20   什么叫大数据分析？试说明之。

22.21   请给出大数据处理特点。

22.22 请给出目前常用的大数据处理工具。

22.23 请给出大数据处理结构层次。

22.24 请介绍典型的大数据处理计算模式 MapReduce。

22.25 请介绍大数据管理系统 NoSQL。

22.26 请给出大数据分析功能。

思考题

22.27 数据库应用系统的发展前途如何？请回答。

22.28 计算机网络上的应用属数据库应用系统的应用吗？请回答。

附录 实验指导

实验计划与要求

1. 实验目的

本附录是本书的配套实验材料，其目的是：

（1）加深对数据库课程的理解。

（2）通过实验掌握数据库管理系统 SQL Server 2008 的主要功能的使用方法。

（3）培养学生基本技能，包括实际操作能力与动手能力，并提高分析问题与解决问题的能力。

2. 实验要求

本课程主要培养学生对数据库的基本操作技能，其具体要求是：

（1）掌握数据库应用环境的建立方法。

（2）数据模式定义、数据操纵（包括数据查询及增、删、改操作）以及数据控制的基本操作。

（3）数据库设计的基本流程。

（4）简单的数据库编程能力。

3. 实验方法

数据库实验是数据库课程的内容之一，在课程学时范围内进行。实验教学建议如下：

（1）整个课程安排 8 次实验，每个实验 2 学时，共计 16 学时。

（2）在所有实验结束后学生应提交实验总结报告。

（3）所有实验在计算机房进行。

（4）所有实验应在教师指导下进行。

（5）所有实验应由学生个人独立完成（不推荐学生以组为单位完成实验）。

实验 1　实验准备

1. 实验目的与要求

（1）了解与掌握数据库开发平台。

（2）学会安装数据库管理系统 SQL Server 2008，熟悉其基本工具。

2. 实验内容

（1）数据库开发平台的选择与设置。

（2）数据库产品的安装。

3. 实验方法

（1）数据库开发平台

1）硬件平台：

- 计算机——常用为 PC 服务器。

- 网络——常用为局域网或接入互联网。

2)结构：可采用 C/S、B/S 结构方式。

3)操作系统：采用 Windows 系列操作系统的服务器版本。

(2)安装数据库管理系统 SQL Server 2008(企业版)的安装：

1)按照产品说明书要求安装。

2)学生在教师指导下独立安装。

3)学生在教师指导下熟悉 SQL Server 2008 的数据服务。

(3)安装数据库开发工具 VC++6.0 中文版

1)按照产品说明书要求作安装。

2)学生在教师指导下熟悉 VC++6.0 中文版的界面，能够利用其通过数据库接口连接到数据库服务器上。

该步骤主要是为实验7作准备。

(4)ASP 环境的配置、网页制作工具的安装

1)学生在教师指导下为 Windows 添加 IIS 服务。

2)按照产品说明书要求安装网页制作工具，熟悉网页制作工具的使用方法，并能与数据库服务器连接。

该步骤主要是为实验8作准备。

4. 说明

在进行此实验时需用大量实验室资源，条件不成熟的实验室可取消此实验，改由教师演示学生观摩方式完成。

实验2 数据库生成

1. 实验目的与要求

(1)了解数据库生成的内容。

(2)掌握数据库生成的基本操作。

(3)学会 SQL 语句的使用及相关服务的使用。

(4)熟悉 SQL Server 2008 的人机交互界面工具。

2. 实验环境

C/S 环境。

3. 实验内容

(1)C/S 环境服务器配置

(2)定义学生数据库，建立学生数据库 STUDENT 及索引连接服务器。

(3)定义 STUDENT 下的三个基表：S、C 及 SC(见附表1、2、3)。

(4)在表 S 中增添新的列：sd CHAR(2)。

(5)在表 S、C 及 SC 中的 sno、cno 及(sno,cno)上分别定义主键。

附表1 表 S 的列描述

列名	数据类型	长度	是否允许空值	说明
sno	CHAR	9	不允许空值	主键
sn	CHAR	20	允许空值	
sa	SMALLINT		允许空值	
sd	CHAR	2	允许空值	

附表2 基表 C 的列描述

列名	数据类型	长度	是否允许空值	说明
cno	CHAR	4	不允许空值	主键
cn	CHAR	30	允许空值	
pcno	CHAR	4	允许空值	

附表3 基表 SC 的列描述

列名	数据类型	长度	是否允许空值	说明
sno	CHAR	8	不允许空值	主键
cno	CHAR	4	不允许空值	主键
g	SMALLINT		允许空值	

（6）添加约束。

1）在表 S 上建立 check 约束：使 sa 满足 $12 \leqslant sa$，$sa \leqslant 50$。

2）在表 SC 上建立 check 约束：g 取值只能是 $0 \leqslant g \leqslant 100$。

3）在表 SC 上建立外键约束：sno、cno 为外键。

（7）建立三个用户角色：

1）DBA——能做所有操作。

2）Leader——能查看所有表。

3）Operater：能对所有表作查询及增、删、改操作。

（8）加载数据。

根据附表4、5及6加载数据。

4. 实验准备

（1）首先应保证创建模式、表的用户必须具备相应的权限。

（2）其次，根据相关产品说明书了解创建数据库、表、索引、添加列、添加约束建立用户角色以及加载数据的操作方式。

（3）参阅教材中第三篇的有关内容。

5. 实验方法

（1）用创建数据库语句建立 STUDENT 用数据服务连接数据库服务器。

（2）用创建表语句建立表 S、C 及 SC。建立主键、外键及相应约束。

（3）用增加列语句向表中添加列。

（4）用创建索引语句建立表 S、C 及 SC 中的索引。

（5）用安全性语句定义用户角色。

（6）用增加语句将数据装入表中。

附表4 表 S

sno	sn	sd	sa
NJ990104	SHANWANG	CS	20
NJ990123	PINGXU	CS	21
NJ990137	RONGQIANGSHA	MA	19
NJ990912	NINGSHEN	CS	20
NJ990910	MINGWU	PH	18
NJ990911	XILINSHAN	CS	22
NJ010133	WENMINGBAI	CS	21
NJ010131	XIAOPINGMAO	MA	23
NJ010903	HUA DONG	MA	17
NJ010904	WULEE HUANG	CS	21

附表5 表C

cno	cn	pcno
C123	DATABSE	C135
C134	OS	C132
C125	JAVA	C135
C133	PASCAL	C135
C135	MATH	
C132	DATASTRACTURE	C135

附表6 表SC

sno	cno	g		sno	cno	g	
NJ990104	C135	6	4	NJ990911	C123	8	3
NJ990104	C132	8	5	NJ990911	C134	9	3
NJ990104	C123	7	4	NJ990911	C125	7	4
NJ990104	C125	6	4	NJ990911	C133	9	3
NJ990123	C135	4	5	NJ990911	C135	8	4
NJ990123	C132	9	4	NJ990911	C132	6	5
NJ990123	C123	7	3	NJ010133	C135	6	5
NJ990137	C135	8	3	NJ010133	C123	5	4
NJ990137	C133	9	4	NJ010131	C135	4	4
NJ990912	C135	2	2	NJ010903	C135	9	4
NJ990912	C132	1	3	NJ010903	C132	9	4
NJ990912	C133	7	3	NJ010903	C133	8	4
NJ990912	C134	8	5	NJ010904	C135	7	3
NJ990912	C123	6	4	NJ010904	C133	8	4
NJ990910	C135	5	3	NJ010904	C134	6	5
NJ990910	C132	7	5	NJ010904	C125	6	4

实验3 数据查询

1. 实验目的与要求

（1）了解数据查询的内容与方法。

（2）掌握数据查询的基本操作。

（3）学会使用SQL中的SELECT语句。

2. 实验环境

C/S环境。

3. 实验内容

用SSMS作SQL查询并得到查询结果，同时用T-SQL作用样的查询。

（1）查询S的所有情况。

（2）查询全体学生姓名和学号。

（3）查询学号为"NJ990137"的学生情况。

（4）查询所有年龄大于20岁的学生姓名与学号。

（5）查询年龄在18到21岁的学生姓名与年龄。

（6）查询计算机系年龄小于20岁的学生姓名。

（7）查询非计算机系年龄不为18岁的学生姓名。

（8）查询其他系中比计算机系某一学生年龄小的学生的姓名和年龄。

（9）查询修读课程名为"MATH"的所有学生姓名。

（10）查询有学生成绩大于课程号为"C123"中所有学生成绩的学生学号。

（11）查询没有修读课程"C125"的所有学生姓名。

（12）查询每个学生的平均成绩及每个学生修读课程的门数。

（13）查询所有修读人数超过 5 个的课程的学生数。

（14）查询学生成绩超过其选修课程平均成绩的课程号。

4. 实验准备

（1）本实验是在实验 2 的基础上进行的。

（2）实验前必须熟悉 SQL 查询语句的使用方法。

5. 实验方法

本实验所使用的 SQL 查询语句包括下面一些形式：

（1）基本形式
- SELECT
- FROM
- WHERE

（2）谓词
- 比较谓词
- BETWEEN
- IN
- θALL
- EXIST

（3）分类
- GROUPBY
- HAVING

（4）统计
- COUNT
- AVG

实验 4　数据更新及视图

1. 实验目的与要求

（1）了解数据增、删、改操作及视图的基本内容。

（2）掌握数据增、删、改操作及视图的基本操作。

（3）学会使用 SQL 中的增、删、改操作及视图的语句。

2. 实验环境

C/S 环境。

3. 实验内容

用 SQL 两种方法（即 SSMS 及 T-SQL）完成下列数据更新操作：

（1）删除学生 SHAN WANG 的记录。

（2）删除计算机系全体学生选课的记录。

（3）插入一个选课记录：（NJ010903，C134，64）。

(4)将数学系(MA)学生的年龄均加1岁。

(5)将数学系学生的年龄全置20。

用两种方法定义SQL视图并进行视图操作,将结果显示、打印出来。

(6)定义一个计算机系学生姓名、修读课程名及其成绩的视图S_SC_C。

(7)在视图S_SC_C上查询:

- 修读课程名为"DATABSE"的学生姓名及其成绩。
- 学生"MINGWU"所修读的课程名及其成绩。

(8)定义一个年龄大于18岁的学生学号、姓名、系别及年龄的视图SV。

4. 实验准备

(1)本实验是在实验2的基础上进行的。

(2)本实验可参考本书第三篇中有关内容。

(3)实验前必熟悉SQL增、删、改及有关视图的使用方法。

5. 实验方法

(1)用SQL删除语句作删除。

(2)用SQL删除语句作删除。

(3)用SQL插入语句作插入。

(4)用SQL修改语句作修改。

(5)用SQL修改语句作修改。

(6)用创建视图语句定义视图。

(7)用SQL查询语句对视图进行查询。

(8)用创建视图语句定义视图。

(9)用SQL修改语句对视图进行修改。

实验5 数据库安全保护与备份、恢复

1. 实验目的与要求

(1)了解数据库安全保护及备份、恢复的基本内容。

(2)掌握数据库安全保护及备份、恢复的基本操作。

(3)学会使用SQL中的备份、恢复的基本语句。

2. 实验环境

C/S环境。

3. 实验内容

(1)将表S上的查询与修改权授予用户"PINXU"。

(2)将表C上的查询权授予用户"SHANWANG"。

(3)将表S上的用户"PINXU"的修改权收回。

(4)为STUDENT数据库设置一个备份计划,要求每月1日做一次数据备份。

(5)修改STUDENT数据库备份计划,要求每季度第一天做一次数据备份。

(6)恢复STUDENT数据库中的S、C及SC。

4. 实验准备

(1)本实验可参考本书第三篇的相关内容。

(2)实验前必须登录相关用户,同时做实验的用户必须有最高级别权限。

5. 实验方法

(1)使用 SQL 用户定义相关语句。

(2)使用 SQL 中的授权语句。

(3)使用 SQL 中的授权语句。

(4)使用 SQL 中的回收语句。

(5)利用数据服务创建数据库备份任务。

(6)利用数据服务创建数据库备份任务。

(7)利用数据服务还原数据库任务。

实验 6　数据库设计

1. 实验目的与要求

(1)了解数据库设计的基本内容。

(2)掌握数据库设计的全过程。

(3)学会书写需求分析说明书、概念设计说明书、逻辑设计说明书及物理设计说明书。

2. 实验内容

设计学生成绩管理系统数据库。

(1)问题描述

学生成绩管理系统是为学校内各院系的教学管理部门提供对学生成绩及上课教室进行管理的系统,以便对学生成绩上课教室进行信息化管理,减轻教务部门的劳动强度,并且确保数据的安全、准确,信息处理的高效。该系统应具有的管理功能包括:

- 数据处理
- 数据统计
- 系统维护
- 管理员功能

(2)用户需求

- 需要对学生的学籍信息、课程信息、教室信息学生成绩进行维护(包括增、删、改操作)。
- 需要根据用户提出的各种检索条件对学生的学籍信息、课程信息、教室信息学生成绩进行查询。
- 需要对课程成绩、学生成绩进行必要的统计分析。
- 本系统有两类用户:教务人员、一般用户。教务人员能做所有操作(包括维护、查询、统计分析及用户信息维护),一般用户只能做查询操作。

3. 实验准备

(1)本实验可参考本书第 20 章的相关内容。

(2)实验前必须熟悉数据库设计的内容。

4. 实验步骤

(1)根据上述要求写出需求分析。

(2)绘制 ER 图,注意局部 ER 图转换成全局 ER 图的方法。

(3)设计表结构。

(4)给出相应的物理设计。

实验 7　C/S 结构方式的数据库应用系统开发

1. 实验目的与要求

(1) 了解 C/S 结构方式的基本内容与所用工具。

(2) 能构作 C/S 结构方式的应用开发平台。

(3) 学会用 C/S 结构方式开发数据库应用系统。

2. 实验内容

(1) 以实验 6 中数据库设计所得的结果为基础构作 C/S 结构方式的数据库应用系统设计并作应用开发平台。

(2) 以数据库应用系统设计所得的结果为基础在服务器中生成数据库。注意：包含存储过程，存储过程中有实验 6 用户需求中的各种查询、更改等设计要求。

(3) 接着，在客户机中编制应用程序与界面。

(4) 操作所构成的应用系统并最终给出结果。

3. 实验准备

(1) 本实验以实验 6 为基础。

(2) 本实验可参考的教材内容为：第四篇的相关内容。

(3) 本实验应用及界面的开发工具可用 T-SQL、VC ++ 6. 0 及 ADO。

4. 实验方法

(1) 用 SQL 中的数据生成构作服务器上的数据库。

(2) 编制加载程序并实现数据加载。

(3) 用开发工具编制应用及界面。

实验 8　B/S 结构方式的数据库应用系统开发

1. 实验目的与要求

(1) 了解 B/S 结构方式的基本内容与所用工具。

(2) 能构作 B/S 结构方式的应用开发平台。

(3) 学会用 B/S 结构方式开发数据库应用系统。

2. 实验内容

(1) 以实验 6 中数据库设计所得的结果为基础构作 B/S 结构方式的数据库应用系统设计并作应用开发平台。

(2) 接着，在服务器中构作数据库生成(包括存储过程内容实验 7 一致)。

(3) 接着，在 Web 服务器中编制 Web 应用程序与 Web 页面。

(4) 操作所构成的应用系统并最终给出结果。

3. 实验准备

(1) 本实验以实验 6 和实验 7 为基础，建立在实验 7 所生成的数据库之上。

(2) 本实验可参考的教材内容为：第四篇的相关内容。

(3) 本实验采用 Web 方式中的 Web 数据库。

(4) 本实验应用及界面的开发工具是：ASP、VBScript 及 ADO。

4. 实验方法

(1) 用 SQL 中的数据库生成构作服务器上的数据库。

(2) 编制加载程序并实现数据加载。

（3）用开发工具编制应用及界面。

实验总结

在完成八个实验后应做一个实验总结，实验总结包括如下内容：

1. 你的所有实验是独立完成的吗？

2. 你在完成实验时遇到什么困难？是如何克服的。

3. 你在完成实验后有什么收获与体会，请说明之。

4. 你对 SQL 中数据库生成的操作是否已掌握？

5. 你对 SQL 中数据库接口编程是否已掌握？

6. 你对数据库设计的基本流程是否已掌握？

7. 你对 SQL 控制语句的操作是否已掌握？

8. 你对 C/S 结构方式下的数据库应用系统开发是否已掌握？

9. 你对 B/S 结构方式下的数据库应用系统开发是否已掌握？

10. 你对实验所用的数据库产品的使用（包括安装、使用）方法是否已掌握？

11. 通过实验你是否已经可以定义用户并使用数据库？

12. 通过实验你是否已经可以设计一个数据库？生成一个数据库？

13. 通过实验你对教材内容是否有新的认识与了解？

参 考 文 献

[1] 刘启源. 数据库与信息系统安全[M]. 北京：科学出版社，1999.
[2] 王能斌. 数据库系统原理[M]. 北京：电子工业出版社，2000.
[3] 徐洁磐. 现代数据库系统教程[M]. 北京：北京希望电子出版社，2002.
[4] 施伯乐，丁宝康. 数据库技术[M]. 北京：科学出版社，2002.
[5] 王能斌. 数据库系统教程[M]. 北京：电子工业出版社，2002.
[6] 罗运模，王珊，等. SQL Server 数据库系统基础[M]. 北京：高等教育出版社，2002.
[7] 李建中，王珊. 数据库系统原理[M]. 2 版. 北京：电子工业出版社，2004.
[8] 冯建华，周立柱. 数据库系统设计与原理[M]. 北京：清华大学出版社，2004.
[9] 宋贤钧，王庆岭. 数据库应用程序开发[M]. 北京：高等教育出版社，2004.
[10] 徐洁磐. 数据仓库与决策支持系统[M]. 北京：科学出版社，2005.
[11] 许龙飞，李国和，马玉书. Web 数据库技术与应用[M]. 北京：科学出版社，2005.
[12] 邵佩英. 分布式数据库系统及其应用[M]. 2 版. 北京：科学出版社，2005.
[13] 徐洁磐，张剡，封玲. 现代数据库系统实用教程[M]. 北京：人民邮电出版社，2006.
[14] 李昭原. 数据库技术新进展[M]. 2 版. 北京：清华大学出版社，2007.
[15] 《数据库百科全书》编委会. 数据库百科全书[M]. 上海：上海交通大学出版社，2009.
[16] 王珊，萨师煊. 数据库系统概论[M]. 5 版. 北京：高等教育出版社，2014.
[17] 阿里研究院. 互联网＋：从 IT 到 DT[M]. 北京：机械工业出版社，2015.
[18] 黄宜华. 深入理解大数据：大数据处理与编程实践[M]. 北京：机械工业出版社，2015.
[19] 何玉洁. 数据库基础与实践技术（SQL Server 2008）[M]. 北京：机械工业出版社，2013.
[20] 郑阿奇. SQL Server 教程：从基础到应用[M]. 北京：机械工业出版社，2015.
[21] 徐洁磐. 数据库技术实用教程[M]. 北京：中国铁道出版社，2016.
[22] Date C J. Database Primer[M]. Computer Science Press，1997.
[23] Date C J. An Introduction to Database System[M]. 7th ed. Addison-Wesley，2000.
[24] Han J. Data Mining Concepts and Techniques[M]. Academic Press，2001.
[25] Stephens R K. Database Design[M]. McGraw-Hill Companies，Inc.，2001.
[26] Kroenke D M. Database Processing：Fundamentals，Design and Implementation[M]. 8th ed. Prentice Hall，2002.
[27] Lewis P M. Database and Transaction Processing：An Application-Oriented Approach[M]. Addison-Wesley，2002.
[28] Christopher Alien. Introduction to Relational Database and SQL Programming[M]. McGraw-Hill Companies，Inc.，2004.
[29] Kroenke D M. Database Concepts[M]. 2nd ed. Prentice Hall，2005.

推荐阅读

数据库原理与应用教程 第4版 作者：何玉洁 ISBN：978-7-111-53426-6 定价：36.00元	**计算机软件技术及应用** 作者：张玉洁 等 ISBN：978-7-111-52953-8 定价：39.00元
C#程序设计教程 第3版 作者：郑阿奇 等 ISBN：978-7-111-50529-7 定价：45.00元	**Access 2010数据库应用程序设计** 作者：沈楠 等 ISBN：978-7-111-55840-8 定价：39.00元
SQL Server教程：从基础到应用 作者：郑阿奇 ISBN：978-7-111-49601-4 定价：45.00元	**Visual Basic.NET程序设计教程** 作者：邱李华 等 ISBN：978-7-111-45092-4 定价：39.00元